同济博士论丛
TONGJI Dissertation Series
总主编 伍 江 副总主编 雷星晖

黄林琳 蔡永洁 著

跨语际的空间
——当代中国城市广场的语言学视角研究

Translingual Space
—Linguistic Research on the Contemporary Chinese Urban Square

同濟大學出版社
TONGJI UNIVERSITY PRESS

内 容 提 要

本书以基于结构主义语言学的“一体双面二维多层”逻辑关系分析法为研究架构和向纵深拓展的技术平台，以洪堡的语言世界观理论为正视古今、中西城市外部空间差异的理论支撑，围绕着广场、中国城市广场、中国近现代历史、东西文化交流进行了研究和思考，进一步解读当代中国城市广场建设所面临的现实困境。本书适合高校建筑规划相关专业师生及研究人员阅读。

图书在版编目(CIP)数据

跨语际的空间：当代中国城市广场的语言学视角研究/黄林琳，蔡永洁著.—上海：同济大学出版社，2019.12

(同济博士论丛/伍江总主编)

ISBN 978-7-5608-7048-9

Ⅰ.①跨… Ⅱ.①黄… ②蔡… Ⅲ.①广场—城市规划—建筑设计—研究 Ⅳ.①TU984.182

中国版本图书馆CIP数据核字(2020)第006824号

跨语际的空间

——当代中国城市广场的语言学视角研究

黄林琳 蔡永洁 著

出 品 人 华春荣 责任编辑 蒋卓文 助理编辑 金梦莹

责任校对 徐春莲 封面设计 陈益平

出版发行 同济大学出版社 www.tongjipress.com.cn

(地址：上海市四平路1239号 邮编：200092 电话：021-65985622)

经 销 全国各地新华书店

排版制作 南京展望文化发展有限公司

印 刷 浙江广育爱多印务有限公司

开 本 787mm×1092mm 1/16

印 张 16

字 数 320 000

版 次 2019年12月第1版 2019年12月第1次印刷

书 号 ISBN 978-7-5608-7048-9

定 价 74.00元

“同济博士论丛”编写领导小组

“同济博士论丛”编辑委员会

袁万城　莫天伟　夏四清　顾　明　顾祥林　钱梦騄
徐　政　徐　鉴　徐立鸿　徐亚伟　凌建明　高乃云
郭忠印　唐子来　阎耀保　黄一如　黄宏伟　黄茂松
戚正武　彭正龙　葛耀君　董德存　蒋昌俊　韩传峰
童小华　曾国荪　楼梦麟　路秉杰　蔡永洁　蔡克峰
薛　雷　霍佳震

秘书组成员： 谢永生　赵泽毓　熊磊丽　胡晗欣　卢元姗　蒋卓文

总序

在同济大学110周年华诞之际，喜闻“同济博士论丛”将正式出版发行，倍感欣慰。记得在100周年校庆时，我曾以《百年同济，大学对社会的承诺》为题作了演讲，如今看到付梓的“同济博士论丛”，我想这就是大学对社会承诺的一种体现。这110部学术著作不仅包含了同济大学近10年100多位优秀博士研究生的学术科研成果，也展现了同济大学围绕国家战略开展学科建设、发展自我特色，向建设世界一流大学的目标迈出的坚实步伐。

坐落于东海之滨的同济大学，历经110年历史风云，承古续今、汇聚东西，秉持“与祖国同行、以科教济世”的理念，发扬自强不息、追求卓越的精神，在复兴中华的征程中同舟共济、砥砺前行，谱写了一幅幅辉煌壮美的篇章。创校至今，同济大学培养了数十万工作在祖国各条战线上的人才，包括人们常提到的贝时璋、李国豪、裘法祖、吴孟超等一批著名教授。正是这些专家学者培养了一代又一代的博士研究生，薪火相传，将同济大学的科学研究和学科建设一步步推向高峰。

大学有其社会责任，她的社会责任就是融入国家的创新体系之中，成为国家创新战略的实践者。党的十八大以来，以习近平同志为核心的党中央高度重视科技创新，对实施创新驱动发展战略作出一系列重大决策部署。党的十八届五中全会把创新发展作为五大发展理念之首，强调创新是引领发展的第一动力，要求充分发挥科技创新在全面创新中的引领作用。要把创新驱动发展作为国家的优先战略，以科技创新为核心带动全面创新，以体制机制改革激发创新活力，以高效率的创新体系支撑高水平的创新型国家建设。作为人才培养和科技创新的重要平台，大学是国家创新体系的重要组成部分。同济大学理当围绕国家战略目标的实现，作出更大的贡献。

大学的根本任务是培养人才，同济大学走出了一条特色鲜明的道路。无论是本科教育、研究生教育，还是这些年摸索总结出的导师制、人才培养特区，"卓越人才培养"的做法取得了很好的成绩。聚焦创新驱动转型发展战略，同济大学推进科研管理体系改革和重大科研基地平台建设。以贯穿人才培养全过程的一流创新创业教育助力创新驱动发展战略，实现创新创业教育的全覆盖，培养具有一流创新力、组织力和行动力的卓越人才。"同济博士论丛"的出版不仅是对同济大学人才培养成果的集中展示，更将进一步推动同济大学围绕国家战略开展学科建设、发展自我特色、明确大学定位、培养创新人才。

面对新形势、新任务、新挑战，我们必须增强忧患意识，扎根中国大地，朝着建设世界一流大学的目标，深化改革，勠力前行！

万　钢

2017 年 5 月

论丛前言

承古续今，汇聚东西，百年同济秉持“与祖国同行、以科教济世”的理念，注重人才培养、科学研究、社会服务、文化传承创新和国际合作交流，自强不息，追求卓越。特别是近20年来，同济大学坚持把论文写在祖国的大地上，各学科都培养了一大批博士优秀人才，发表了数以千计的学术研究论文。这些论文不但反映了同济大学培养人才能力和学术研究的水平，而且也促进了学科的发展和国家的建设。多年来，我一直希望能有机会将我们同济大学的优秀博士论文集中整理，分类出版，让更多的读者获得分享。值此同济大学110周年校庆之际，在学校的支持下，“同济博士论丛”得以顺利出版。

“同济博士论丛”的出版组织工作启动于2016年9月，计划在同济大学110周年校庆之际出版110部同济大学的优秀博士论文。我们在数千篇博士论文中，聚焦于2005—2016年十多年间的优秀博士学位论文430余篇，经各院系征询，导师和博士积极响应并同意，遴选出近170篇，涵盖了同济的大部分学科：土木工程、城乡规划学(含建筑、风景园林)、海洋科学、交通运输工程、车辆工程、环境科学与工程、数学、材料工程、测绘科学与工程、机械工程、计算机科学与技术、医学、工程管理、哲学等。作为“同济博士论丛”出版工程的开端，在校庆之际首批集中出版110余部，其余也将陆续出版。

博士学位论文是反映博士研究生培养质量的重要方面。同济大学一直将立德树人作为根本任务，把培养高素质人才摆在首位，认真探索全面提高博士研究生质量的有效途径和机制。因此，“同济博士论丛”的出版集中展示同济大学博士研究生培养与科研成果，体现对同济大学学术文化的传承。

“同济博士论丛”作为重要的科研文献资源，系统、全面、具体地反映了同济大学各学科专业前沿领域的科研成果和发展状况。它的出版是扩大传播同济科研成果和学术影响力的重要途径。博士论文的研究对象中不少是“国家自然科学基金”等科研基金资助的项目，具有明确的创新性和学术性，具有极高的学术价值，对我国的经济、文化、社会发展具有一定的理论和实践指导意义。

“同济博士论丛”的出版，将会调动同济广大科研人员的积极性，促进多学科学术交流、加速人才的发掘和人才的成长，有助于提高同济在国内外的竞争力，为实现同济大学扎根中国大地，建设世界一流大学的目标愿景做好基础性工作。

虽然同济已经发展成为一所特色鲜明、具有国际影响力的综合性、研究型大学，但与世界一流大学之间仍然存在着一定差距。“同济博士论丛”所反映的学术水平需要不断提高，同时在很短的时间内编辑出版 110 余部著作，必然存在一些不足之处，恳请广大学者，特别是有关专家提出批评，为提高同济人才培养质量和同济的学科建设提供宝贵意见。

最后感谢研究生院、出版社以及各院系的协作与支持。希望“同济博士论丛”能持续出版，并借助新媒体以电子书、知识库等多种方式呈现，以期成为展现同济学术成果、服务社会的一个可持续的出版品牌。为继续扎根中国大地，培育卓越英才，建设世界一流大学服务。

伍　江

2017 年 5 月

前 言

近三十年间，尤其是20世纪90年代中后期，广场这一城市空间类型在中国进入了狂飙突进的历史发展阶段。数年后，当人们开始反思那些大而不当、空洞无物的城市广场对中国传统城市空间所造成的难以弥合的裂痕之时，当人们习以为常地用“政绩”一词混淆那些没有真正理清的概念，并用更时髦的生态理念、可持续理念乃至更加炫目的设计手法来包装新的广场项目之时……在这块被持续走高的数字炙烤得滚烫的土地上，广场与现代之间的联姻已然顺理成章——在绝大多数国人的意识里，广场早已成为“现代”城市皇冠上最耀眼的宝石。

本书正是在这样一个现实背景下所开启的一段围绕着广场、中国城市广场、中国近现代历史、东西文化交流的思考之旅。在这段旅程中，基于结构主义语言学的“一体双面二维多层”逻辑关系分析法成为本研究得以架构并向纵深拓展的技术平台；而洪堡的语言世界观理论则无疑为正视古今、中西城市外部空间的差异提供了有力的理论支撑。基于此，纵跨历史维度、横跨空间维度的空间形态之异同成为进一步解读当代中国城市广场建设现实的契机——最终，研究对象被投射到19世纪末至20世纪中叶这一更加广阔的历史语境中，从东、西方文化剧烈碰撞所导致的近现代中国社会变迁入手，当代中国城市广场建设窘境真正的历史根源跃然纸上。显然，源自不同世界观的语言的可译性问题恰从侧面佐证了跨语际空间语言转译活动的局限性，而空间的误读从本质上也正源于文化的误读。

基于此，本书试图得出以下结论：一、并没有与西方广场截然不同的中国的广场，广场的属性从始至终都是社会的；二、19世纪末20世纪初东西文化碰撞过程中对“广场”“现代”等概念的误读，是当代中国城市广场所面临的一切现实困境的历史症结。

目 录

第1章 绪论

1.1 论题的提出与背景

大卫·哈维(Harvey, David)在《巴黎城记》(*Paris,Capital of Modernity*)一开篇便激进地谈道:"现代性的神话之一,在于它采取与过去完全一刀两断的态度。而这种态度就如同一道命令,它将世界视为白板(tabula rasa),并且在完全不指涉过去的状况下,将新事物铭刻在上面。"[1]无疑,在过去的一百年间,中国一直在传统与现代的角力中踯躅前行,而近年来,代表现代城市发展模式的快速城市化进程更是以摧枯拉朽之势将中国城市社会推向了风口浪尖:城市化率由1978年的17.9%上升到2006年的43.9%、城市数量由1978年的193个上升到2006年的656个、城镇居民人口由1978年的17 245万人上升到2006年的57 706万人……[2]至2020年,将有占全国总人口66.1%的居民生活在城市[3]——这意味着未来城市生活将成为中国社会生活的主要模式,而城市公共空间/城市广场无疑也将成为中国城市社会生活的主要空间载体类型。

同样发生深刻变化的还有中国社会的人口构成。迥异于建构在血缘以及地缘基础之上的传统乡土社会以及1949年后所谓的"反分层化社会",当前的城市社会结构更加真实、复杂和多元:曾经由干部、工人、农民三大阶层组成的社会结构,在这个过程中发展、演变为十大社会阶层——国家与社会管理者、经理人员、私营企业主、专业技术人员、办事人员、个体工商户、商业服务业员工、产业工人、农业劳动者

[1] [美] 大卫·哈维. 巴黎城记:现代性之都的诞生[M]. 黄煜文译. 桂林:广西师范大学出版社,2010. 1.
[2] 所有数据来源于:牛凤瑞,潘家华,刘治彦主编. 中国城市发展30年(1978—2008)[M]. 北京:社会科学文献出版社,2009.
[3] 仇保兴. 和谐与创新——快速城镇化进程中的问题、危机与对策[M]. 北京:中国建筑工业出版社,2006. 6—7.

以及城乡无业、失业人员[1]。而这些在社会地位、经济地位、政治地位三方面[2]不尽相同的阶层共同构成了当代中国城市新的社会结构（没有将农民阶层排除出外，是因为有大量的农村务工人员在城市工作），并进而影响了城市物质空间结构的演变、凸显着城市社会生活中无法回避的各种矛盾。

人类学者约翰·里德（Reader, John）在谈到复杂的城市社会现实时说："在社会真实的场景和乌托邦理想的幻象之间，富人和穷人相互依靠、永生共存。这一切赤裸裸地呈现出来。"[3]这意味着体现单一价值取向的"乌托邦"不切实际，就如同抽象的图案化的空间组织、宽阔的广场、笔直的街道、排列有序的房子甚至彼此相像、举止优雅的居民……一切的一切都只是诸如奥斯曼（Haussmann, Georges-Eugene）、皮埃尔·查尔斯·朗方（L Enfant, Pierre Charles）、丹纳尔·伯纳姆（Burnham, Daniel Hudson）脑海中的有关"现代"的想象[4]。然而遗憾的是，百年后的今天，西方城市规划理论界早已从对奥斯曼等人的反思中走向了对历史及多元文化的尊重后，这种形式主义的"现代乌托邦"理念却依然主导着中国当代城市空间格局，并推动着一轮又一轮的城市建设浪潮。这其中，作为城市空间结构中的组成要素——城市广场，更被孤立于城市社会结构急速转型的过程之外、孤立于城市历史发展脉络之外、孤立于真实甚至有时"丑陋"的社会生活场景之外，成为城市非理性蔓延的景观工具，以及用来标榜其"现代化"发展水平的图腾。

于是，一方面是广场与城市"现代化"之间看似稳固的联姻；另一方面是广场与市民社会生活诉求之间看似若隐若现的联系——这两组围绕城市广场的评判伴随着急速上升的城市化率以及日益复杂多元的城市人口构成，使得仅仅局限于物质层面对城市广场空间形态所进行的静态研究无法有效地解析当代中国城市广场的建设现状。而与此同时，近年来东、西文化交流程度的日渐加深，对于同一研究对象截然不同的认知差异也促使本书必须从一个更加宽广的跨语际文化视野中展开对中国当代城市广场的历史溯源和文脉寻踪。

---

[1] 城市社会阶层结构变迁详见：牛凤瑞，潘家华，刘治彦主编. 中国城市发展30年（1978—2008）[M]. 北京：社会科学文献出版社，2009. 228—241.

[2] 马克思·韦伯确定的社会分层的三个关键维度，经由戴维·波普诺演绎为财富和收入（经济地位）、权力（政治地位）、声望（社会地位），详见：[美] 戴维·波普诺. 社会学（第十一版）[M]. 李强等译. 北京：中国人民大学出版社，2007. 264.

[3] [美] 约翰·里德. 城市[M]. 郝笑丛译. 北京：清华大学出版社，2010. 147.

[4] 斯皮罗·科斯托夫说："巴洛克美学是在现代性的带动下走上舞台的"，详见：[美] 斯皮罗·科斯托夫. 城市的形成，历史进程中的城市模式和城市意义[M]. 单皓译. 北京：中国建筑工业出版社，2005. 217.

1.2 研究现状、目的与意义

1.2.1 研究对象及研究现状

1.2.1.1 研究对象

本书以当代中国城市广场作为研究对象，聚焦自1978年至2010年间新建以及改造的城市广场。

之所以始自1978年，源于1978年作为一个中国现、当代史重要的分界点，不但标志着中国社会向“以经济建设为中心”转变，同时也标志着中国城市化进程的开端，中国社会开始向自由、开放艰难转型以及城市社会生活由单一走向多元的发展趋势……而中国，作为一个本身“缺乏广场文化传统的国度”[1]，在这一过程中却出现了与狂飙突进的广场建设现实之间奇异的空间角力。无疑，这两者之间潜在的文化张力为本书从语言学角度进行解读提供了确实的切入点。

1.2.1.2 中国城市广场研究现状

欧洲城市广场历史传统悠久，西方学者也对其进行了广泛、深入的研究，从空间形态到发展历程再到社会学研究不一而足。这些理论都将成为本书对当代中国城市广场建设现状展开研究的基础（详见本章1.3.1.2）。

相较欧洲城市广场丰厚的研究成果，中国城市广场无论是实践抑或是理论研究则均尚处萌芽阶段。除了以齐康、王建国为代表的东南大学研究者通过向国人推介城市设计理论进而引介城市广场，洪亮平通过概要介绍城市设计历程进而探讨城市广场，唯有王珂对城市广场做了概念以及设计原则的简单介绍，直至2006年蔡永洁《城市广场——历史脉络 · 发展动力 · 空间品质》的出版。蔡永洁结合其个人十余年的留学经历，系统、理性、客观、全面、深入地描绘出城市广场的完整画面，不但从物理学层面研究其空间特征，更从社会学层面阐释人的需求、人的活动对城市广场形成的推动作用。可以说是国内第一本全景式介绍城市广场的著作。而本书则以蔡永洁对城市广场的研究为基础，聚焦当代中国城市广场的建设，借助语言学的视角，纵跨一个世纪的历史维度，尝试从东、西方文化碰撞的视野解析广场这一特殊的社会空间形态在中国的发展、演变及其社会影响。

[1] 蔡永洁，黄林琳. 当代中国城市广场的发展动力与角色危机——基于社会学视角的观察［J］. 理想空间，2009（35）：4.

1.2.2 研究目的与意义

1.2.2.1 研究目的

基于此,本书的研究目的为:

(1) 梳理当代中国城市广场的空间结构及内在要素间的逻辑关系。

(2) 阐述源于中、欧文化差异所导致的广场的跨语际实践及其文本误读。

1.2.2.2 研究意义

(1) 本书采用的研究方法具普适性,可操作性强:这一方法对于客观、具体、准确地评价进而优化城市广场/城市外部空间设计具有一定现实意义。它可以将含混的空间感性描述转化为严谨的逻辑关系分析,并可将问题具体细化,为未来的建设提供有力的技术支撑。

(2) 首例从语言学及翻译哲学视角对城市广场的中国本土化现实及其发展历程进行系统解析的研究。其得出的结论不但有助于从形态层面回归现实层面重寻广场的核心价值,同时也有助于在一个更广阔的历史背景下通过重新审视东、西方文化的数次碰撞,解析当代中国城市广场建设现状的历史根源。

1.3 理论体系的架构

1.3.1 城市设计与空间形态相关理论

1.3.1.1 理论依据的确立

蔡永洁认为:"城市广场……始终集物质性与非物质性要素于一身,融合了这两种看上去相互对立、事实上却不可分离的成分。"[1]意即,城市广场首先与空间形态相关;其次同城市空间结构相关;最后也是最为重要的,是与城市社会生活相关。这三个层面决定了城市广场往往比其他的空间研究对象更复杂、多义,也需要借助更多辅助的研究视角进行深层解读。

1.3.1.2 相关理论

A 空间形态与城市设计理论

欧洲城市广场的建设虽有悠久的历史,但是最早从空间及人文角度对城市广场

[1] 蔡永洁. 城市广场——历史脉络·发展动力·空间品质[M]. 南京:东南大学出版社,2006. 5.

进行研究的西方学者却是被称作"城市设计之父"[1]的奥地利人卡米洛·西特(Sitte, Camillo)。基于对中世纪欧洲城市广场空间美学的研究，卡米洛·西特提出了一系列城市建设的艺术原则，而这些细致入微的空间形态表述方式，无疑为从视觉的审美经验出发建构城市空间形态奠定了必要的实证基础。

此后，随着城市设计专业的发展，尤其是20世纪60年代后，更多城市设计师将关注点聚焦到了城市广场这一城市空间重要组成部分上。影响比较大的学者包括芦原义信(Yoshinobu Ashihara)、埃德蒙·培根(Bacon, Edmund)、格哈德·库德斯(Curdes, Gerhard)、罗伯·克里尔(Krier, Rob)等。这其中，芦原义信主要关注设计手法、空间要素及其与人的视觉相关性的研究。他在其1975年出版的《外部空间设计》(*Exterior Design in Architecture*)一书中，提出了"空间秩序""逆空间""积极空间和消极空间""加法空间和减法空间"等新概念，从而实现了从传统的空间审美向现代设计方法的转变。罗伯·克里尔也是一位杰出的城市设计师，他深受结构主义的影响，认为城市空间包括广场和街道两种基本结构元素，这两种元素通过多种结构组合法则构成，这些法则既包括水平面的基本空间类型及由其衍生的变化多端的组合方式，也包括垂直面的二十四种断面形式及立面类型。同样受到结构主义影响的还有德国城市设计研究者格哈德·库德斯，他在《城市结构与城市造型》(*Stadtstruktur und Stadtgestaltung*)一书中，通过对城市结构的塑造及变化的规律性、空间组织的逻辑性以及肌理的网络组织的阐释，由表及里、从宏观到微观将城市这一组织结构的形态特征及其设计原则加以论述，从而尝试令城市不受空间结构品质的制约，并成为"受人青睐，让人逗留并产生相互交往"[2]的生活空间。

B 城市社会、历史研究

作为"空间领域的社会发明"[3]，城市广场毋庸置疑是一个社会学的概念，与城市社会政治、经济、生活息息相关，而其中最普遍的研究方法便是基于历史发展线索而进行的史料研究。在保罗·祖克尔(Zucker, Paul)所著的《城镇与广场》(*Town and Square From the Agora to the Village Green*)一书中，人类历史发展的轨迹成为其梳理城市广场以及城市空间结构发展历程的核心线索。而刘易斯·芒福德(Mumford, Lewis)，则是首位将城市的宗教、政治、经济、社会等各种非物质要素与城市规模、结构、形式以及设施等物质要素的演变、发展紧密结合在一起进行研究

[1] 蔡永洁. 遵循艺术原则的城市设计——卡米洛·西特对城市设计的影响[J]. 世界建筑，2002(3)：75—76.

[2] [德]库德斯. 城市结构与城市造型设计[M]. 秦洛峰，蔡永洁译. 北京：中国建筑工业出版社，2007. 111.

[3] [德]迪特·哈森普鲁格. 当代中国公共空间的发展——一个欧洲视角的观察[M]. 见：走向开放的中国城市空间. 迪特·哈森普鲁格编. 上海：同济大学出版社，2005. 16.

的学者。在其所著的《城市发展史——起源、演变和前景》(*The City in History: Its Origins, Its Transformations, and Its Prospects*)一书中，芒福德以其独特的视角揭示了城市非物质要素与物质要素之间的相互关系与影响，为从城市社会发展历程反观城市空间的建设奠定了坚实的理论和实证基础。

另一位将城市形态与人类历史文化发展密切联系在一起进行研究的学者是斯皮罗·科斯托夫(Kostof, Spiro)。在其所著的《城市的形成——历史进程中的城市模式和城市意义》(*The City Shaped: Urban Patterns and Meanings Through History*)一书中，斯皮罗·科斯托夫论述了不同城市形态及其形成的意义，只是迥异于前两位学者，他的论述并非因循传统的历史断代方式，而是按照城市空间几何特征，通过分类将哪怕是不同文化背景的空间形态统一到相应的主题下，并在主题内部进行比较进而探讨作为意义载体的形式以及形式的由来。斯皮罗·科斯托夫的研究极具启发性，因为他自开篇便指出："相同的城市形式不一定传达相同或相似的人的意图，反过来，相同的政治、社会或经济秩序也不一定会导致相同的设计布局。"[1]而这种开放的论述方式恰体现出"一个智慧的学者能够给予大家巨大的启发作用"[2]。

在他们的启发下，对中国城市空间形态的研究也便跨出专业所划定的窠臼，而将目光投射到更生动、鲜活的城市社会生活。这其中，近现代东、西文化的激烈碰撞及其深远影响为本书提供了一个宽广的视野，同时也为进一步理清中国当代城市广场真正的历史渊源奠定了坚实的人文基础。

1.3.2 语言学理论

1.3.2.1 理论依据的确立

将语言同建筑、城市进行修辞学的比拟最早始于17世纪，18—19世纪已蔚然成风。20世纪中后期随着现象学、结构主义以及解构主义等哲学思潮在建筑设计领域影响力的扩大，这种比拟最终以符号学的形式获得了前所未有的跨学科理论高度。在这个过程中，无论是意大利符号学家翁贝托·艾柯(Umberto Eco)抑或是美国语言学家乔姆斯基(Noam Chomsky)，以至于著名的法国符号学家罗兰·巴特(Roland Barthes)、雅克·德里达(Jacques Derrida)等都或多或少地推动了语言学，尤其是其衍生体——符号学在建筑领域的理论渗透。显然这种跨界的研究视角具有一定的理论现实意义，譬如在翁贝托·艾柯等人的影响下，建筑被看作是一种"交

[1] [美] 斯皮罗·科斯托夫. 城市的形成，历史进程中的城市模式和城市意义[M]. 单皓译. 北京：中国建筑工业出版社，2005. 16.
[2] 同上，344.

流手段"[1]，一个与具体文化背景息息相关的涉及编码和解码的心理学课题，它直接促成了建筑风潮从单向度的现代主义向多元的后现代主义的转向。然而同时，流派纷繁、术语庞杂、至今尚无统一定论的符号学也将建筑领域的相关研究拖入了混沌、肤浅、牵强的窘境，符号学再次被披上修辞的外衣成为哗众取宠的代名词。也正因如此，本书将回归其理论源头——语言学，并以之为基础建构研究框架，以规避因符号学的过度诠释所导致的术语混杂、研究界限不清的弊端。而以语言学为理论依据的具体理由如下：

A 语言学逻辑结构的普适性

丹麦语言学家叶尔姆斯列夫（Hjelmslev，Louis）、乌尔达尔（Uldall，H）指出不论何种语言均主要由三个部分组成：结构/系统、规范、用法[2]。意即，语言是建立在人类逻辑思维基础之上的、反映各语言构成要素相互关系的、完整规范同时又具备约定俗成特征的社会产物。基于此，一旦研究对象满足以下关键点——（1）人类逻辑思维的产物；（2）包含相互关系的系统；（3）体现社会约定俗称的规则——即可以借助结构语言学的研究方法进行初步的经验分析。

B 语言学内在差异性

威廉·冯·洪堡（Humboldt，Wilhelm von）认为，"每一种语言都包含着一种独特的世界观"[3]，伽达默尔（Gadamer, Hans-Georg）在《真理与方法》（*Truth and Method*）一书中也指出，语言世界观理论的内核可以被简单表述为——世界借助语言获得表述，人则通过语言拥有世界；拥有同一种语言的人，拥有同一种世界；拥有不同的语言的人，拥有不同的世界[4]。因此，不但语际间的语言差异之存在是必然的，语际间的认知差异之存在也是必然的。这就意味着，同样是——建立在人类思维逻辑基础之上的、反映各构成要素相互关系的、体现约定俗成规则的社会产物——之间仍然有可能存在差异，而这些差异是可以通过对世界观的解释性比较研究进行深入解读的。

C 跨语际语言实践的开放性

虽然刘禾认为："旨在跨越不同文化的比较研究所能做的仅仅是翻译而已"[5]，但发生在东西文化碰撞后，主方新、旧语言系统内词形不变而词义转变、抑或是词形

---

[1] "（1）结构或系统，即在一个由诸相互关系之系统中排列的诸成分；（2）规范，即那样一些规则，它们依属于语言结构，并确定每一成分的变化范围；（3）语言的用法，即那样一些规则，它们依属于规范，并确定着在一语言群体内、一定时期中诸成分的可能变化范围"，详见：［意］翁贝托·艾柯．功能与符号——建筑的符号学．见：G·勃罗德彭特．符号·象征与建筑［M］．乐民成译．北京：中国建筑工业出版社，1991．6．

[2] 李幼蒸．理论符号学导论［M］．3版．北京：中国人民大学出版社，2007．142．

[3] 姚小平．洪堡特：人文研究和语言研究［M］．北京：外语教学与研究出版社，1995．136．

[4] ［德］H-G·伽达默尔．真理与方法（下卷）［M］．洪汉鼎译．上海：上海译文出版社，2004．574．

[5] ［美］刘禾．跨语际实践：文学，民族文化与被译介的现代性（中国，1900—1937）（修订译本）［M］．宋伟杰等译．北京：生活·读书·新知三联书店，2008．1．

改变而词义新生的现象，却将跨语际语言实践活动中潜在的开放性生动地呈现出来——它暗示着这些词语的现实载体同样在客方跨语际实践过程中被主方的文化环境逐渐接受并重新借助主方语言加以诠释。至于诠释是否切实、是否存在文本误读或出现内在谬误……则皆有可能，而这也正是开放性的真实写照。

基于此，本书的语言学理论边界为——发端自德国哲学家、政治家、语言学家威廉·冯·洪堡，经由费尔迪南·德·索绪尔（Ferdinand de Saussure）开始，再由叶尔姆斯列夫等人不断完善的欧洲语言学流派[1]。这一流派因偏重社会人文学科且影响范围较广而迥异于美国基于通讯论和行为主义的符号学。本书涉及的语言学相关理论如下。

1.3.2.2 相关理论

A 结构主义语言学

这一领域的主要研究者是索绪尔以及叶尔姆斯列夫。1916年，索绪尔的《普通语言学教程》（*Course in General Linguistics*）出版，标志着索绪尔建立了一套严格的、形式化的、系统化的语言结构理论，即由共时性与历时性两个研究方向、语言结构和言语表现两大维面、聚合系和组合段两套语法关系、记号与能指、所指共同构成的“一体双面”……所共同构成的语言结构体系。

在此基础上，丹麦语言学家叶尔姆斯列夫从严格的形式角度出发对索绪尔的语言结构关系进行了彻底的描述，更将语言研究的发展方向导向更为深刻的社会、文化层面（详见2.1结构）。

B 语言世界观

洪堡认为，“语言的差异不是声音和符号的差异，而是世界观本身的差异”[2]。这种本质的差异性决定了，一旦我们对人文科学范畴内的文化进行研究——譬如语言学、艺术或是宗教乃至城市与建筑研究——我们首先要做的就是将这些研究对象放在时空的维度上对其“内在语言形式”（innere Sprachform）进行观照。这其中既包括观照语言的纯粹结构，又包括观照语言的具体形式，还包括观照语言所蕴含的独特的世界观，即——对它进行直接的认识，再通过感受来把握语言的细节[3]。在这个过程中，叶尔姆斯列夫的表达面—内容面二分法，尤其是在此基础上从形式（form）和实质（substance）两个层面所做的进一步的切分，可以清晰地勾勒出结构逻辑作为具体的表达形式，是如何受到体现不同语言世界观/文化环境的

[1] 也有人将之称为法国学派，虽以上学者均非法国人，但这一学派却是在法国发扬光大。

[2] ［德］W·V·洪堡．论与语言发展的不同时期有关的比较语言研究［M］．见：姚小平编．洪堡特语言哲学文集［M］．姚小平译．长沙：湖南教育出版社，2001. 29.

[3] 详见：［德］恩斯特·卡西尔，人文科学的逻辑［M］．关子尹译．上海：上海译文出版社，2004. 第三章．

内容面的影响。(相关部分术语见本章1.4节研究方法与技术路线，详见本书2.2节差异)

C 翻译哲学

翻译哲学是在20世纪才浮现出来的哲学命题。芬兰学者安德鲁·切斯特曼(Chesterman, Andrew)总结出其“或隐或显”的五大主题，即原本/译本(Source-target)、等价性(Equivalence)、不可译性(Untranslatability)、直译vs.意译(Free-vs-Literal)以及“一切写作都是翻译”(All writing is translating)[1]。所有问题事实上都围绕着“跨越”这一核心——即，翻译究其实质是在跨越每一种语言所隶属的民族藩篱、跨越每一种语言所包含的属于某个人类群体的概念和想象方式的完整体系[2]直至跨越每一个行为主体的认知局限。正因如此，翻译在本质上既能够凸显人类世界观的迥异，也为借助他者的眼光重新审视自身文化发展历程创造了契机。(相关部分术语见本章1.4节研究方法与技术路线，详见本书2.3节转译)

1.4 城市广场研究的语言学视角——研究方法与技术路线

蔡永洁是国内第一位从社会学和建筑学两个层面对城市广场进行系统、客观、全面、深入论述的学者。在《城市广场——历史脉络·发展动力·空间品质》一书中，他将广场的非物质性要素与物质性要素统合在一起完整表述出了什么是城市广场[3]。这一表述方式，显然同索绪尔以及叶尔姆斯列夫的“一体双面”的语言结构相类似——城市广场这一空间实体(记号/记号函数)包含物质(能指/表达项)与社会(所指/内容项)两种内在属性，而这两种属性又相互作用、互为因果、不可分割地共同构成了城市广场这一“具体实体”[4]。基于此，本书研究工作从两个层面展开，即：逻辑论证的定性研究部分以及基于此的解释性历史研究部分。

1.4.1 逻辑论证的定性研究

恩斯特·卡西尔(Cassirer, Ernst)认为：“具有决定意义的特征并不是它的物理特性而是它的逻辑特性”[5]。因此，本书以城市广场作为研究对象的逻辑论证的定性

[1] 李河. 巴别塔的重建与解构：解释学视野中的翻译问题[M]. 昆明：云南大学出版社，2005. 93—97.
[2] 姚小平. 洪堡特：人文研究和语言研究[M]. 北京：外语教学与研究出版社，1995. 136.
[3] 蔡永洁. 城市广场——历史脉络·发展动力·空间品质[M]. 南京：东南大学出版社，2006. 5.
[4] [瑞士] 费尔迪南·德·索绪尔. 普通语言学教程[M]. 高名凯译. 北京：商务印书馆，1999. 146.
[5] [德] 恩斯特·卡西尔. 人论[M]. 甘阳译. 上海：上海译文出版社，2004. 143.

研究将建立在两个研究基础之上，其一为蔡永洁城市广场物质要素与非物质要素体系研究，其二为基于叶尔姆斯列夫二分法的语言结构研究。以此为基础，梳理出当代中国城市广场的空间结构及内在要素间的逻辑关系。这部分研究具有典型的静态结构特征以及抽象性特征。

1.4.1.1 相关语言学术语

A 记号(sign)、能指(signifer)/表达项(expression)、所指(signified)/内容项(content)

记号，叶尔姆斯列夫称之为记号函数(sign function)，也被译作符号。索绪尔在其《普通语言学教程》中将其定义为："概念和音响形象的结合。"[1]作为一个"具体实体"或曰双面实体，记号由能指和所指共同构成。能指和所指，亦被叶尔姆斯列夫称作表达项和内容项，分别指代音响形象以及概念。能指/表达项，代表记号的纯物质层面；所指/内容项，代表记号的非物质层面。(详见2.1.1小节一体双面)

B 聚合系(paradigma)

聚合系，亦译作联想关系。索绪尔在解释这个术语时指出，凡是那些"有某种共同点的……不是以长度为支柱的……所在地是在人们的脑子里……属于每个人的语言内部宝藏的一部分"[2]的集合关系，便可被称作联想关系/聚合系。据此，聚合系呈现出以下特点:(1) 同属与某一共同点相对应的范畴;(2) 构成聚合系的各要素不在场;(3) 集合方式反映范畴内各要素之间的逻辑关系。(详见2.1.2小节组合:"二维"模式)

C 组合段(syntagmes)

组合段，亦译作句段关系。索绪尔认为:"在话语中，各个词，由于它们是连接在一起的，彼此结成了以语言的线条特性为基础的关系……这些要素一个挨着一个排列在言语的链条上面。这些以长度为支柱的结合可以称为句段(syntagmes)。"[3]据此，组合段呈现出以下特点:(1) 由不同范畴共同组成;(2) 构成组合段的各范畴同时在场;(3) 组合方式反映范畴与范畴之间的逻辑关系。(详见2.1.2小节组合:"二维"模式)

D 组合段内的语法逻辑关系

"以长度为支柱"、均在场的各范畴之间的语法逻辑关系类型从强到弱依次为"连带型"(solidarify)、"选择型"(selection)以及"结合型"(combination)。(详见2.1.2小节组合:"二维"模式)

---

[1] [瑞士] 费尔迪南·德·索绪尔. 普通语言学教程[M]. 高名凯译. 北京: 商务印书馆，1999. 102.
[2] 同上，171.
[3] 同上，170.

E 聚合系内的语法逻辑关系

与“长度”无关、隶属同一范畴、虽不在场却能同时呈现在人们头脑中的各要素之间的语法逻辑关系类型从强到弱依次为“互补型”(complementarity)、“规定型”(specification)以及“自主型”(autonomy)。(详见2.1.2小节组合:“二维”模式)

F 表达项和内容项之间的相互关系

表达项和内容项之间的相互关系反映记号内部的逻辑结构,其类型从强到弱依次为“互依型”(interdependence)、“决定型”(determination)以及“并列型”(constellation)。(详见2.1.2小节组合:“双维”模式)

1.4.1.2 结构逻辑比对

抽象的语言结构与具体的空间语言结构之间之所以能够进行比拟,源于其共同之处是部分与整体以及基于此建立起来的各个部分之间的相互关系。这一套逻辑关系被李幼蒸喻为多层双轴[1]。

A 多层逻辑结构

语言的结构形式是一种等级型结构形式系统(详见2.1.3小节格局:多层),即,文本层=∑句层/句组层=∑(∑词层/词组层)=∑〔∑(∑词素层)〕。同样,城市广场空间语言结构也是一种等级型形式系统[2],即,城市广场空间=基面+边围+家具[3]=基面尺寸+基面形+基面相对高程+基面肌理+边围尺寸+边围形+边围肌理+家具尺寸+家具形+家具位置,而其中,基面肌理=基面肌理素材+基面肌理拼合,边围肌理=边围肌理素材+边围肌理拼合,家具形=独立型家具+组合型家具。两者之间的逻辑比对如表1-1所示。

表1-1 语言结构与空间语言结构之间的逻辑比对表

<table>
<tr><td>语言结构</td><td colspan="13">空间语言结构</td></tr>
<tr><td>文 本 层</td><td colspan="13">城市广场空间</td></tr>
<tr><td>句层/句组层</td><td colspan="5">基 面</td><td colspan="4">边 围</td><td colspan="4">家 具</td></tr>
<tr><td rowspan="2">词层/词组层</td><td rowspan="2">尺寸</td><td rowspan="2">形</td><td rowspan="2">相对高程</td><td colspan="2">肌理</td><td rowspan="2">尺寸</td><td rowspan="2">形</td><td colspan="2">肌理</td><td rowspan="2">尺寸</td><td colspan="2">形</td><td rowspan="2">位置</td></tr>
<tr><td>素材</td><td>拼合</td><td>素材</td><td>拼合</td><td>独立</td><td>组合</td></tr>
</table>

资料来源:作者绘

[1] 李幼蒸.理论符号学导论[M].3版.北京:中国人民大学出版社,2007.165.

[2] 这部分内容详见本书第3章3.2.1.

[3] 蔡永洁.城市广场——历史脉络·发展动力·空间品质[M].南京:东南大学出版社,2006.100.

B　双轴逻辑结构

双轴逻辑结构，即组合段以及聚合系两套逻辑关系的总和。其中，组合段逻辑关系也具备等级特征，它既存在于词层/词组层、句层/句组层之中，同时也存在于文本层之中。无论其处于何种等级，组合段逻辑关系均呈现出所在等级内各范畴之间的内在关系。聚合系逻辑关系则呈现范畴内部各要素之间的选择关系。

空间语言结构亦是如此，对于组合段逻辑关系而言，该逻辑既存在于基面、边围、家具三者之间，又存在于基面尺寸、基面形、基面相对高程、基面肌理、边围尺寸、边围形、边围肌理、家具尺寸、家具形、家具位置之间。如以基面尺寸为研究基点，分析其同其他9个范畴的逻辑关系就会出现3组句层内部逻辑关系以及6组跨句层逻辑关系，如图1-1所示。

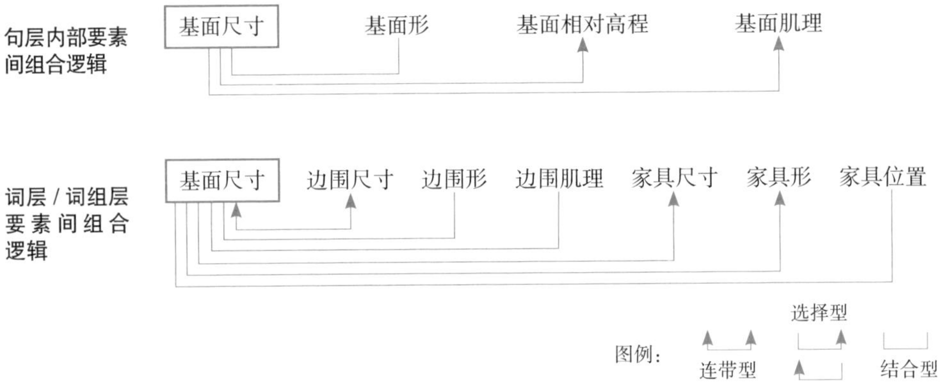

图1-1　以基面尺寸为研究基点的多级组合段逻辑理论关系简图

资料来源：作者绘

因此，对于城市广场空间语言组合段逻辑关系研究而言，每一个范畴都需同组合段内其他范畴一一对应、通过解析确定其关系类型，以此建构组合段逻辑关系简表。而对个案的分析，则需要同时引入聚合系的析取，譬如对基面尺寸大小的确定、基面形的选择、基面相对高程的处理、基面肌理的处理等，意即反映同一范畴内要素的取舍。以基面肌理为例，这一空间语言要素类似于语言结构中的词组，它由基面肌理素材以及基面肌理拼合共同组成。对于基面肌理素材这一范畴而言，包括硬质、软质两大类，两者之间为“互补型”关系；对于基面肌理拼合这一范畴而言，则包括自然型以及几何型两大类，具体要素间为“自主型”关系。基于此，对于个案的分析研究，将基于聚合系要素的析取及空间结构内各具体要素之间的逻辑关系进行具体分析。如以基面硬质素材为研究基点，分析其同其他11～12个范畴的逻辑关系，就会出现4组句层内部逻辑关系及7～8组外部逻辑关系，图1-2以基面句层内部逻辑为例。

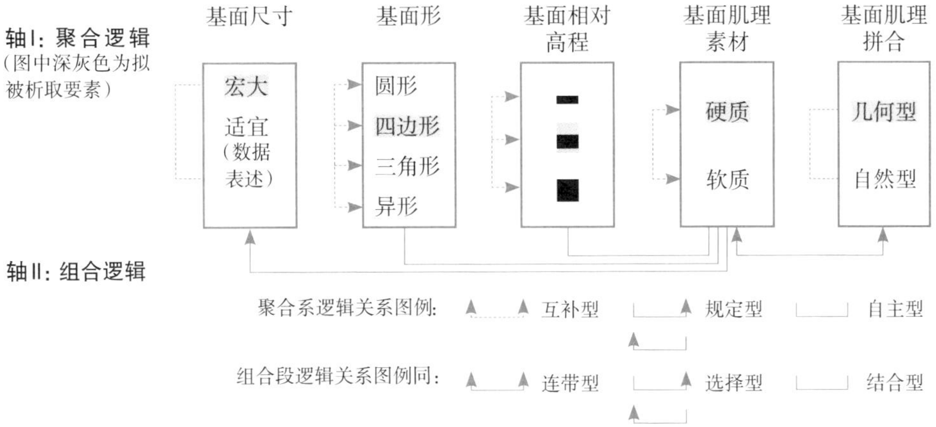

图 1-2 针对某具体个案的以基面硬质肌理为研究基点的双轴逻辑理论关系示意简图

资料来源:作者绘

显然,通过对具体个案中各析取要素之间在组合段层面逻辑关系的解析以及个案之间的案例比较,不但能够从结构完整度、严谨度中解读出当代城市广场的结构合取关系特征,还可以基于此直观地呈现出各聚合系要素的析取原则,从而完成逻辑论证的定性研究部分。

1.4.2 解释性历史研究

不同于抽象的、静态的、围绕空间语言逻辑所进行的定性研究,本书的解释性历史研究是试图通过对复杂背景下的社会与城市广场建设进行叙述和整体的形式解释,来阐述源于中、欧文化差异所导致的广场的跨语际实践及其文本[1]误读,并基于此尝试回答当代中国城市广场建设的历史根源。这部分的理论基础是洪堡的语言世界观,研究包括两部分,其一为基于语言世界观以及叶尔姆斯列夫的表达面—内容面二分法所进行的中国城市外部空间的历时研究、中欧城市广场空间的共时研究;其二为基于语言翻译学所进行的城市空间语言跨语际实践的解读。显然,这部分研究具有典型的动态连续性特征以及具象性特征。

1.4.2.1 相关语言学术语

A 语言世界观(Sprachliche Weltansicht/Weltanschauung)

洪堡是首个明确提出语言世界观这一概念的语言学家。在他看来,语言的基本

[1] 本书中,"文本"包括两层含义,其一是以合成词的方式——"文本层"出现在论述中,意指语言结构中由句子组合而成的结构层次;其二以"文本"形式出现在论述中,意指基于普遍的文化环境所产生的意义。

功能不只是表述已知真理的手段，它更是揭启未知真理的手段[1]。而这便构成了语言世界观的理论依据——语言是认知世界的途径。因此，对于语言学家而言，不但要发现和描述不同群体语言结构间的差异，他们最终的任务应是“探明这类差异对民族思维——感知活动的影响”[2]。（详见2.2节差异）

B　历时研究（diacronical research）

李幼蒸从词源学的角度对索绪尔所选用的这个希腊词——diacrony进行了溯源，他说：“diacrony中的前缀dia-有‘穿越’之意……词尾crony之希腊文词根为chronos，意为‘时间’。”[3]这恰暗合索绪尔对语言的历时研究的定义——“不是语言状态中各项共存要素间的关系，而是在时间上彼此代替的各项相连续的要素间的关系。”[4]无疑，历时研究为在动态的时间维度上寻找差异以及差异的根源提供了理论及技术支持。（详见2.2节差异）

C　共时研究（syncronical research）

李幼蒸同样也从词源学的角度对syncrony进行了溯源，他说：“syncrony中的前缀syn-在其希腊文词根中有‘和’之意，……词尾crony之希腊文词根为chronos，意为‘时间’。”[5]索绪尔认为，“人们称为‘普通语法’的一切都属于共时态”[6]，而他所从事的工作则正是研究某一给定时间段某一门给定语言的即时静态结构。基于这种结构研究方法，对语言的共时研究也为同一时间维度内的跨语际比较提供了理论以及技术支持。（详见2.2节差异）

D　翻译

在日常语言学中，“翻译”就是“跨越不同自然语言的言语或文本转换活动”[7]，通俗来讲就是让说甲语言的人能够真切、准确地领会乙语言的内容（即所谓信、达），这种翻译活动既建立在语言共时维度的差异基础之上，又建立在语言历时维度的差异之上。（详见2.3.1.1小节什么是翻译）

1.4.2.2　基于表达项——内容项二分法的解释性研究

叶尔姆斯列夫的表达项——内容项二分法为基于洪堡的语言世界观进行语言的比较研究提供了有力的技术支撑。

---

[1]［德］W·V·洪堡. 论与语言发展的不同时期有关的比较语言研究［M］. 见：姚小平编. 洪堡特语言哲学文集［M］. 姚小平译. 长沙：湖南教育出版社，2001. 29.
[2] 姚小平. 洪堡特：人文研究和语言研究［M］. 北京：外语教学与研究出版社，1995. 135.
[3] 李幼蒸. 理论符号学导论［M］. 3版. 北京：中国人民大学出版社，2007. 135.
[4]［瑞士］费尔迪南·德·索绪尔. 普通语言学教程［M］. 高名凯译. 北京：商务印书馆，1999. 194.
[5] 李幼蒸. 理论符号学导论［M］. 3版. 北京：中国人民大学出版社，2007. 135.
[6] 同上，137.
[7] 李河. 巴别塔的重建与解构：解释学视野中的翻译问题［M］. 昆明：云南大学出版社，2005. 51.

A　表达项的解释性比较研究

针对表达项的比较研究聚焦城市广场空间语言的物质层面，并基于结构逻辑的定性研究展开，其中既包括古、今的历时比较也包括中、欧的共时比较。比较始自双轴逻辑结构（图1-2），即，聚合系的析取原则比较以及组合段的合取关系比较。

对于同一空间维度内的古、今历时比较而言，聚合系析取原则、组合段合取原则，尤其是前者在时间维度上的演变，能够呈现出前后两组静态结构是如何相互转换的，其中哪些内容发生了改变。譬如，以基面形的变化为例，下图呈现出中国城市外部空间基面形的演变历程，显然在由单一的线形向多元的形转变过程中，典型案例及特定时间节点均被凸显出来。

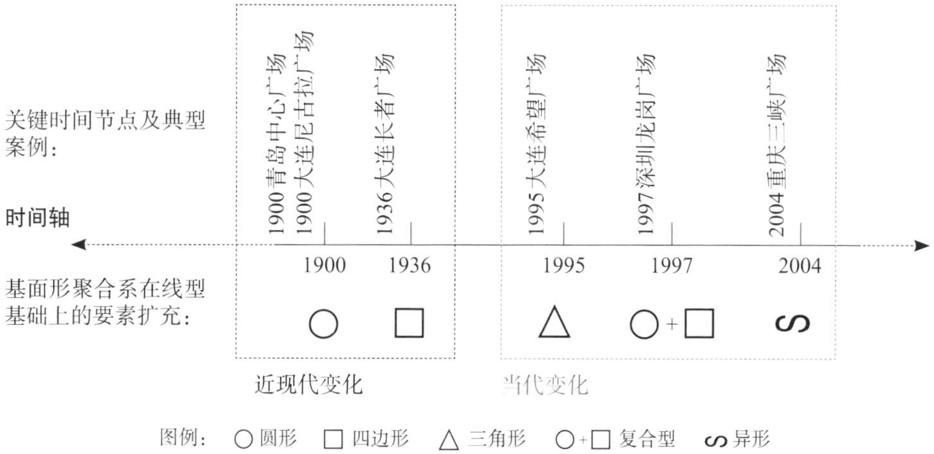

图1-3　中国城市外部空间基面形由单一向多元化发展的演变简图

资料来源：作者绘

反过来，对于同一时间维度的中、欧共时比较而言，聚合系析取原则、组合段合取原则，尤其是后者因空间维度的不同或确切地说因民族世界观的不同所导致的差异，则能够生动呈现出斯皮罗・科斯托夫所言的相近的形式未必有相同的意图[1]这一论断，而这无疑为内容项的解释性比较研究做了铺垫。

B　内容项的解释性比较研究

本书内容项的解释性比较研究深受叶尔姆斯列夫及其当代追随者美国社会学家马克・葛迪勒（Gottdiener, Mark）和亚历山大・拉哥波罗斯（Lagopoulos, A.P.）的影响。后者在《城市与符号》（*The City and the Sign: An Introduction to*

[1]［美］斯皮罗・科斯托夫．城市的形成，历史进程中的城市模式和城市意义［M］．单皓译．北京：中国建筑工业出版社，2005. 16.

Urban Semiotics)的导论中借助叶尔姆斯列夫的表达项—内容项二分法,尤其是基于此的进一步切分——形式层(form)、实质层(substance),发展出“城市空间记号学研究模式”,这一模式将普遍的文化环境同物质人造物统一在一起,即如葛迪勒所言:“空间组织是社会产物,而空间的生产是被以某特定社会构造的社会过程所统治。”[1]城市空间记号学研究模式如下表所示,表中“表达项的形式”即城市空间中被抽象过的形态,它通常以明确的风格、流派的形式呈现;“表达项的实质”则是城市空间中未被抽象概括的形态,它通常含混、似是而非,是具体的形式的统称;“内容项的形式”是与明确的风格、流派相对应的意识形态,通常代表基于特定价值取向的世界观;“内容项的实质”则是含混、多义的意识形态,未形成明确的价值取向:

$$\text{记号}=\frac{\text{所指}}{\text{能指}}=\frac{\text{内容}}{\text{表达}}=\frac{\frac{\text{实质}}{\text{形式}}}{\frac{\text{形式}}{\text{实质}}}=\frac{\frac{\text{非符码化的意识形态}}{\textbf{在空间中物质化、符码化的意识形态}}}{\frac{\textbf{形态学的元素}}{\text{空间中物质性的对象}}}$$

图1-4 城市空间记号学研究模式,黑体为本书重点关注内容[2]

马克·葛迪勒和亚历山大·拉哥波罗斯对叶尔姆斯列夫二分法在城市空间领域的拓展颇具启发,但是鉴于本书研究对象的特殊性——城市外部空间,以及所采用的解释性历史研究的具体方法,“内容项的形式”——“在空间中物质化、符码化的意识形态”将成为本书古、今历时比较,中、欧共时比较的主要内容项研究对象。而其中,对古、今的历时比较主要集中在官式与世俗这两套平行、共存的文本中;对中、欧共时比较则借用斯皮罗·科斯托夫的分类法,将比较建立在表达相似但内容待考的预设前提下,即在基于有机型与几何型的对立中展开。

显然,以当代中国城市广场作为研究基点的内容项与表达项的解释性历史比较研究,能够更加直观地反映横亘于不同时空语言世界观之间的差异,同时也凸显出基于此所导致的广场的跨语际空间实践及其文本误读,而这无疑为回答当代中国城市广场建设的窘境开启了一扇窗,即跨语际的空间语言转译活动的不彻底性是否正是这一切尴尬现状的真正历史症结?

[1] [美] 马克·葛迪勒,亚历山大·拉哥波罗斯. 城市与符号(导言)[M]. 见:空间的文化形式与社会理论读本. 夏铸九,王志弘编. 台北:明文书局,1988. 249.

[2] 表格引自:[美] 马克·葛迪勒,亚历山大·拉哥波罗斯. 城市与符号(导言)[M]. 见:空间的文化形式与社会理论读本. 夏铸九,王志弘编. 台北:明文书局,1988.248.

1.4.2.3 基于跨语际转译[1]的解释性历史研究

叶尔姆斯列夫的表达项——内容项二分法同样为基于洪堡的语言世界观以及美籍华裔学者刘禾的跨语际语言翻译理论向空间领域的拓展提供了有力的技术支撑。这一部分的研究包括两个方面，其一是表达项在跨语际过程中沿时间维度的物质呈现，其二是内容项在跨语际过程中沿时间维度被主方逐渐接受、重新阐释的历程。

在语言翻译过程中，体现音阶组合关系的语音结构、词语句段组合关系的语法结构的跨语际转换活动很难实现，语言翻译的对象永远是内容项，即便这个过程既包括带有阐释倾向的意译也包括"摹声造词"的音译；而空间语言跨语际的转换活动则不同，表达项因其具体、直观的特征，不但比内容项更易于转换，其转换行为本身也更易被人们认知。于是，本书对空间语言跨语际转译的解释性历史研究，便紧紧围绕着中国城市空间语言结构逻辑的演变从近现代至当代逐层展开（如图1–5所示）。鉴于空间语言跨语际实践本身的历史复杂性，"转译"过程包括"移植"与"阐释"这两个既前后递进又彼此平行的类型。其中，空间语言的"移植"型类似于"摹声造词"的音译，而"阐释"型则类似于"体现空间特征的、空间要素重组式解释"[2]（详见2.3.2小节空间语言的转译）。此两者同中国传统空间类型共时存在于中国近、当代城市空间结构体系中，其发展演变趋势如图1–5所示，图中X轴为时间轴，Y轴为空间类型量的比对关系示意。随时间变化，中国传统空间类型总量日益减少，而"移植"型、"阐释"型日渐增多，尤以"阐释"型为最。

显然，针对表达项跨语际转译的解释性历史研究，可以如下图1–5通过梳理城市空间语言结构逻辑的演变直观地加以呈现。在这个过程中，一些对城市空间形态产生重大影响的时间点/时间段无疑被凸显出来，并进而成为内容项跨语际转译过程中解释性历史研究的最有效切入点。譬如图1–5所示，1900年、1927年作为"移植型"、"阐释型"的发端、1931—1945"移植型"数量的激增、1996年"阐释型"的突飞猛进……无一不与特定历史阶段的社会文化演变紧密相关。这就使得空间语言内容项的跨语际转译研究价值愈加凸显。

同语言翻译相类似，空间语言内容项可译与否是其表达项转译成败的关键。正像维特根斯坦（Wittgenstein, Ludwig）所说的那样——生活形式的一致性决定语言的一致性[3]。显然，中、欧之间，或曰东、西方之间巨大的社会、文化、发展历程的差异几乎可以被看作是横亘在双方之间的无法逾越的鸿沟。然而，对于城市"广场"这一特

---

[1] 本书用空间语言的转译而不是翻译来定义空间语言跨语际的转换活动，以此将空间语言与语言的跨语际转换活动加以区别。

[2] 改编自"一切文字性的、语词重组式解释都是翻译"，详见：李河. 巴别塔的重建与解构：解释学视野中的翻译问题［M］. 昆明：云南大学出版社，2005. 54—57.

[3] ［奥］维特根斯坦. 哲学研究［M］. 李步楼译. 北京：商务印书馆，1996. 第一部分第241节.

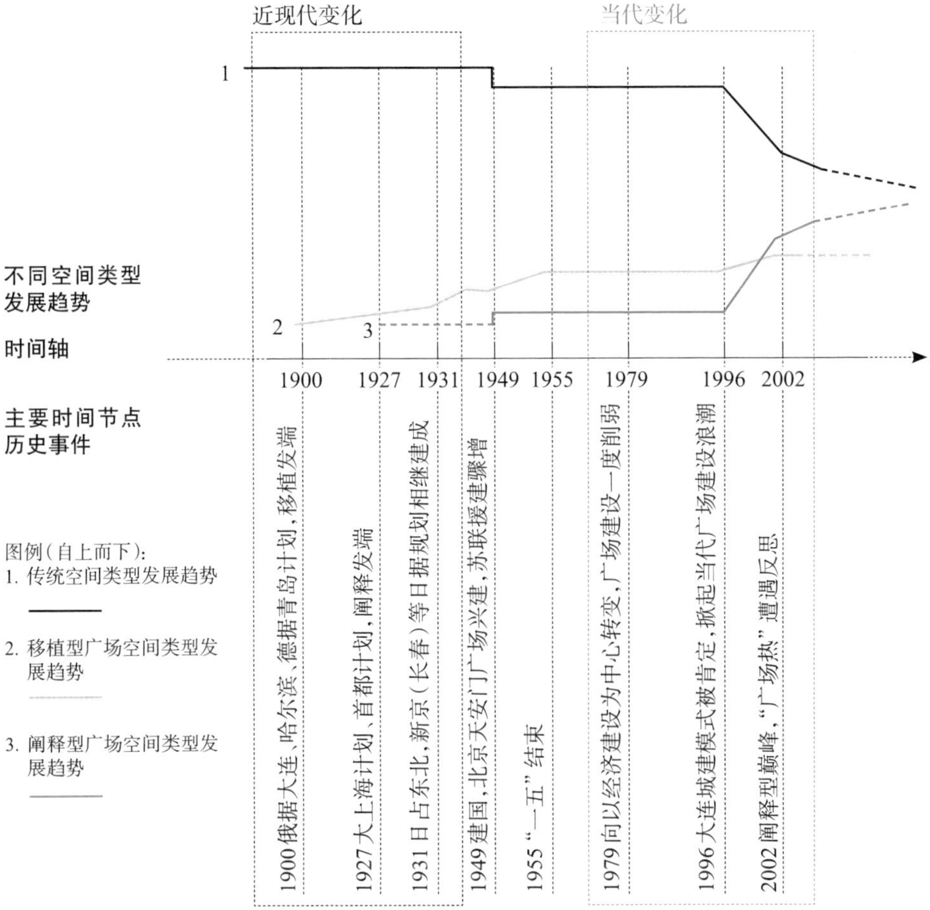

图1-5　近代至当代城市外部空间跨语际实践（中国）发展趋势示意图

资料来源：作者绘

定研究对象，则不但应正视其内容项的可译与否问题，还应在其转译活动即已形成的前提条件下，仔细探究转译成果是在怎样的一个契机中生成的？生成的初衷是什么？又进而引发了哪些更深层次的文本误读？对其随后的发展又有哪些影响？

基于此，本书最后部分便将关注点重新上溯到19世纪末20世纪初，通过"广场"作为回归的书写形式借贷词[1]在语言转译过程中所衍生的歧义，结合本世纪上半叶特定的社会、文化、历史背景，审视中国城市社会生活在跨语际空间转译过程中所面临的现实困境，以此尝试回答当代中国城市广场两难境地的真正的历史根源。

[1] 具体解析详见第5章。

1.4.3 技术路线图(沿两条线索展开)

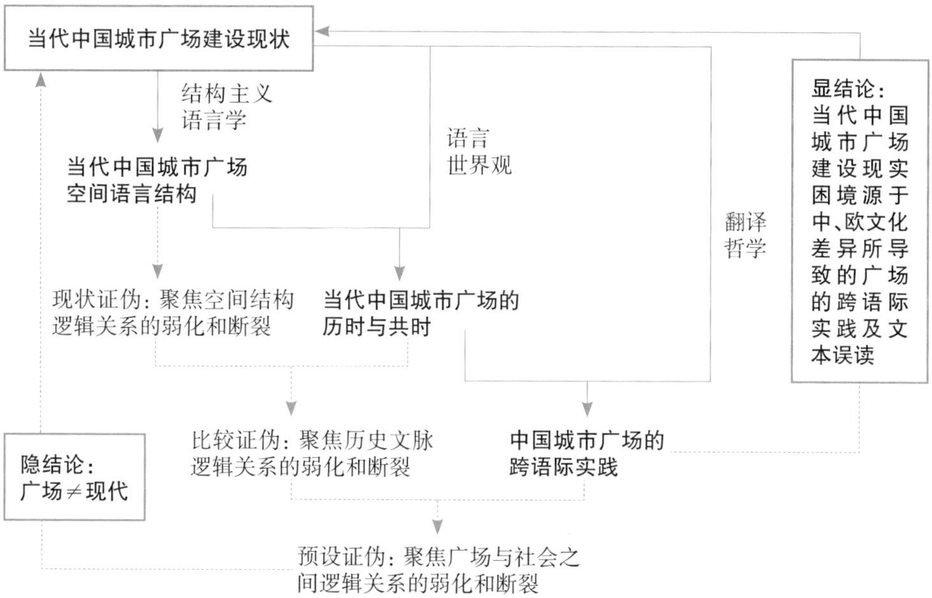

图1-6 本书展开技术路线图,显性线索详见3、4、5章,隐性线索详见结论

资料来源:作者绘。

1.5 本书结构

与研究方法相对应,本书结构由六章组成,主体包括四个主要部分。

第一部分(第2章)"语言、建筑与城市"构建本书的理论平台。主体包括三小节,分别从"结构"、"差异"以及"转译"三个层面将语言研究、建筑空间研究以及城市研究相互交叉融合,为后续进一步的实证研究奠定理论基础。

第二部分(第3章)"当代中国城市广场的空间语言"构建空间语言逻辑结构框架,核心理论基础是"结构"。主体包括两小节,分别从建设综述以及空间语言结构梳理两个层面展开,对当代中国城市广场进行从宏观到微观、从逻辑关系确定到具体要素选取的系统梳理,基于此为后续历时、共时比较研究架构静态平台。

第三部分(第4章)"当代中国城市广场的历时与共时",核心理论基础是基于语言世界观的"差异"。主体包括两节,分别以当代中国城市广场的空间语言逻辑结构框架为基点,进行纵跨历史维度、横跨空间维度的比较研究。本章研究试图在中国城市社会发展历程以及世界城市广场发展历程的参照系内，勾勒出中国城市广场独特的发展轨迹，并为后续跨差异、跨语际的广场空间语言实践研究寻找到准确的时间切入点。

第四部分（第5章）“中国城市广场的跨语际实践”，核心理论基础是“转译”/翻译哲学。主体包括两节，分别借助跨语际的社会文化视角，从发展历程以及文本误读两个层面对中国城市广场的出现、发展、流变由表及里进行解析，最终完成对当代中国城市广场之现状历史症结的发掘与拷问。

四个主体部分之外的章节分别是第1章绪论以及第6章结论。第1章提出论题，就研究背景、对象、目的、意义进行综述，并重点、扼要地介绍理论体系的架构以及具体的研究方法、技术路线。第6章为结论部分，即在四个主体部分论述基础之上，基于逻辑谬误的证伪重新梳理文章脉络，最终将中国当代城市广场的建设现实置于哲学的认识论层面进行反思。

第2章 语言、建筑及城市

人的突出特征，人与众不同的标志，既不是他的形而上学本性也不是他的物理本性，而是人的劳作（work）。正是这种劳作，正是这种人类活动的体系，规定和划定了“人性”的圆周。语言、神话、宗教、艺术、科学、历史，都是这个圆的组成部分和各个扇面。……它能使我们洞见人类这些活动各自的基本结构，同时又能使我们把这些活动理解为一个有机整体。[1]

——恩斯特·卡西尔

2.1 结　构

众所周知，语言的结构模型是抽象的，建筑、城市的结构模型是具体的。从表象看，“抽象的结构模型与具体的结构模型之间的共同之处是部分与整体的关系”[2]以及基于此建立起来的各个部分之间的相互关系。但此二者之所以具有可比性，却诚如恩斯特·卡西尔所言的那样，绝无物理特性的相似，而应归结于逻辑关系的相近。因为作为人类思维活动的外化方式，无论是语言抑或是建筑、城市都呈现出了可以彼此呼应彼此参照的完整性、系统性及逻辑性。因此，建筑抑或是城市同语言之间的比拟首先应建立在最为根本的结构研究基础之上。

对语言的结构研究始自费尔迪南·德·索绪尔的《普通语言学教程》，在此之前，语言学家们从事的是“没有出现任何建立在科学原理之上的”[3]历史比较语言学或词源学研究。回归语言学内在世界的索绪尔，秉承的是普遍主义科学世界观，基于此，他建构了结构主义的语言学。可以说，索绪尔的结构语言学不但为现代

[1] ［德］恩斯特·卡西尔. 人论［M］. 甘阳译. 上海：上海译文出版社，2004. 87.
[2] 李幼蒸. 理论符号学导论［M］. 3版. 北京：中国人民大学出版社，2007. 163.
[3] ［德］恩斯特·卡西尔. 人论［M］. 甘阳译. 上海：上海译文出版社，2004. 145.

语言学发展奠定了理论基础，更演变为直观又切实可行的方法论广泛而深入地影响了其他学科，譬如哲学、社会学、心理学等都相继在20世纪发生了语言学的转向(linguistic turn)，建筑与城市领域的研究亦不例外，无论是自诩为科学的功能主义抑或后期摇摆不定的混沌多元的价值取向，均是伴随着结构主义语言学的发展而相应转换、变化并同时施以反作用的。毕竟，究其实质，对结构的探索是人类探寻并把握事物内在规律这一天性的影射。

那么，语言结构同建筑、城市空间结构又存在着哪些两两相映的比对关系？这些关系又是如何将人类逻辑思维的系统性和连贯性呈现出来的？下文将基于索绪尔—叶尔姆斯列夫的“内在主义”结构语言学理论对这两个问题进行系统论述。

美国哲学家加里·古廷(Gutting，Gary)认为，索绪尔的结构主义语言学的核心要点在于“语言学的意义不是内容的问题，而是被差异的体系限定的形式或结构的问题”[1]，即以内在差异关系为逻辑基础的结构体系建构问题。索绪尔将这一问题提出并建构出与之相应的逻辑框架——“一体双面二维多层”，而这一逻辑框架经由叶尔姆斯列夫完善发展，最终被给予了几近彻底的形式化的界定和描述，即表达项—内容项以及一系列记号函数关系。下文将以索绪尔的逻辑框架为铺垫，以叶尔姆斯列夫的结构形式为支撑，建构以静态描述为手段以分析比较为目标的语言、建筑、城市结构平台。

2.1.1 “一体双面”

和古典语言学家直接将隶属于直观经验范畴的语词(word)看作语言的基本要素不同，索绪尔为现代语言学引入了一个更具普遍性的术语——记号(sign)作为概念和声音结合。索绪尔认为，“无论是词汇还是思想本身都不具有意义，仅仅凭借着相互联系起来，它们才逐渐具有了意义”[2]，也就是说无论语言这个基本单元——记号是声音形象和概念的结合、词汇和思想的结合、物质客体和心理观念的结合，还是索绪尔最终所明确称谓的“能指”(signifer)和“所指”(signified)的结合，意义只存在于它们共同构成的客观存在的那个“具体实体”[3]或曰双面实体中，而这个双面实体就像是一张纸的正反面，互依互存。索绪尔“一体双面”这一形象的比喻构成了后来人文科学结构主义运动的主要模型。以此为基础，丹麦学派叶尔姆斯列夫进行了更为扎实的逻辑论证，他从严格的形式角度出发对索绪尔的语言结构关系进行了彻底的描述。在他的论证中，表达项(expression)—内容项(content)分别对应能指

[1] ［美］加里·古廷. 20世纪法国哲学［M］. 辛岩译. 南京：江苏人民出版社，2005. 271.
[2] 同上，269.
[3] ［瑞士］费尔迪南·德·索绪尔. 普通语言学教程［M］. 高名凯译. 北京：商务印书馆，1999. 146.

和所指；记号函数（sign function）即是索绪尔所谓的记号，也就是表达项和内容项的总和（这里的函数不具备任何数学意味，更多反映的是表达项与内容项间的依存关系）。除此之外，叶尔姆斯列夫还对表达项—内容项进行了更进一步的切分，即形式层（form）和实质层（substance）的切分。至此“原本无定型的声音和思想……在语言系统中获得了表达的确定性……表达和内容的实质部分也有了相应的形式”[1]。正如图 2-1 所示（表格引自《空间的文化形式与社会理论读本》p248）。

$$\text{记号}=\frac{\text{所指}}{\text{能指}}=\frac{\text{内容}}{\text{表达}}=\frac{\dfrac{\text{实质}}{\text{形式}}}{\dfrac{\text{形式}}{\text{实质}}}$$

图 2-1　索绪尔-叶尔姆斯列夫“一体双面”的形式表达

2.1.2　“二维”模式

“二维”模式（亦作“双轴”）也被称为“语言轴列概念”，具体而言就是句段与联想这两套语法关系，它是索绪尔结构语言学中影响最为显著、最被广泛接受的结构原理。这其中，句段关系（syntagmes）是在场的，并“以现实的系列中出现的要素为基础”[2]，叶尔姆斯列夫在他的研究中将其等同为时间轴上的进程，李幼蒸则将其译为组合段。与之相对，联想关系（paradigma）是不在场的，它是由“不在场的要素联合成潜在的记忆系列”[3]，叶尔姆斯列夫在他的研究中将其等同为空间轴上的系统，李幼蒸则将其译为聚合系。为了形象地说明这两套语法关系，索绪尔引用了建筑作为类比：

> 从这个双重的观点看，一个语言单位可以比作一座建筑物的某一部分，例如一根柱子。柱子一方面跟它所支撑的轩椽有某种关系，这两个同样在空间中出现的单位的排列会使人想起句段关系。另一方面，如果这柱子是多里亚式的，它就会引起人们在心中把它跟其他式的（如伊奥尼亚式、科林斯式等）相比，这些都不是在空间出现的要素：它们的关系就是联想关系。[4]

显然，在索绪尔看来，借助建筑来理解他语言结构中的“一体双面”甚至两套

[1] 李幼蒸. 理论符号学导论［M］. 3 版. 北京：中国人民大学出版社，2007. 156.
[2] ［瑞士］费尔迪南·德·索绪尔. 普通语言学教程［M］. 高名凯译. 北京：商务印书馆，1999. 171.
[3] 同上.
[4] 同上.

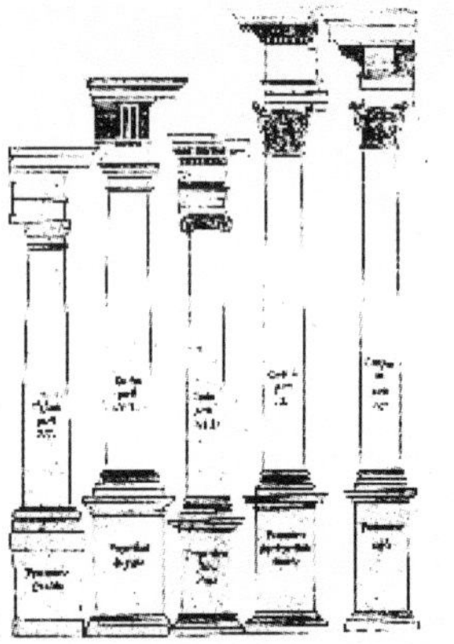

图2-2 古典建筑五柱式

图片来源：［英］萨莫森. 建筑的古典语言［M］. 张欣玮译. 杭州：中国美术学院出版社，1994

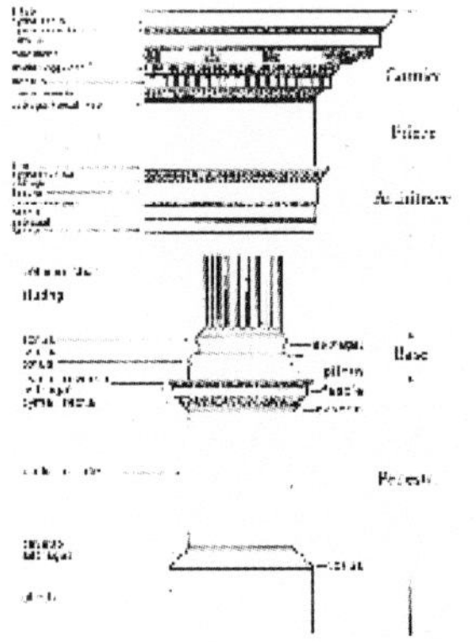

图2-3 科林斯柱式的组合段

图片来源：［英］萨莫森. 建筑的古典语言［M］. 张欣玮译. 杭州：中国美术学院出版社，1994.102

语法关系是非常直观和生动的。的确，首先“柱子”作为一个记号实现了音响形象和概念的结合、词汇和思想的结合以及物质客体和心理观念的结合，作为一个具体的物质实体，它的存在与它所暗含的与其他构件之间的建造逻辑使其可以被称为“柱子”。当“柱子”作为一个构造要素进入建筑的建造过程中时，通过句段关系——即建造逻辑，在场的句法结构得以呈现，这就如同柱子与基础、梁、檩条的关系那样，既具体又真实；而不在场的联想关系则基于同一范畴——即同为“柱子”的各要素之间所具备的可替换性，就像多里亚式（亦可译为塔司干式）同伊奥尼亚式（爱奥尼式）以及科林斯式之间彼此是具备相互替换这一潜在可能性一样（如图2-2所示）。但值得注意的是，这种可替换性却并不是随意的，不同的句段关系必定对应相应既定的联想关系。因此，李幼蒸先生将联想关系译为聚合系，原因便在于他想廓清所谓的“联想关系”虽从字面上看依赖心理活动，但绝对不能等同于“联想心理学”，这是因为无论是句段关系抑或是联想关系，都是“约定俗成”的，都已然存在于语言结构之中了，是隶属于“语言的系统维面或结构维面”[1]的，就像索绪尔所说的那样：“一个社会所接受的任何表达手段，原则上都是以集体习惯，或者同样可以说，以约定俗成为基础的。”[2]而所有这些既定的规则“既是言语机能的社会产物，又是社会集团为了使个人有可能行使这机能所采用的一整套必不可少的规约”[3]（如图2-3所示）。

这种范畴的廓清是非常有价值的，尤其当人们把这套理论拓展到其他学科领域的时候。杰奥弗里·勃罗德彭特（Broadbent, G）在《建筑中符号理论的入门指南》一文中也引用了索绪尔的这段著名比喻，但他显然是误读了。他说：“实际上索绪尔曾引用过建筑的类比来演示句法（他使用了形容词‘句段的’）和语义（他称之为‘联想的’）两方面怎样相互

[1] 李幼蒸. 理论符号学导论［M］. 3版. 北京：中国人民大学出版社，2007. 146.

[2] ［瑞士］费尔迪南·德·索绪尔. 普通语言学教程［M］. 高名凯译. 北京：商务印书馆，1999. 103.

[3] 同上，30.

联系……”[1]他把语义同作为语法结构之一的聚合系混为一谈，这无疑不但扰乱了索绪尔结构语言学的内在逻辑，同时也使语义丧失了其更为实质的逻辑根基，即内容项根基（这一逻辑根基事实上借由格雷马斯通过叶尔姆斯列夫的表达—内容项最终发展成为语义结构学）。因此，下文我们将延续李幼蒸的译法，将“双维”译为组合段与聚合系。

事实上，叶尔姆斯列夫对双维模式的研究最为系统和严谨，他基于各记号/记号函数彼此间的具体关系，将时间轴上的进程，即组合段内的语法逻辑结构（图2-4，2-5，2-7）又细分为“连带型”（solidarify）、“结合型”（combination）以及“选择型”（selection）；空间轴上的系统，即聚合系内的语法逻辑结构（图2-8，2-9）则被细分为“互补型”（complementarity）、“自主型”（autonomy）以及“规定型”（specification）；表达项和内容项之间的相互关系则包括“互依型”（interdependence）、“并列型”（constellation）以及“决定型”（determination）三种类型。具体来说，“互依型”中的表达项与内容项之间是互为充要条件；“并列型”则相反，表达项与内容项之间是互为不充分必要条件；“决定型”置于此二者之间，互为充分不必要或必要不充分条件。以此类推，在组合段中，当相邻两要素之间的关系互为充要条件之时为“连带型”，相反为“结合型”，介于两者之间的为“选择型”。在聚合系中，当两要素之间的关系互为充要条件之时为“互补型”，相反为“自主型”，介于两者之间的为“规定型”[2]。毋庸置疑，基于此建立起来的记号函数理论使“结构语言学分析的精确性和普适性大大提高了”[3]。

因此当我们尝试将这套严谨的语言逻辑系统同索绪尔的建筑比方相结合，建筑——这一具体的结构模型完全可以为我们立体直观地将语言——这一抽象的结构模型诠释出来。还是以柱子为案例，我们可以围绕着这个建筑部件观察所谓

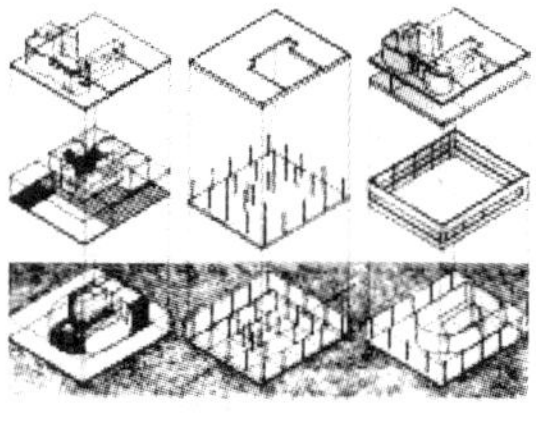

图2-4　以萨伏伊别墅构建过程为例的组合段演示

图片来源：程大锦．建筑：形式、空间和秩序［M］．天津：天津大学出版社，2005.XII

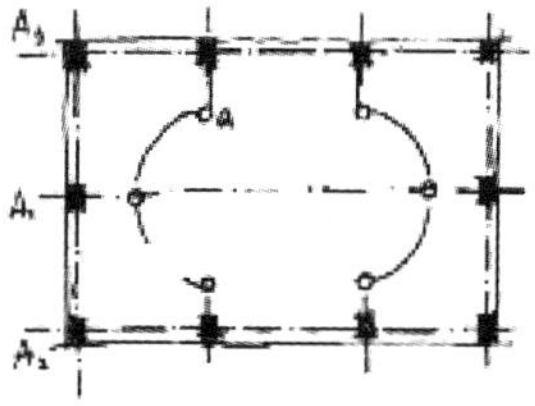

图2-5　通过平面图所展现的组合段内的语法逻辑结构

图片来源：作者绘。

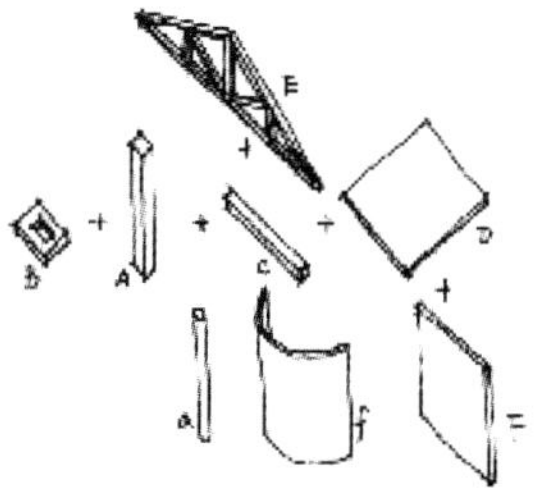

图2-6　空间语言结构部分构成要素：A柱子（a装饰柱），B基础，C梁，D楼板，E屋架，F墙体（f弧形隔墙）

图片来源：作者绘。

[1]［英］G·勃罗德彭特．建筑中符号理论的入门指南［M］．见：G·勃罗德彭特．符号·象征与建筑［M］．乐民成译．北京：中国建筑工业出版社，1991. 357.

[2] 详见：李幼蒸．理论符号学导论［M］．3版．北京：中国人民大学出版社，2007. 154.

[3] 同上，155.

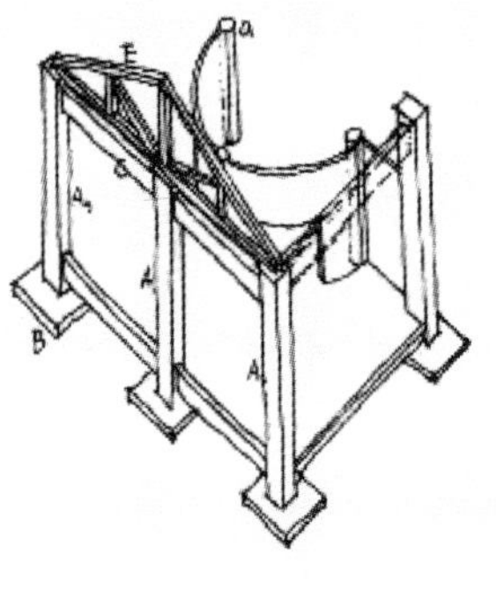

图2-7 体现组合段语法逻辑结构的建构

图片来源：作者绘。

的结构是怎样成为一个“关系组合体”的：

1. “互依型”（interdependence）：只有处在基础与梁构造节点之间的柱形实体才可以同“柱子”——框架结构中的竖向承重杆件这一心理概念形成“互依型”关系（如图2-7中的A）。

2. “并列型”（constellation）：不处在基础与梁构造节点之间的柱形实体同“柱子”——框架结构中的竖向承重杆件这一心理概念形成“并列型”关系（如图2-7中的a）。

3. “决定型”（determination）：处在基础与梁构造节点之间的柱形实体同由型钢制作的“柱子”——钢结构中的竖向承重杆件这一心理概念，或，处在钢筋混凝土基础与钢梁构造节点之间的柱形实体同“柱子”——框架结构中的竖向承重杆件这一心理概念形成“决定型”关系（如图2-6中的构件A与2-7中的柱子之间构成“决定型”关系）。

4. “连带型”（solidarify）：只有处在基础与梁构造节点之间的柱形实体才可以同处在相应空间位置的梁、基础、楼板等之间构成“连带型”关系（如图2-7中的A，B，C，D，E，F之间的关系）。

5. “结合型”（combination）：不处在基础与梁构造节点之间的柱形实体同不处在相应空间位置的梁、基础、楼板等之间构成“结合型”关系（如图2-7中的a同B，C，D，E，F之间的关系）。

6. “选择型”（selection）：处在基础与梁构造节点之间的柱形实体同不处在相应空间位置的梁、基础、楼板等之间，或者，不处在基础与梁构造节点之间的柱形实体同处在相应空间位置的梁、基础、楼板等之间构成“选择型”关系（如图2-7中的A2同B，C，D，E，F之间的关系）。

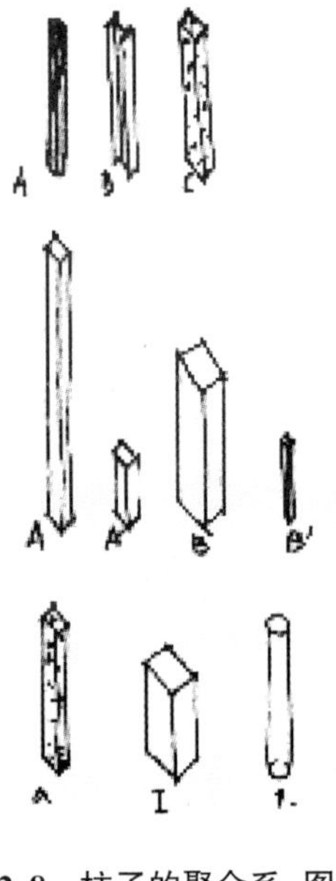

图2-8 柱子的聚合系，图中，A为木柱、B为钢柱、C为混凝土柱。其余皆体现各柱之间界面形抑或是长高比的差异

图片来源：作者绘。

7. “互补型”（complementarity）：按材料聚合类分的木柱、钢柱、混凝土柱，按尺寸聚合类分的长柱、短柱、粗柱、细柱，等其内部彼此之间都是“互补型”关系（如图2-8中的ABC之间，AA′，BB′之间的关系）。

8. “自主型”（autonomy）：钢柱同长、短、粗、细之间，也就是材料和尺寸两个聚合类之间是“自主型”关系（如图2-8中的a、I、1之间的关系，以及图2-9）。

9. “规定型”（specification）：通过精确的结构计算，钢柱与钢柱截面形式、尺寸之间的关系是“规定型”关系（如长细比以及高宽比）。

至此，我们还可以进一步将“柱子”这个“一体双面”的具体实体同“二维”的组合段、聚合系结合在一起来解读，这其中的逻辑关系就更加清晰了：

满足强度要求的钢筋混凝土柱子作为结构要素必符合钢筋混凝土框架建筑的结构逻辑，它同梁、基础、楼板、屋面板等其他构件共同作用将这套逻辑外化并直观地呈现出来，其所呈现出来的组合关系即为组合段。如果柱子材料更换为木材、石材，框架的结构逻辑依然成立，但相应的其他构件如梁、基础、楼板、屋面板等会有所调整。最终，整体呈现出来的建筑实体既可能是古希腊的神庙也可能是哥特式教堂，还有可能是中国的江南民居甚至是工厂厂房……但这一切并不客观存在，它只借助既有的逻辑而共同构成聚合系。值得注意的是：这个聚合系既存在于构件这个层面，也存在于结构整体的这个层面，并可能存在于整个建筑物构建过程中的任何层面。

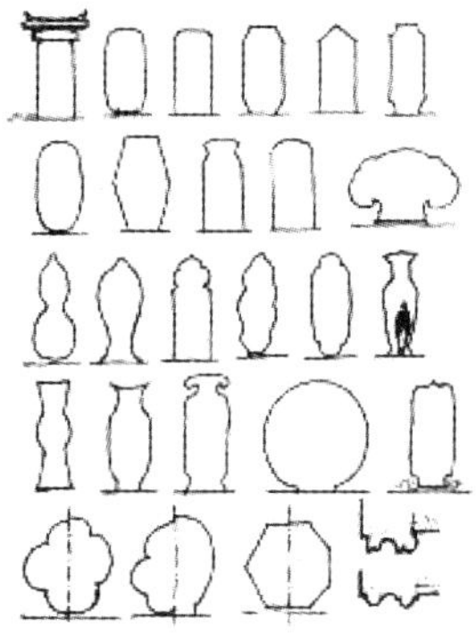

图2-9　以中国古代园林建筑中的入口为例来解释聚合系内的逻辑关系：所有形式之间构成自主型逻辑关系，不存在任何充分必要关系

图片来源：Andrew Boyd.中国古建筑与都市［M］. 谢敏聪，宋肃懿编译.台北：南天书局，1987.130

2.1.3　多层格局

显然，上述论述表明：同语言的具体要素一样，对于任何一个建筑部件来说，它既可以作为个体进行深入地切分研究，同时还可以基于两套语法结构与其他要素组合，在不同的层面上加以解析，但这些不同层面却绝非均质对等地存在，它们也呈现出相应的等级关系（图2-10）。对于语言学研究来说，这些层次包括：音位层、音节层、词素层、词层、词组层、句层、句组层以及文本层。它们彼此之间的等级关系是在组合段的逻辑结构下形成的，其中每一层都是下一层的组合单元，譬如词素构成了词，而词层又能组成语句，句组层以及文本又都是由句层构成的。因此可以说语言的组合段等级结构是由各个组合段层次单元在各自单元逻辑关系的联系和制约下共同构成的，同时所有单元一方面受组合段规则的制约，另一方面也受到来自聚合系的影响。

在这样的结构逻辑比拟下，我们几乎可以尝试将一座城市搭建出来了（图2-11—图2-13）。

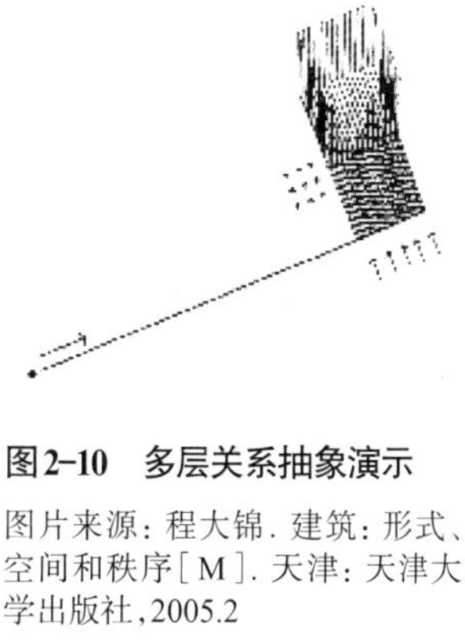

图2-10　多层关系抽象演示

图片来源：程大锦. 建筑：形式、空间和秩序［M］. 天津：天津大学出版社，2005.2

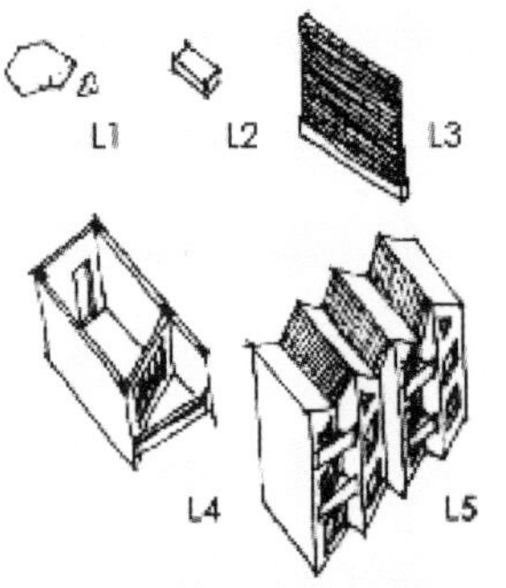

图2-11　从黏土（L1）到建筑主体（L5）的建构

图片来源：作者绘。

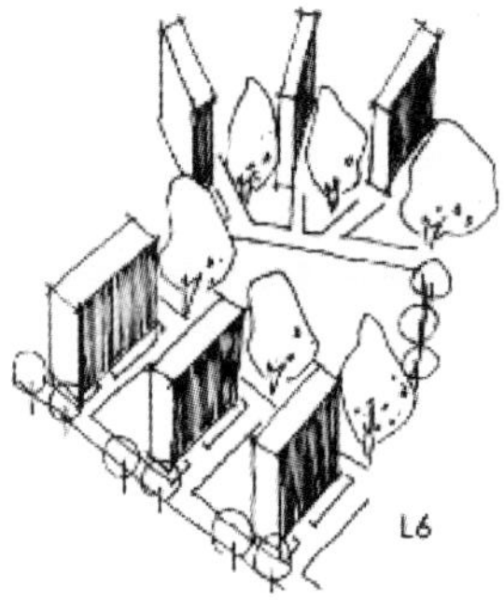

图2-12　社区（L6）的建构

图片来源：作者绘。

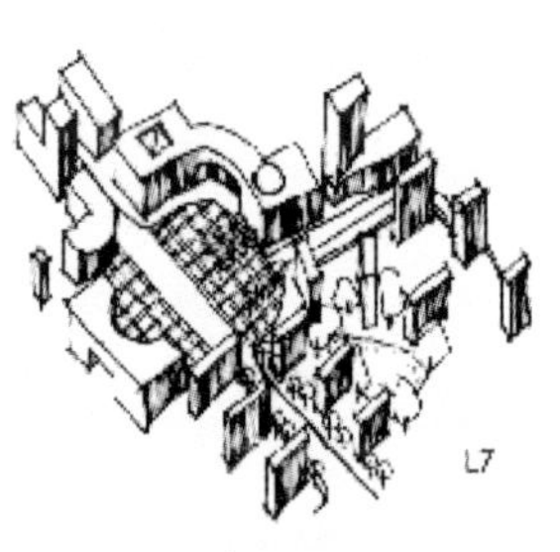

图2-13　城市的片断……街区（L7）的建构

图片来源：作者绘。

它可以从黏土（L1）开始，由黏土经过成型、干燥、焙烧制成53 mm × 115 mm × 240 mm的标准砖（L2）和砂浆配合（石灰砂浆、水泥砂浆、混合砂浆三选一），采用一丁一顺式（还可以选全顺式、一丁多顺式或者两平一侧式）砌筑墙体（L3）；砌筑在基础梁上的承重墙（或已开设门窗洞）承接着地坪、楼板、楼梯及屋顶，并与之共同作用围合限定出室内空间（L4）；室内空间按照起居的功能要求（还可以选择办公、娱乐等其他功能类型），依一定的序列排列组合，进而形成了建筑主体（L5）；在保证间距和采光的前提条件下，建筑主体周边将兴建其他建筑物共同形成社区（L6）；建筑物之间由区内道路连接，并最终通过城市支路、干路与城市其他区域相连，而整个区域的给排水管网、强弱电系统也将与城市水网、电网连接（L7）……

由L1到L7构成了相应的等级关系，每一层都是下一层的组合单元：黏土构成标准砖，进而构成墙体再形成室内空间及建筑主体，然后是街区、社区最后演化为城市。“成型、干燥、焙烧”是L2的组合段单元逻辑，尺寸或形式与砖的类型相关，是在L2层次对组合段单元产生影响的聚合系逻辑。L3层次中，除了作为组合段单元出现的砖，还有砂浆，砂浆的选择是聚合系逻辑；砖铺砌方式的选择也是聚合系逻辑，但已经确定的一丁一顺式则是L3组合段单元逻辑。以此类推，建筑功能类型所决定的空间布局模式就相当于L5的组合段单元逻辑，究竟是哪一种功能则是聚合系逻辑；街区或社区内建筑组群布局的硬性指标（密度、容积率、间距等）是组合段单元逻辑，而组合方式是行列式抑或是组团式则是聚合系逻辑。

显然，是否L1对应语言结构学中的音位层而L4对应词层根本不是比拟的核心，语言结构的层级同建筑城市结构的层级肯定不是一一对应的。也就是说，如果有人以建筑或城市不具有马丁内所说的双重分节特征——产生词素层、音位层，就断言“语言和建筑似乎是属于符号学领域中相距非常远的区域”[1]，那真的是犯了教条主义的错误。比拟的关键依

[1]［意］玛利亚·路易沙·斯卡维尼.建筑评论的两种模式：是结构语言学还是文学符号学［M］.见：G·勃罗德彭特.符号·象征与建筑［M］.乐民成译.北京：中国建筑工业出版社，1991. 336.

然如德国哲学家恩斯特·卡西尔所言的是逻辑特性而非物理特性。因此，我们因袭了某个哲学视角或是接触到相应的研究方法，并不意味着我们得亦步亦趋谨小慎微以之为永恒的真理动摇不得，我们需要思考的是究竟通过这面棱镜看到了些什么。抽象的描述性的结构语言学给笔者带来的启示是：我们在对建筑、城市进行研究的时候，应该先进入建筑、城市的内部，把它们先看作是具有内在关系的独立实体，并以此为基础探寻时空维度下内外的关系。恩斯特·卡西尔在《人论》中也曾谈道："如果没有描述的分析事先提供某种尺度，我们就不可能期望测量人类文化某一特殊分枝的深度。"[1]李幼蒸先生也套用苏联结构主义语言学家邵武勉的话，发表了几乎同样的观点："对于任何科学研究而言，静态描述都应是全面研究的基础部分。"[2]

2.1.4　本节结语

彼得·柯林斯(Collins, P)认为建筑与语言之间的比拟在18世纪中叶到19世纪很流行，他借助贝内德托·克罗齐、G.维科以及科林伍德之口谈道："所有艺术皆是一种语言——是一种修辞学。"[3]至此，折衷主义、装饰风格甚嚣尘上。20世纪末，这一比拟又盛行了一段时间，甚至达到了愈演愈烈的程度。文丘里(Venturi, R)在《建筑的复杂性与矛盾性》(*Complexity and Contradiction in Architecture*)中援引艾略特写诗的手法——"稍加改动的文字，不断并列在新而突然的组合中"——来启发建筑语言跨越范式进行拼接，从而"产生既新又旧，既平庸又生动、模糊不定的丰富意义"[4]。基于修辞学的这种比拟，令建筑乃至城市形式像被浓缩进一本装饰手册一样，任由建筑师、规划师、设计师们拼贴涂抹，不同文化背景的元素、组合方式可以在没有深入了解其本质特征的情况下被任意选择和拼接，但因风格背后的意义或潜在的价值未能紧随其后，而最终成为诺伯格·舒尔茨(Norberg-Schultz, Christian)所言的"浮夸的建筑"[5]。

因此，对语言的滥用就如同对建筑城市组成要素的滥用，它试图颠覆的所谓静态、僵化、刻板的模式，或者具体说索绪尔-叶尔姆斯列夫的结构语言学模式，究其实质是相关领域全面深化研究的基本面。正所谓"皮之不存，毛将焉附"，修辞学虽是语言学研究的重要领域，却不是其核心问题；与之相比，结构语言学虽然仅仅只是

---

[1] [德] 恩斯特·卡西尔. 人论[M]. 甘阳译. 上海：上海译文出版社，2004. 88.
[2] 李幼蒸. 理论符号学导论[M]. 3版. 北京：中国人民大学出版社，2007. 172.
[3] [英] 彼得·柯林斯. 现代建筑设计思想的演变[M]. 英若聪译. 北京：中国建筑工业出版社，2003. 169.
[4] [美] 罗伯特·文丘里. 建筑的复杂性与矛盾性[M]. 周卜颐译. 北京：中国水利水电出版社，知识产权出版社，2008. 43.
[5] [挪] 克里斯蒂安·诺伯格-舒尔茨. 西方建筑的意义[M]. 李路珂，欧阳恬之译. 北京：中国建筑工业出版社，2005. 178.

语言学研究的一个分支，却能为语言的类型划分提供一个客观的、可供参考的逻辑框架。因此可以毫不犹豫地说，语言同建筑、城市相比拟的基础是结构而不是修辞。

2.2 差　　异

差异是语言修辞的目的，但基于修辞而形成的差异却徒有其表。真正决定语言类型划分，决定语言类型间差异的，究其实质是孕育了语言发生、滋养了语言发展、推动了语言进步的由德国哲学家、政治家、语言学家洪堡所提出的语言世界观。

那么何谓语言世界观呢？洪堡是这样论述的：

> ……每一种语言都包含着一种独特的世界观。正如个别的音处在事物和人之间，整个语言也处在人与那一从内部和外部向人施加影响的自然之间。人用语音的世界把自己包围起来，以便接受和处理事物的世界。……人同事物生活在一起，他主要按照语言传递事物的方式生活，而因为人的感知和行为受制于他自己的表象，我们甚至可以说，他完全是按照语言的引导在生活。人从自身中造出语言，而通过同一种行为，他也把自己束缚在语言之中；每一种语言都在它所隶属的民族周围设下一道藩篱，一个人只有跨过另一种语言的藩篱进入其中，才有可能摆脱母语藩篱的约束。……因为每一种语言都包含着属于某个人类群体的概念和想象方式的完整体系。[1]

这段话已经成为后人在讨论语言世界观时必引的经典，依照德国当代哲学家、美学家、现代哲学解释学的创始人伽达默尔在《真理与方法》一书中所作的概括，语言世界观理论的内核可以被简单表述为世界借助语言获得表述，人则通过语言拥有世界；拥有同一种语言的人，拥有同一种世界；拥有不同的语言的人，拥有不同的世界[2]。既然思维同语言之间有着如此紧密的关系，既然个人或是群体的世界观更多是通过语言形成的，那么一旦我们对人文科学范畴内的文化进行研究的时候——譬如语言学、艺术或是宗教研究等——我们首先要做的就是将这些研究对象放在时空的维度上对其进行世界观层面的考量。恩斯特·卡西尔就非常鼓励这种做法，他说："一切文化构作之观察中，除了作品分析（Werk-Analyse）、形式分析（Form-Analyse）以外，与上述两者对立的，还有那主要建立于因果范畴上的演变分析（Werden-

---

[1] 姚小平．洪堡特：人文研究和语言研究［M］．北京：外语教学与研究出版社，1995. 136.
[2] ［德］H-G·伽达默尔．真理与方法（下卷）［M］．洪汉鼎译．上海：上海译文出版社，2004. 574.

Analyse)。"[1] 显然,这是与索绪尔-叶尔姆斯列夫的静态的结构语言学截然不同的研究方法,它是动态的历史研究,在认识论方面隶属于关系范畴,而索绪尔-叶尔姆斯列夫的研究则从属于事实范畴[2]。

因此,当我们基于此回观索绪尔-叶尔姆斯列夫的结构语言学时,会发现所谓的因语言世界观的不同所产生的差异——无论是"跨着物理、生理和心理几个领域……属于个人的领域和社会的领域"[3] 的复杂的言语(parole),抑或是穿越时间的对于语言的历史性研究(历时性,diacronical)都被逐一简化和淡化。语言(language)变成了真空中的理想的实证科学对象,是"言语活动的其他一切表现的准则","是言语机能的社会产物,又是社会集团为了使个人有可能行使这技能所采用的一整套必不可少的规约"[4]。至此,索绪尔的工作也旋即成为研究"一个给定时间的一门语言的'瞬时'结构"[5](共时性,syncronical)。显然,索绪尔-叶尔姆斯列夫的结构语言学虽然以语言结构内部要素之间差异为基础,却并不探讨语言外部世界的问题。对于基于"差异"的跨语境语言研究,这显然是不够的,但即便如此,仍不能否认索绪尔-叶尔姆斯列夫的静态的结构研究方法是语言学"全面研究的基础",因为以此为基础,我们便可展开语言动态的横向比较及纵向演变分析,即在共时维度下从个人及社会层面进行言语的差异研究,以及在历时维度下进行语言的历史性差异研究,而这两方面的差异研究也都将以洪堡的语言世界观作为理论核心基础。

2.2.1　共时维度下的差异

共时维度下的差异具体体现在:基于社会组织结构的不同而产生的社会空间内部语言之间的差异。洪堡是最早进行社会语言学研究的学者之一,他除了较详细地考察了民族语言外,还研究了阶级语言、性别语言、宗教语言以及家庭语言等,无疑这些都对我们借助语言学的研究视角思考建筑、城市大有裨益。下文将从构成社会结构最基本单位的个人以及社会群体两个层面探讨这种差异性。

2.2.1.1　个体差异

在语言学研究中同个体紧密相连的术语是"言语",言语是个体语言能力的运用结果,它以独特的表达方式——结构逻辑的差异为外显,进而反映出个体之间迥

[1] [德] 恩斯特·卡西尔,人文科学的逻辑[M]. 关子尹译. 上海:上海译文出版社,2004. 154.
[2] 李幼蒸. 理论符号学导论[M]. 3版. 北京:中国人民大学出版社,2007. 135.
[3] [瑞士] 费尔迪南·德·索绪尔. 普通语言学教程[M]. 高名凯译. 北京:商务印书馆,1999. 30.
[4] 同上,30.
[5] [美] 加里·古廷. 20世纪法国哲学[M]. 辛岩译. 南京:江苏人民出版社,2005. 267.

异的世界观——也就是叶尔姆斯列夫表达—内容模式中的内容项。

A 表达的差异

在建筑领域内最热衷于“自说自话”的建筑师是从结构起家并最终走向解构的彼得·埃森曼(Eisenman, P)。在美国语言学家乔姆斯基[1](Chomsky, N)的影响下，尤其是在乔姆斯基所提出的深层结构及生成法则理论的影响下，彼得·埃森曼虽身为“纽约五人组”的成员之一，却最早开始对现代建筑进行反思。他尝试用建筑思考，并把它当作一种语言类型展开哲学思辨，“反对那些只把现代建筑理解为结构体系和程序要求字面的叠加”[2]，甚至质疑中心与外围、垂直与水平、内与外、正面的与旋转的、实与虚、点与面……这些凸显建构规则的逻辑对立等。

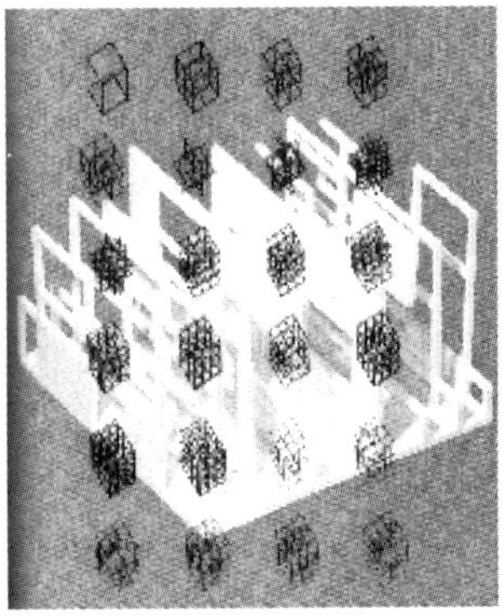

图2-14 埃森曼于1971年设计的住宅4#

图片来源：[美]彼得·埃森曼. 彼得·埃森曼：图解日记[M]. 陈欣欣，何捷译. 北京：中国建筑工业出版社，2005. 101

显然，借助乔姆斯基的深层结构理论，即“人人都具有内在的语言能力”[3]这一先验主张，埃森曼彻底抛弃了建立在社会关系基础之上的那些所谓的“约定俗成”，因为乔姆斯基使他相信深层结构不但和人性相统一、与文化差异无关，同时还极具创造力，它能令“说话主体(suject parlant)可以理解或创造无穷无尽的语句，即使在此之前他并没有说过或听过这样的语句”[4]——而这便是乔姆斯基的生成法则(图2-14)。深层结构与生成法则使埃森曼的建筑回归到了“自我”的世界，他在《图解日记》中写道：“建筑学传统上关注外部的现象：政治、社会状况、文化价值，如此等。理论上，他极少检视自身的话题——它的内在性。我对图解的研究就是这样一种检视。它关注建筑在实现的建筑物中表明‘自我’、表明自身内在性的可能性。”[5]毋庸置疑，这套逻

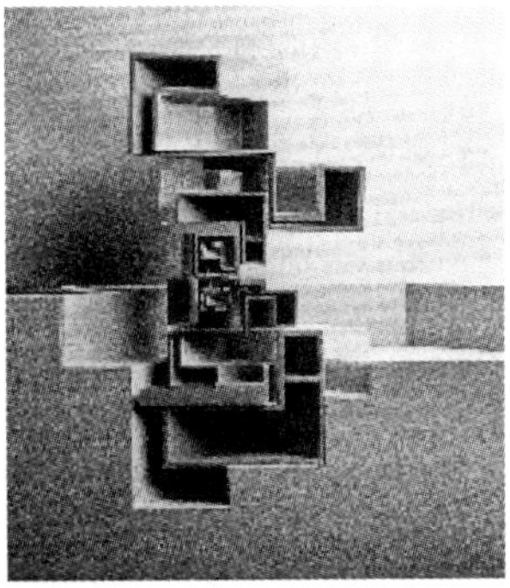

图2-15 埃森曼设计的住宅11A模型

图片来源：[韩]C3设计. 彼得·埃森曼. 杨晓峰译[M]. 郑州：河南科学技术出版社，2003. 76

[1] 乔姆斯基(Noam Chomsky, 1928—)，美国语言学家，转换—生成语法的创始人。

[2] [美]彼得·埃森曼. 彼得·埃森曼：图解日记[M]. 陈欣欣，何捷译. 北京：中国建筑工业出版社，2005. 12.

[3] [法]弗朗索瓦·多斯. 从结构到解构：法国20世纪思想主潮(下)[M]. 季广茂译. 北京：中央编译出版社，2004. 9.

[4] 同上，10.

[5] [美]彼得·埃森曼. 彼得·埃森曼：图解日记[M]. 陈欣欣，何捷译. 北京：中国建筑工业出版社，2005. 37.

辑是乔姆斯基理论在建筑领域的演绎。基于此，埃森曼彻底舍弃了自文艺复兴起被业界广泛推崇的中心投影和透视法，而用轴测法取而代之，因为在他看来轴测法可以实现建筑形式的自治——即"哪一方都不是主导的，但彼此之间又不确定地发生振荡"[1]。随后，借助一系列源自极端逻辑的形式操作句法：变形（transforming）、分解（decomposition）、嫁接（grafting）、动尺（scaling）、旋转（rotation）、倒置（inversion）、叠合（superposition）、移位（shifting）、叠动（folding）……埃森曼创造出了一系列属于他自己的言语模式——从住宅$1^{\#}$到住宅$11^{\#}$a（图2-15），从格栅、立方体、L形再到条棒，从最早的作为"机能性要素"的柱子的遗失（住宅$1^{\#}$），到"颠倒的楼梯、阻塞的自然景观、前门开在厨房里、没有承重作用的柱子、把卧室一分为二……"[2]的"变本加厉"（杰奥弗里·勃罗德彭特对住宅$6^{\#}$的评价），直至最后将建筑演绎为一种"不仅有能力表现、还能够变形和批评这些'社会—政治'的状况"[3]的客观存在……，所有这些都同约定俗成的建构逻辑没有关系，同约定俗成的美没有关系，同建筑学传统上关注的政治、社会状况、文化价值没有关系。他试图实现的仅仅只是真正意义的建筑"结构客观化"，即让结构真正成为"生成中的形"（becoming figure，如图2-16，2-17所示）。

另一个喜欢用语言同建筑进行比拟的建筑师是在上文曾提到过的文丘里。他同埃森曼截然不同，他时刻处于建筑之外（与埃森曼的内向相比，他的建筑理念更加传统），并从修辞的角度看待建筑与语言的关系："一座出色的建筑应有多层含义和组合焦点：它的空间及其建筑要素会一箭双雕地既实用又有趣。"[4]也就是说，建筑在实现了基本目的——"不是交流

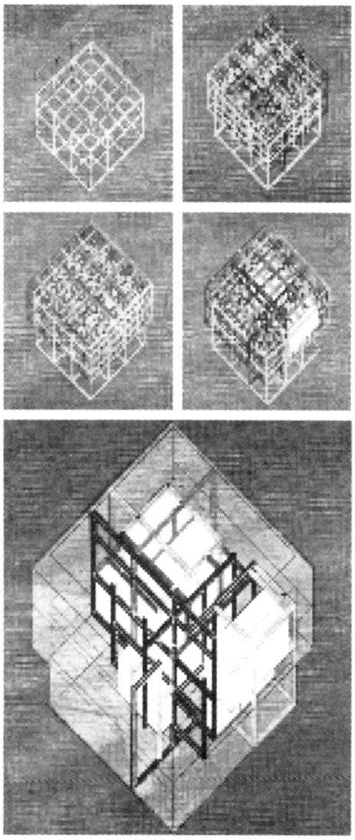

图2-16　埃森曼于1972—1975年设计的住宅$6^{\#}$

图片来源：［美］彼得·埃森曼．彼得·埃森曼：图解日记［M］．陈欣欣，何捷译．北京：中国建筑工业出版社，2005. 105

图2-17　埃森曼于1972—1975年设计的住宅$6^{\#}$实景

图片来源：［韩］C3设计［M］．彼得·埃森曼．杨晓峰译．郑州：河南科学技术出版社，2003. 71

[1]［美］彼得·埃森曼．彼得·埃森曼：图解日记［M］．陈欣欣，何捷译．北京：中国建筑工业出版社，2005. 16.

[2]［美］查尔斯·詹克斯．建筑符号［M］．见：G·勃罗德彭特．符号·象征与建筑［M］．乐民成译．北京：中国建筑工业出版社，1991. 81.

[3]［美］彼得·埃森曼．彼得·埃森曼：图解日记［M］．陈欣欣，何捷译．北京：中国建筑工业出版社，2005. 37.

[4]［美］罗伯特·文丘里．建筑的复杂性与矛盾性［M］．周卜颐译．北京：中国水利水电出版社，知识产权出版社，2008. 16.

图2-18　长岛鸭子与装饰过的棚屋

图片来源：[美]罗伯特·文丘里，丹妮丝·斯科特·布朗，史蒂文·艾泽努尔.向拉斯维加斯学习（原修订版）[M].徐怡芳，王健译.北京：中国水利水电出版社，知识产权出版社，2008. 86

而是为人的活动提供一个舒适的环境”之后，“它的手段却可以（在审美范围之内）加以选择，用以表达它们所允许的具体运用概念”[1]。文丘里用“装饰过的棚屋”[2]形容这类建筑（图2-18），正是暗示：所谓的混杂与纯粹，折衷与干净，扭曲与直率，含糊与分明，反常与无个性，恼人与有趣，平凡的与造作的，迁就与排斥等的对立，无关对错，只是具体手法不同而已。

B　内容的差异

表达的差异源于内容的差异，解读方法必然不同。

譬如对于埃森曼的作品来说，如果试图借助现代主义建筑的“结构逻辑”进行解读，其结果必然是丈二和尚摸不着头脑。就像杰奥弗里·勃罗德彭特在解读埃森曼的6#住宅（图2-16,2-17）时所叙述的那样：“‘体系’本身竟要求在主人卧室的中央有一条窄缝。自然，（单人）床位就只好分别安置在缝的两侧，这就令人想到那些床位的使用者大概整日过着这种严格的生活，以致他们绝不会冒着生命（和解体）的危险试图冲动地越过这条窄缝。”[3]这种调侃反映的正是解读方式的不同所带来的对事物理解的差异。相反，借助叶尔姆斯列夫的表达项—内容项二分法，尤其是在此基础上从形式（form）和实质（substance）两个层面进一步的切分（详见表2.1.1），则可以帮助我们清晰地认知结构逻辑作为具体的表达形式，是如何受到体现个体世界观的内容面的影响。美国社会学家马克·葛迪勒和亚历山大·拉哥波罗斯在其《城市与符号》导言中将叶尔姆斯列夫的分层法作为其理论研究的基础，他们认为

---

[1] [意]玛利亚·路易沙·斯卡维尼.建筑评论的两种模式：是结构语言学还是文学符号学[M].见：G·勃罗德彭特.符号·象征与建筑[M].乐民成译.北京：中国建筑工业出版社，1991. 337.

[2] [美]罗伯特·文丘里，丹妮丝·斯科特·布朗，史蒂文·艾泽努尔.向拉斯维加斯学习（原修订版）[M].徐怡芳，王健译.北京：中国水利水电出版社，知识产权出版社，2008. 85.

[3] [英]G·勃罗德彭特.建筑中符号理论的入门指南[M].见：G·勃罗德彭特.符号·象征与建筑[M].乐民成译.北京：中国建筑工业出版社，1991. 360.

该分层法“说明了更普遍的文化环境所产生的意义与物质性的人造物统合在一起的方式”[1]。

显然，埃森曼对建筑的认知是有别于绝大多数建筑师的。如果没有乔姆斯基（后来是德里达），他的这种认知甚至都可以被称为“非符码化”，有了乔姆斯基（德里达）后，在对深层结构以及生成法则有了更深刻的认识后，埃森曼与其说替他的“建筑”寻找到了与之相适应的最合适的表达途径，不如说为他自己独特的个人世界观找到了书写手段——从最早的“九宫格”到中期的“四宫格”直至最后的“无定形”（informe）、“弱形”（weak form）。因此，对埃森曼作品的解读就应该从他独特的世界观切入，如果只是一味地关注其表达手法的复杂多变，那注定会南辕北辙无法切中要害。

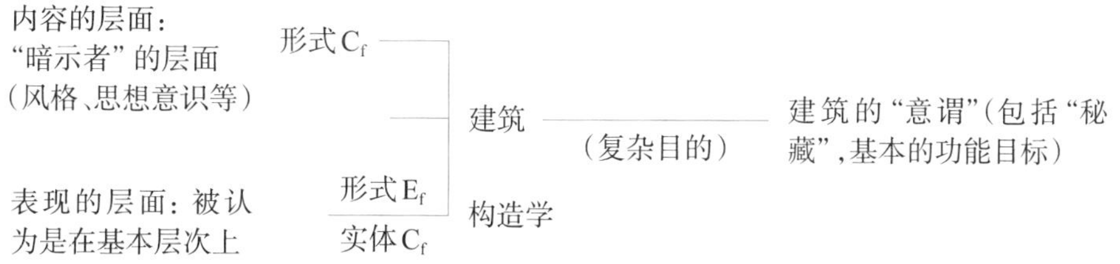

图2-19　玛利亚·路易沙·斯卡维尼的简化表达

对于文丘里建筑作品的解读与埃森曼不同。意大利那不勒斯大学的玛利亚·路易沙·斯卡维尼对叶尔姆斯列夫分层法的简化，似乎更适合做这一类型建筑的解读母本（《符号·象征与建筑》p338），但其前提条件是：建筑的功能作为基本目的是可以隐含在“构造学”之中的，而语义作为更复杂的目的，位于“构造学”之外。

显然，对于文丘里“装饰过的棚屋”来说，意义既是唯一的（装饰目的确定）又不是唯一的（装饰手段不确定）。它的意想不到源于它为空间使用者提供了更加开放的解读可能性，即不同的解读者因之不尽相同的文化背景可以对文丘里的建筑有了不同的理解。套用罗兰·巴特的理论，文丘里的建筑从“可读的”建筑（“le lisible”或“the readerly”）变成了“可写的”（“le scriptable”或“the writerly”）[2]的建筑（图2-20，2-21）。

---

[1] ［美］马克·葛迪勒，亚历山大·拉哥波罗斯．城市与符号（导言）［M］．见：空间的文化形式与社会理论读本．夏铸九，王志弘编．台北：明文书局，1988. 248.

[2] “可读的”意味着文本的阅读经验是被动的；而“可写的”则相反，读者必须涉身于文本中，主动参与文本意义的构筑。

图2-20　文丘里于1960—1963年设计的基尔特公寓

图片来源：[美]罗伯特·文丘里.建筑的复杂性与矛盾性[M].周卜颐译.北京：中国水利水电出版社，知识产权出版社，2008. 117

图2-21　文丘里于1962年设计的宾夕法尼亚州栗子山住宅

图片来源：[美]罗伯特·文丘里.建筑的复杂性与矛盾性[M].周卜颐译.北京：中国水利水电出版社，知识产权出版社，2008. 119

2.2.1.2　群体差异

“个人始终与整体——与他所在的民族，与民族所属的种族，以及与整个人类——联系在一起。不论从哪个角度看，个人的生活都必然与集体相维系”[1]，洪堡的社会语言学更多是建立在对集体——确切地说是社会群体的语言研究基础之上。

那么什么是社会群体呢？美国社会学教授戴维·波普诺[2]认为：“以严格的社会学意义上的用法来讲，一个群体是由两个或两个以上的具有共同认同和团结感的人所组成的人的集合，群体内的成员相互作用和影响，共享着特定的目标和期望。”[3]日本社会学教授青井和夫[4]认为，群体是“几种社会关系复杂地交织在一起形成的更高层次的功能性单位”[5]。显然，作为一个社会群体必须具备五个必要条件：① 共同的联系纽带，② 共同的目标，③ 共同的行为规范，④ 共同的情感基础以及⑤ 持续性的互动。基于此产生的社会群体是多样的，它们还可以根据不同的划分标准产生不同的类型，譬如根据联系纽带的不同而产生的血缘群体、地缘群体以及业缘群体；根据群体内社会关系的规范化程度产生的正式群体与非正式群体，而正式群体又可以进一步衍生为社会组织；社会分化能产生地位群体，而这种地位群体化最直接的结果就是出现不同的社会阶层（相较血缘、地缘以及业缘，社会阶层可以说是一种隐形的群体现象）。如果说前两种划分是水平模式的话，那么最后一种无疑是垂直模式，它可以把水平模式贯穿起来并统一于它独有的标准之中。因此，下文将借助洪堡语言世界观的视角，通过

---

[1] [德]W·V·洪堡.论人类语言结构的差异及其对人类精神发展的影响[M].姚小平译.北京：商务印书馆，2002. 45.

[2] 戴维·波普诺（David Popenoe），美国新泽西州立大学社会与行为科学学院的社会学教授和副院长，拉特杰尔大学人文与科学学院社会学教授。他在社会组织和社会变迁、家庭、社会变迁等方面有高深的造诣。波普诺教授的代表作《社会学》自1971年出版以来，一直受到美国各大学社会学系学生的青睐，该书成为美国社会学课堂上最为流行的教材。波普诺本人也不断根据自己的教学经验对该书加以改进，迄今为止，该书已经出版了十一版。

[3] [美]戴维·波普诺.社会学[M]. 10版.李强等译.北京：中国人民大学出版社，1999. 99.

[4] 青井和夫，津田塾大学和流通经济大学教授，日本社会学会会长，长期从事小群体及社会学理论研究，著有《小群体》、《长寿社会论》等。

[5] [日]青井和夫.社会学原理[M].刘振英译.北京：华夏出版社，2002. 85.

对两种不同的群体类型——民族和阶层的探讨，来思考语言、建筑、城市同社会群体世界观之间的内在关系。

A　民族差异

洪堡是在他1806年写作的《拉丁与希腊，或关于古典文化的思考》中开始论述语言在民族生活中的作用的，他认为语言是民族生存的灵魂，语言的精神也就是民族的精神。他在随后的《论人类语言结构的差异及其对人类精神发展的影响》一书中还进一步阐释道："要给一个民族下定义，首先就必须从这个民族的语言出发。人所具有的人类本性的发展取决于语言的发展，因此，民族的定义应当直接通过语言给出：民族，也即一个以确定的方式构成语言的人类群体。"[1]

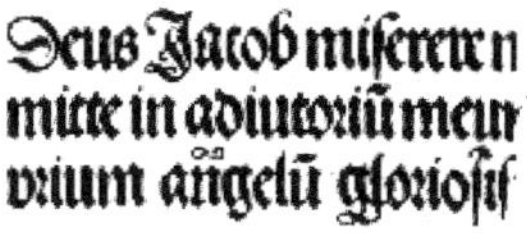

图2-22　作为屈折语的拉丁文，此图为文艺复兴时期拉丁文花式书写体。

图片来源：baicu.com

a　表达的差异

不同语言的表达方式不尽相同。洪堡就曾根据语言中的词有无形态标志，进入句子时有无形态变化，一个词作不同用途时是否带上不同的附加成分，将语言划分为三种主要类型：屈折语（Beugung/Flexion），如英语等印欧系语言、闪含诸语言（图2-22）；粘着语（Anfügung /Agglutination），如日语、朝鲜语等阿尔泰语系语言（图2-23）；以及孤立语，如汉语[2]（图2-24）。而他遭人诟病的语言优劣观也正是建立在这种与语法结构紧密相关的分类基础上的。在他看来语法是衡量语言"完善"程度的标准，譬如充满形式感的拼音语言作为"完善的文字"已经达到了语言发展的最高阶段（这显然构成了20世纪现代结构语言学的研究之本）："词成为一个统一体，只利用变化的屈折音来表达不同的语法关系；每个词都属于某个确定的此类，不仅有词汇个性，而且有语法个性；表称形式的词不再另有附带意义，而是成为纯粹的关系表达。"[3]

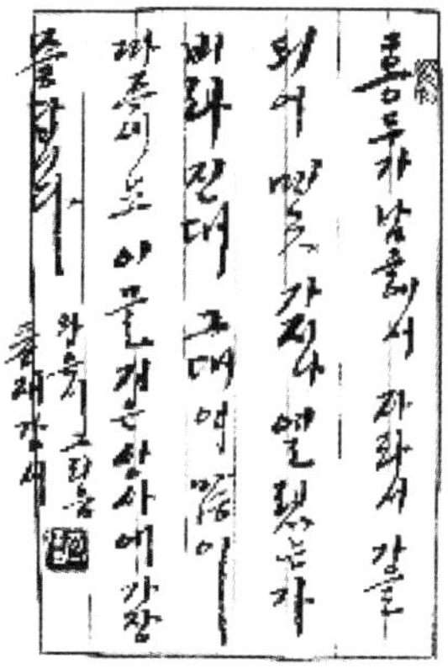

图2-23　作为粘着语的朝鲜语，此图为朝鲜文书写体。

图片来源：baidu.com

基于语法结构的不同对民族语言所作的分类，并不能简单地套用在建筑或是城市的民族性分析中。比如以印欧系

图2-24　作为孤立语的汉语，此图为商代至周代出现于"甲骨文"及"钟鼎文"中的大篆字形。

图片来源：李允钚.华夏意匠：中国古典建筑设计原理分析［M］.天津：天津大学出版社，2005. 50

[1]［德］W·V·洪堡. 论人类语言结构的差异及其对人类精神发展的影响［M］. 姚小平译. 北京：商务印书馆，2002. 203.

[2] 对语言的分类详见［德］W·V·洪堡. 论语法形式的产生及其对观念发展的影响［M］. 见：洪堡特语言哲学文集. 姚小平编译. 长沙：湖南教育出版社，2001. 34.

[3]［德］W·V·洪堡. 论语法形式的产生及其对观念发展的影响［M］. 见：洪堡特语言哲学文集. 姚小平编译. 长沙：湖南教育出版社，2001. 55.

语言为代表的屈折语，它呈现出的是拼音文字、词汇、句段之间充斥着的科学理性之美，相应地在以该类型语言为母语的欧洲大陆，其建筑或城市空间的营建也体现出类似的系统性和逻辑性，但这种系统性和逻辑性却和中国古代都城所呈现出来的规则体系截然不同。前者是一系列复杂、多样的城市空间构成要素在动态的历史社会维度下的组合演化，它的结构逻辑关系乃至城市的建设主旨是持续变化的。相反，中国古代都城则从始至终延续着数千年不变的对国家以及城市单纯的空间想象——它是一种内向的、自成体系的甚至亘古不变的宇宙观及文化观。在这样的世界观的影响下，城市由一系列形式相近、尺度略有不同的孤立要素依照几乎相同的简单的轴线逻辑营建，显然，这同重意境弱形式的汉语文学有着相类似的审美倾向。李大钊先生曾对此两者/东西方文化的差异现象进行过生动的诠释：

> 一为自然的，一为人为的；一为安息的，一为战争的；一为消极的，一为积极的；一为依赖的，一为独立的；一为苟安的，一为突进的；一为因袭的，一为创造的；一为保守的，一为进步的；一为直觉的，一位理智的；一为空想的，一为体验的；一为艺术的，一为科学的；一为精神的，一为物质的；一为灵的，一为肉的；一为向天的，一为立地的；一为自然支配人间的，一为人间征服自然的[1]。

b　内容的差异

深谙“文化”内核的梁漱溟先生认为李大钊的动静观“……是一种平列的开示，不是一种因果相属的讲明。有显豁的指点，没有深刻的探讨”[2]，他认为如若廓清两者的区别，必须去探寻“最初本因的意欲”，因为文化“不过是那一民族生活的样法罢了。生活又是什么呢？生活就是没尽的意欲（will）……和那不断的满足与不满足罢了。”（着重号为原文作者所加）[3]事实上，所谓的意欲、满足、不满足对于民族而言无非就是该民族的世界观（图2-25，2-26）。因此，按照梁漱溟先生的观点，对于民族群体的差异研究必须落实到世界观/内容层面展开才“更深彻更明醒”。

还是首先以民族语言的差异作为切入点思考。刘宓庆在《翻译与语言哲学》中借用维特根斯坦关于“投射”的概念，即“将思维（概念）外化为言语的作用过程称为‘投射’”[4]，指出汉语同英语的差异在于前者属于“直接投射”，以意念为主轴[5]；

---

[1] 梁漱溟．东西文化及其哲学［M］．北京：商务印书馆，1999. 31.

[2] 同上，32.

[3] 同上．

[4] 刘宓庆．翻译与语言哲学［M］．北京：中国对外翻译出版公司．2001.165.

[5] 主轴，刘宓庆解释为语言生成及至定型的一种基本机制，详见：刘宓庆．翻译与语言哲学［M］．北京：中国对外翻译出版公司，2001. 162.

而后者属于“间接投射”，以语言形态为主轴。

图 2.2.1.2.A.b　英语、汉语的投射过程，

汉语：直接投射（from thinking to speech: “direct projection”）

思维（概念）→ 词语对接（语序及虚词）｜组合｜言语形式

英语：间接投射（from thinking to speech: “indirect projection”）

思维（概念）→ 程式整合
（1）词的形态变化：以动词为主轴
（2）SV 提挈机制：句法结构成形
（3）话语应接
→ 言语形式

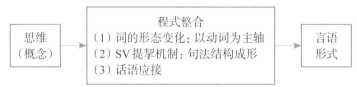

参考：刘宓庆. 翻译与语言哲学［M］. 北京：中国对外翻译出版公司，2001.165，作者重新绘制

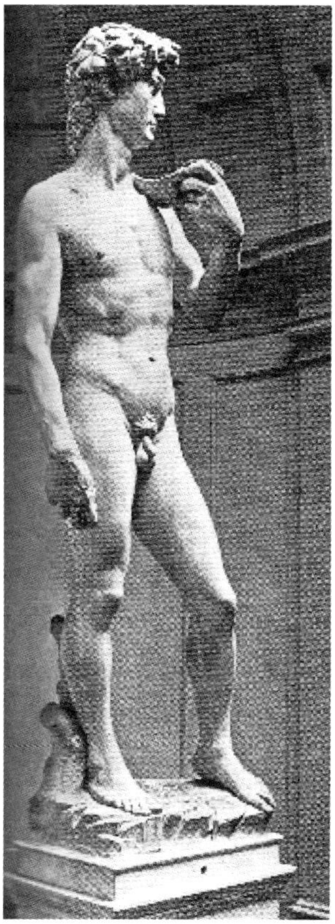

图 2–25　米开朗基罗的大卫

图片来源：Frederick Hartt. Art: A History of Painting Sculpture Aarchitecture（Third Edition）. New York: Harry N. Abrams, Inc, 1989. 611

显然，以意念为主轴的汉语拥有其他民族语言所不具备的一些特质，正如洪堡在其《论汉语的语法结构》谈到的那样：“汉语放弃了许多附加于表达的东西……它拥有并高超地运用着一种独特的艺术……使得概念之间的一致和对立不像在其他语言里那样被知觉到，而是以某种新的力量触动和逼迫精神，让精神去把握概念之间的纯粹关系。”[1] 在他看来，汉语正因为没有了表达程式的限制而成为追求思想的活动；相反，那些具备了所谓“完善形式”的语言则不同，因为拘泥于语言和思想的绝对统一，拘泥于对语言形式规则的恪守，反倒导致在认知问题上的以偏概全。

反过来，以意念为主轴的汉语或汉语思维却并不完备，它因为太自由，太“蔑视客观准程规矩”，太“崇尚天才”……而致使所有的研究都被“玄学”化，不易被普罗大众所熟知，以至于梁漱溟先生略带调侃地说：“在东方便是科学也是艺术化”[2]（图 2–27，2–28）；相反，热衷并恪守语言规则的以语言形态为主轴的民族，则往往要一些“客观公认的确实知识”，求一些“公例原则”，从而令万事万物皆可推而广之，因此梁漱溟先

图 2–26　陕西昭陵出土的唐代乐舞陶俑

图片来源：李泽厚. 美的历程［M］. 天津：天津社会科学院出版社，2001.227

[1]［德］W·V·洪堡. 论汉语的语法结构［M］. 见：洪堡特语言哲学文集. 姚小平编译. 长沙：湖南教育出版社，2001. 55.

[2] 梁漱溟. 东西文化及其哲学［M］. 北京：商务印书馆，1999. 37.

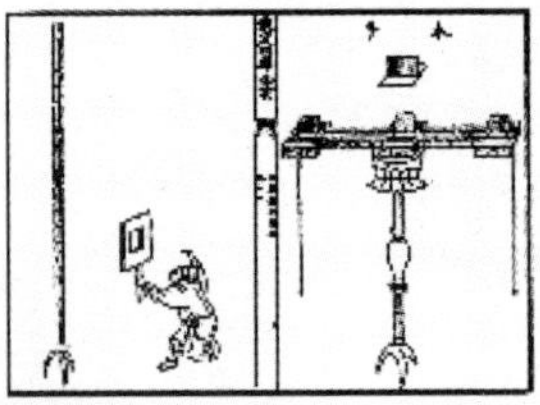

图2-27 《四库全书》水准仪插图

图片来源：张庆澜，罗玉平译注. 鲁班经[M]. 重庆：重庆出版社，2007. 293

图2-28 根据风水考虑的适于城市的理想之地

图片来源：[德]阿尔弗雷德·申茨.幻方——中国古代的城市[M]. 梅青译. 北京：中国建筑工业出版社，2009. 470

生总结道："在西方便是艺术也是科学化"[1](图2-29)。此两者的不同，在洪堡看来便是语言世界观的差异，而这个差异具体便表现为：感性与理性的迥异，指称与范畴的相左，以及作为思维工具的反作用力效果的差异。

基于此，我们便不难理解相较抽象的形式，国人为何更青睐于具象的图形化的对象，也更热衷于用直观的、充满视觉感和所谓"意味"的词语来解读建筑、城市及大多数的艺术作品了——这与其说是给自己的一个感性的艺术空间，不如说是在趋从自己的惯性思维。以相传成自东晋时代的《葬经》为例，其中有关于陵寝选址的经典论述："去葬，以左为青龙，右为白虎，前为朱雀，后为玄武。"后又有"青龙蜿蜒""白虎驯俯""朱雀翔舞""玄武垂头"来分别具象地指代陵寝周边的山川走势[2]，这种皇家陵寝布局方式追本溯源延续千年至明清十三陵达到巅峰。显然，这种以具象的方式"象天法地"，以"形胜"的理念组织空间(图2-30)，以"数序"的逻辑体现意蕴的"玄而又玄"的方法是非常典型的汉文化思维模式。

B 阶层

阶层与民族的划分方式不同。民族同血缘、地缘紧密相关，是社会的横向结构。阶层则是社会的纵向结构，体现社会的纵向分化，而这种分化"存在着类似地质结构中那种高低有序的梯级层次现象"[3]，它既能显示出社会稳定性的原因[4]，也能表现出社会内在紧张与社会变革的根源[5]。戴维·波普诺

---

[1] 梁漱溟. 东西文化及其哲学[M]. 北京：商务印书馆，1999. 37.

[2] 详见：汪德华. 中国城市设计文化思想[M]. 南京：东南大学出版社，2008. 90.

[3] 顾朝林. 城市社会学[M]. 南京：东南大学出版社，2002. 74.

[4] 意即静态的分层逻辑，隶属于功能主义社会学范畴。对于功能主义者来说，分层与社会需要相适应，什么样的社会机制决定什么样的分层制度，譬如极端不平等的奴隶制度、种姓制度以及欧洲大革命之前的等级制度(这部分内容可详见：让·卡泽纳弗的《社会学十大概念》)。代表人物戴维斯(Davis)、莫尔(Moore)、帕森斯(Parsons)。

[5] 意即动态的分层逻辑，隶属于冲突理论范畴。对于持冲突理论的研究者来说，"分层的理论实际上便被归结为对社会阶级的形成和阶级斗争及其变化规律的研究"(这部分内容可详见：让·卡泽纳弗的《社会学十大概念》)，它关注于社会纵向流动以及分层制度在何种情况下需要"稳定自身"，或"在不平等造成的紧张下需要发生变化"。代表人物卡尔·马克思。

图2-29　文艺复兴时期德国画家丢勒知性色彩浓厚的绘画作品

图片来源：王昀. 关于空间维度转换和投射问题的几点思考[J]. 建筑师，2005(5)：43

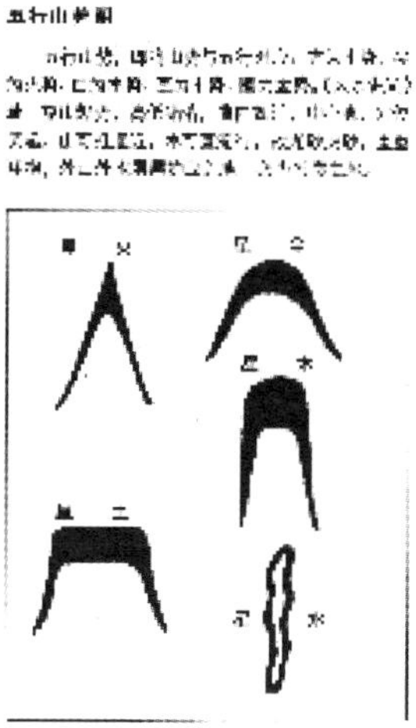

图2-30　五行山势图

图片来源：张庆澜，罗玉平译注. 鲁班经[M]. 重庆：重庆出版社，2007. 48

认为："所谓社会分层是一种根据获得有价值物的方式来决定人们在社会位置中的群体等级或类属的一种持久模式。"[1]他引用了马克思·韦伯(Weber, Max)的理论指出影响社会分层的三个要素分别是财富、权力以及声望，也就是经济地位、政治地位以及社会地位。让·卡泽纳弗(Cazeneuve, J)在《社会学十大概念》(*Dix grandes notions de la sociologie*)中也明确指出，"社会阶层是与某种形式的地位相联系的"[2]，而这个地位的划定方式他认为是由社会学家依照各自的主观分类标准所限定的范畴，而不仅仅是像塔尔科特·帕森斯(Parsons, Talcott)所言——要依据"社会主要价值标准"进行衡量[3]。

鉴于研究视角和侧重点的不同，本书将不纠结于对那些具体的社会阶层的探讨，而只着眼于在人类社会"文明"发展进程中，发挥了至关重要作用的"精英"阶层与市民/平民阶层之间的协同或角逐。

---

[1] [美]戴维·波普诺. 社会学[M]. 10版. 李强等译. 北京：中国人民大学出版社，1999. 239.

[2] [法]让·卡泽纳弗. 社会学十大概念[M]. 杨捷译. 上海：上海人民出版社，2003. 124.

[3] 让·卡泽纳弗在文章中举了一个当代法国人的例子，这个法国人可以把他自己划归到任何等级阶层中，而划分的依据完全取决于他所选择的标准尺度——职业、收入、财产或是政治支持，功勋、文凭、声誉、不动产或是他个人的风度……顾朝林举的沃纳的例子也相类似，沃纳把社会划分为上上层、下上层、上中层、下中层、上下层以及下下层，而划分的标准多达二十来个，除了职业、收入、文化程度、宗教信仰、政治态度、价值观念等这些寻常的指标，他还相当细致地关注生活方式的差异——开什么车、住什么房子、看那些书报、穿着、去哪里旅行等(详见：顾朝林的《城市社会学》)。

图2-31　凡尔赛宫鸟瞰

图片来源：[美]柯林·罗，弗瑞德·科特. 拼贴城市[M]. 童明译. 北京：中国建筑工业出版社，2003. 88

图2-32　中世纪欧洲城市生活

图片来源：罗小未，蔡琬英. 外国建筑历史图说[M]. 上海：同济大学出版社，1986. 107

何谓“精英”？激进的伦斯基（Lenski, G. E）认为精英就是掌握权力的那些人[1]。精英循环论的肇始者帕累托（Pareto, V）在《精英的兴衰》（*The Rise and Fall of Elites: An Application of Theoretical Sociology*）中论述道：“在历史上，除了偶尔的间断外，各民族始终是被精英统治着，我是按照词源的意思使用精英（elite）这个词的。精英是指最强有力、最生气勃勃和最精明能干的人，而无论好人还是坏人。”[2]而在洪堡看来，那些人之所以可以被称为精英，是因为他们中的绝大多数已经摆脱了饥饿的胁迫和免除体力劳动，从而能够更加专一地投入思维和感知活动，投入语言创造、加工和整理活动，以及一切艺术创作活动中（图2-31）……相较“精英”阶层对人类文明发展所产生的巨大推动作用（不论好坏），市民/平民阶层则“自始至终携有一种生命的气息，反映着它在自身的历史命运和真实的说话行为中所经验的生活”[3]。作为文化发展的真正源泉，市民/平民文化既孕育又抗衡着精英文化的绝对化、系统化以及唯一性（图2-32）。

a　表达的差异

不同阶层的表达方式亦不相同。洪堡曾以墨西哥语的例子来证明等级差别早已渗透进语法所有形式之中的这一事实：“就名词而言（所有被概括在名词底下的词类都有同样的构造），每个词都被加上词尾‘tzin’……这一变化涉及所有与受到尊敬的人有关的词语，例如，在同这样一个人谈话时绝不说‘mo-quauh’（‘你的棍子’）而总是说‘mo-quauh-tzin’（‘你可敬的棍子’）。在君主的专名词里也可以见到这一音节，如‘Tecpal-tzin’，‘Quauh-temo-tzin’。”[4]中国明清时期的“文言”也有相类似的等级倾向，它的语法在很多方面都与普通大众的“白话”不一样，因此对所谓的“圣谕”或是“官文”来说，有选择地假借通俗的白话版本加以宣讲便是实现教化

[1] [美]格尔哈特·伦斯基. 权力与特权、社会分层的理论[M]. 关信平，陈宗显，谢晋宇译. 杭州：浙江人民出版社，1988. 99.

[2] [意]帕累托（Pareto. V.）. 精英的兴衰[M]. 刘北城译. 上海：上海人民出版社，2003. 13.

[3] [德]W·V·洪堡. 论人类语言结构的差异[M]. 见：洪堡特语言哲学文集. 姚小平编译. 长沙：湖南教育出版社，2001. 325.

[4] 同上，333.

乡里、造就驯良的帝国子民最行之有效的方法之一。事实上，这种状况具有相当的普遍性，正如福柯（Foucault，M）所言："在每个社会，话语的制造是同时受一定数量程序的控制、选择、组织和重新分配的。"[1] 显然，那些用以规范语言、行为、社会秩序的规则、制度便是福柯所言的"程序"。

宋《营造法式》以及清工部的《工程做法则例》便是这类"程序"在建造领域最生动的注解。以《工程做法则例》为例，在该书中，从坛庙、宫殿、陵寝、城楼、府第和寺庙等高级建筑组群的主次殿屋，到辅助用房、宅舍、店肆等一般建筑，在间架、构件、用材、做工、节点、彩绘等方面都做了明确的区分和限定。譬如，殿式建筑等高级建筑可以用9间11架，甚至11间13架，但一般建筑则不得超过5间7架；殿式建筑可以铺着琉璃瓦并随意选用屋顶形式，一般建筑则只能用硬山、悬山及卷棚且不可用琉璃瓦甚至筒瓦；殿式建筑可以选择带斗拱或不带斗拱的形式，一般建筑则完全不准许带斗拱……而与之相对应的则是在民间影响范围比较广的《鲁班经》，它是流行于南方的民间木工用书，是民间营造房舍流程、习俗、风水、技术的集成，同代表官式建筑规程的《营造法式》《工程做法则例》有很大的不同。再以城市规划为例。由战国时代才士们所著述的记载周代官职制度的著名古籍《周礼》，是第一部全面深刻影响我国古代城市规划思想的理论著作。其中《周礼・考工记》中对古代都城形制的规定——"匠人营国，方九里，旁三门，国中九经九维，经途九轨，左祖右社，面朝后市，市朝一夫"，更是以明确无疑的"程序"和规范严格限定着中国古代城市规划的发展方向（图2-33，2-34）。显然，相较建筑，城市规划带有更浓厚的政治色彩，它由统治阶层的代表把持，是中国古代社会政治、文化、哲学、社会伦理、道德规范全方位的物化。正如斯皮罗・科斯托夫在他的《城市的形成》一书中所认为的那样，中国古代都城隶属于"政治图形"范畴，因为在他看来它是"世俗权力的理想城市"的典型范式。

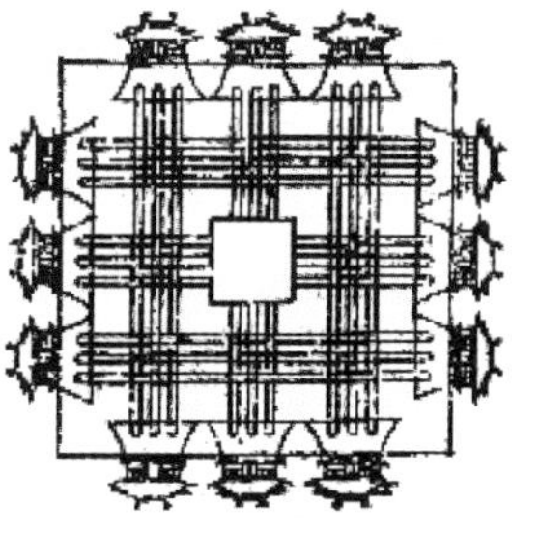

图2-33　周王城图

图片来源：董鉴泓. 中国城市建设史［M］. 北京：中国建筑工业出版社，2009. 13

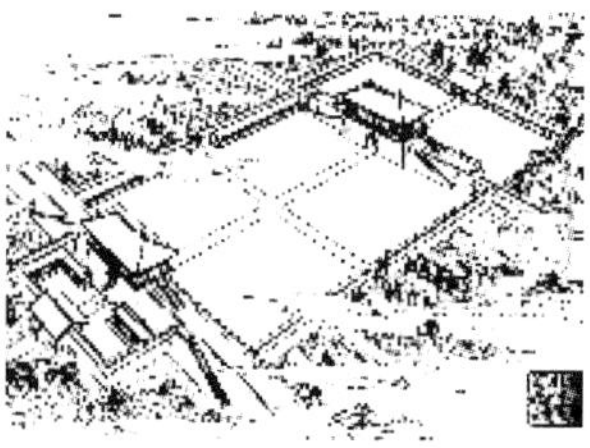

图2-34　大明宫玄武门及重玄门复原鸟瞰图

图片来源：李允稣. 华夏意匠：中国古典建筑设计原理分析［M］. 天津：天津大学出版社，2005. 438

同古代中国一样，欧洲大陆的情形也是谁掌握话语权谁

[1]［法］M.福柯. 话语的秩序. 肖涛译. 见：语言与翻译的政治［M］. 许宝强，袁伟选编. 北京：中央编译出版社，2001. 3.

图2-35　戛涅的工业城市规划

图片来源：徐苏宁. 城市设计美学[M]. 北京：中国建筑工业出版社，2006. 102

决定建筑、城市空间形态。宗教精英和世俗精英长达数百年的拉锯战，既推动了宗教建筑的长足进展也丰富了世俗的建筑类型。直到产业革命后，资产阶级成为新兴的“精英”，他们想要的可不单单是旧精英曾经拥有的“权力”和“荣耀”，推动他们乃至历史车轮前进的已经变成了“效率”和“利益”（图2-35，2-36）。因此，由功能主义者们主宰的20世纪无法回避的就是来自市民/平民阶层的问责——“什么样的街道是安全的，什么样的不是；为什么有的城市花园赏心悦目，而有的则是藏污纳垢之地和死亡陷阱；为什么有的贫民区永远是贫民区，而有的则在资金和官方的双重压力下仍旧能自我更新；什么使得城市中心迁移了它们的位置，什么（姑且言之）是城市的街区，在大城市中，即便有的话，街区应当承担什么样的工作。”[1]虽然这些问责来自另一个当时非主流“精英”——简·雅各布斯（Jacobs, J）的专著，但无疑已经有人或者准确地说有“精英”回到民众之中去思考因巨大的阶层差异所导致的社会问题了。

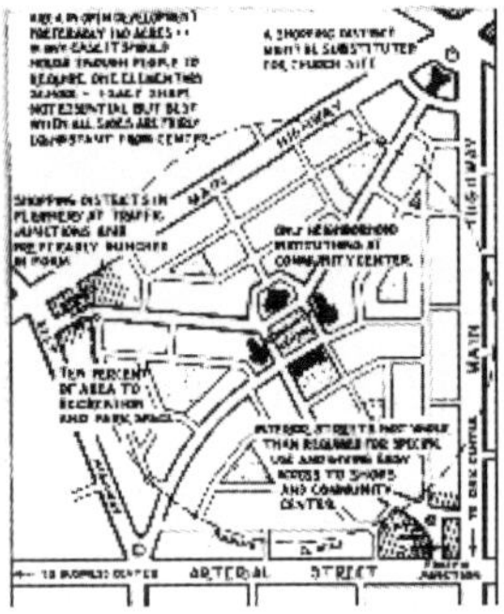

图2-36　邻里单位

图片来源：徐苏宁. 城市设计美学[M]. 北京：中国建筑工业出版社，2006. 111

即便如此，绝大多数的城市客观上依然是在没有设计师的情况下孕育并发展起来的，日常生活的内在秩序、地形的作用以及变幻的历史在这个过程中起到了至关重要的作用。斯皮罗·科斯托夫支持这一观点，他引用了奥列格·格拉巴尔（Grabar, Oleg）的话指出，即便是像巴格达那样的圆形平面也“几乎从来没有以完整的设计形式存在过，即使在阿勒曼苏尔生前，圆型城市的周围就已经增建了郊区，细心设计的内部分区已经被打破，而圆形城市不过是巴格达巨大城市结构的一小部分”[2]。来自平民阶层的力量是不容小觑的，尤其是在统治者权利减弱、社会管理比较松散的情形下，那些严整的几何形空间格局就会被打破并逐渐消解（图2-37）。正像蔡永洁在其《城市广场》一书中所说的那样：“当统治者权力集中、市民的社会地位趋于从属时，城市空间自然成为专制者自我表达的工具；反之，在一个具有民主色彩的政体中，自然有机的城市

图2-37　罗城主街

图片来源：洪亮平. 城市设计历程[M]. 北京：中国建筑工业出版社，2002. 38

[1]［加］简·雅格布斯（Jacobs, J.）. 美国大城市的死与生[M]. 金衡山译. 南京：译林出版社，2005. 1.

[2]［美］斯皮罗·科斯托夫. 城市的形成，历史进程中的城市模式和城市意义[M]. 单皓译. 北京：中国建筑工业出版社，2005. 12.

空间成了市民日常生活的写照”[1]。

b 内容的差异

洪堡在《论人类语言结构的差异》一文中，对所谓的“精英”阶层和民众阶层的语言思维习惯进行了对比研究。他认为，“与有教养的阶层相比，民众更忠实、更成功地保持着真实的语言意识，以及贯穿在语词和成语中的类推方式”，他们“较少投入有意识的思考活动，他们往往是在词的形式中才悟识到概念的存在”[2]，套用我们现在所熟悉的语言，就是民众的语言更直白，语义的解读更清晰，他们对语言的感受力更强。相反，“精英”阶层则更习惯于对语言进行“肢解”分析而不是感觉，他们的语言与其说是为了直接交流，不如说是为了表达更深层的意图（图2-38，2-39）。这种比较的目的并不是为了评判民众语言更具活力或是精英语言更严格，而是试图传递这样的一个观点：对于精英阶层来说，因为他们掌握了更多的规范和技巧，语言更像一种媒介，可以根据他们的具体需求扮演相应的角色；相反，对于平民/市民阶层来说，虽然只能被动地接受规则，语言只能被当作单纯的交流工具用以解决基本的生活问题，但因从者众，积少成多势必能够汇聚成推动语言发生转变的力量。可以说，此两者之间既相互牵制又互为补充，并无伯仲之分，这就像维特根斯坦说的那样：“为真和为假的乃是人类所说的东西；而他们互相一致的则是他们所使用的语言。这不是意见上的一致而是生活形式的一致”[3]。

事实亦是如此，作为体制化产物的《营造法式》并不能涵盖所有的建造活动，对它的内容进行补充的是《鲁班经》等民间经典；同样，《周礼》也不是古代中国唯一的规划范本，《管子》“因天材，就地利”的理念无疑是对严苛的等级制度的必要补充，至于所谓的相土、占卜之术更是民间堪舆之法（图2-40）。然而，即便如此，中国古代城市空间格局、中国古代建筑

图2-38 孔庙祭祀仪式

图片来源：［德］阿尔弗雷德·申茨. 幻方——中国古代的城市［M］. 梅青译. 北京：中国建筑工业出版社，2009. 423

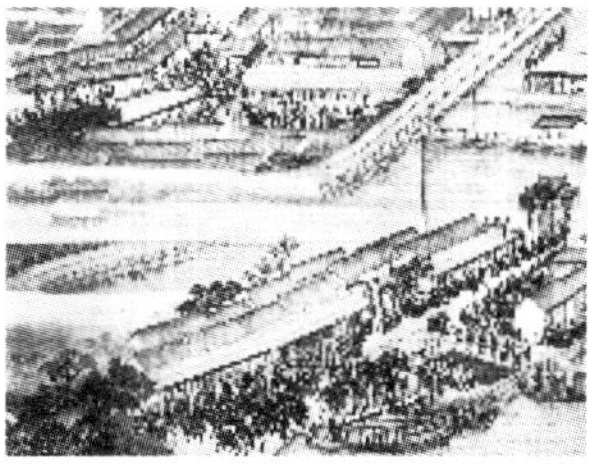

图2-39 1689年康熙南巡图

图片来源：［德］阿尔弗雷德·申茨. 幻方——中国古代的城市［M］. 梅青译. 北京：中国建筑工业出版社，2009. 282

[1] 蔡永洁. 城市广场［M］. 南京：东南大学出版社，2005. 78.
[2] ［德］W·V·洪堡. 论人类语言结构的差异［M］. 见：洪堡特语言哲学文集. 姚小平编译. 长沙：湖南教育出版社，2001. 353.
[3] ［奥］维特根斯坦. 哲学研究［M］. 李步楼译. 北京：商务印书馆，1996. 第一部分第241节.

图2-40　太保相宅图

图片来源：张庆澜，罗玉平译注. 鲁班经［M］. 重庆：重庆出版社，2007. 142

图2-41　清代白描跳灶王

图片来源：张庆澜，罗玉平译注. 鲁班经［M］. 重庆：重庆出版社，2007. 297

却从始至终地呈现出了如巴尔特所言的“断定的权威性和重复的群体性”[1]这一显著特征，因为体制的权威及由权威导致的排他，必然促使建筑及城市类型形制趋同，这种状况同语言一样，洪堡就曾指出：“一种语言若只是与疲懒乏力、桎梏重重的思想、想象等为伍，在多数情况下囿于只起解释和梳理作用的知性，自然就会相形失色。”[2]而这还不是最为严重的后果，最严重的后果是因屈从于权威以及看似不可改变的力量而导致的创造力的枯竭乃至人格方面的奴性。为了避免这种情况的发生，洪堡呼吁应该让精英阶层的语言同民众的语言进行更为积极的互动，让精英阶层的语言参与到民众语言的演变中，唯有这样，才能使语言永远保持活力与力量。

因此，当绝大多数的学者追随历史的宏大主题之时，对平民/市民阶层文化、社会、风俗的探究便显得尤为重要。台湾学者李孝悌便是其中之一，他主要关注的就是在严整的“规则”或是“功能”模式下的世俗生活。他的焦点或曰时间切片是明清晚期苛严的政治气氛下微观的城市市民生活风貌。他引用张佛泉、胡适等人对中国传统价值体系下“自由观”的论述，指出相较中国传统中一直未能形成的讲究人权的政治自由，国人更倾向于寻找道德或精神上的自由。因此他认为在所谓的政治专制、学术思想闭塞、文化道德保守的18世纪，从下层平民到落寞的士大夫阶层却是另一番景象：“存在了一个相当广阔的私密领域，没有受到专制皇权和礼教论述太大的侵扰和钳制”[3]，与宗教有关、与饮食男女有关也与寄情山水有关，他谓之——“礼教世界外的嘉年华会”。（图2-41）

2.2.1.3　小结

以语言、建筑、城市为关注对象的共时维度差异研究有以下几个核心要点：

---

[1]［法］罗兰·巴尔特. 符号学原理［M］. 李幼蒸译. 北京：生活·读书·新知三联书店，1988. 5.

[2]［德］W·V·洪堡. 论人类语言结构的差异［M］. 见：洪堡特语言哲学文集. 姚小平编译. 长沙：湖南教育出版社，2001. 333.

[3] 李孝悌. 恋恋红尘：中国的城市、欲望和生活［M］. 上海：上海人民出版社，2007. 192.

（1）社会学框架内的社会结构类型划分是此类研究的可行性前提。

（2）静态的结构语言学是此类研究的技术平台。

（3）将被比较对象跨空间并置，通过观察、分析最后完成论证是此类研究具体的操作手段。

（4）关注同一时间断面内、同一社会结构类型间的差异。

（5）忽略时间纵向维度上研究对象的内在变化。

2.2.2　历时维度下的差异

洪堡在他的《论人类语言结构的差异及其对人类精神发展的影响》一文中谈道："语言，或至少语言的要素（这一区别十分重要），是一个一个时期传递至今的，除非我们跨出有经验的范围，才谈得上新语言的形成。"[1]由此可见，语言学中的历时维度差异关注的便是语言在时间轴上的变化。虽然一般来说，古代语言作为历史延存物，其状态已经凝固于当代这个时间截面，它是可以借助静态的结构语言学进行研究的，但是语言的历史演变问题却不是三言两语便能说清的，它是无数历史、社会、经济、政治、文化因素共同作用的结果，因此，对语言历时维度差异的研究，将不仅仅只局限于在时间维度上对表达层面的差异研究，还将关注那些促成其演变的内外动因——在时间维度上对内容层面的差异研究。

2.2.2.1　表达的差异

法国的语言学家本维尼斯特（Benveniste, E）认为："历时性分析即在于建立两个连续的结构和论述它们的关系，以此指出前一系统的哪些部分被改变了或受到了威胁，以及由后一系统导致的解决是如何完成的"[2]。在他看来，索绪尔并不是没有注意到语言的历时性研究可以基于相互连续的共时性系统之间所存在的转换方式展开，只是索绪尔更侧重于共时性维度下的结构研究罢了。因此，虽然李幼蒸认为本维尼斯特在某种程度上混淆了共时性与历时性的对立，但毋庸置疑，后者拓展了结构语言学的思维半径，他使得处在互换关系中的各个共时性系统，在历时维度下构成了一个更复杂也更值得研究的语言结构对象。

A　起源

直到18世纪，依然有神学家坚定地认为语言神授，虽然早在古希腊时期德谟克里特（Democritus）就曾指出："人类言语起源于某些具有单纯情感性质的音

[1]［德］W·V·洪堡. 论人类语言结构的差异及其对人类精神发展的影响［M］. 姚小平译. 北京：商务印书馆，2002. 44.

[2] 李幼蒸. 理论符号学导论［M］. 3版. 北京：中国人民大学出版社，2007. 137.

图2-42　公元前15000—10000的阿尔太米拉石窟壁画

图片来源：Frederick Hartt. Art: A History of Painting Sculpture Aarchitecture（Third Edition）. New York: Harry N. Abrams, Inc, 1989. 39

节”[1]。这种基于宗教观的语言观真正发生改变，源于近代考古学以及科学理性精神的发展。卡西尔就曾引用达尔文在《人与动物的情感表达》一书中的观点指出：“富于表情的（expressive）声音或动作是由某些生物学需要所支配，并依照一定的生物学规律来使用的”[2]。这显然是德谟克里特以及德国思想家赫尔德（Herder, J.G. v.）——“当人还是动物的时候，就有了语言”[3]——这一论断的最有力支持。毋庸置疑，人类语言必然经历了一个从发声到携义，从简单到复杂的逐渐演化的过程。而远古人类的语言虽没有完备的形式和复杂的意思，甚至只是用一些分音节来表达词语（按照洪堡的说法，动物因感觉而发出的声音是非分音节的[4]），但已经为未来丰富多样的语音形式、表达方式的演化发展奠定了坚实的基础，正如洪堡所说的那样：“即使在那些完全处于蒙昧野蛮状态的语言里，也能见到高度文明的语言所拥有的一切形式的表称”[5]。

没有人能准确地说出人类究竟从何时从非分音节跨越到分音节阶段，就像没有人能明确指出人类从何时又是如何知晓结束游牧、狩猎生活，找到固定的栖息地搭建庇护所，营建定居点一样。这种变化可能源于“人类具有其他动物所没有的特殊兴趣和忧虑”[6]，刘易斯·芒福德认为，哪怕是透过远古人使用过的砍削石器、营造的墓穴以及石冢、刻在洞穴中的壁画……都能感受到那种虔诚和忧惧（图2-42，2-43）。可能正是基于这种复杂的情感，令我们的祖先更加信赖群体内部各成员之

[1]［德］恩斯特·卡西尔．人论［M］．甘阳译．上海：上海译文出版社，2004. 147.
[2] 同上，148.
[3] 姚小平．洪堡特：人文研究和语言研究［M］．北京：外语教学与研究出版社，1995. 82.
[4] 同上，87.
[5]［德］W·V·洪堡．论语法形式的产生及其对观念发展的影响［M］．见：洪堡特语言哲学文集．姚小平编译．长沙：湖南教育出版社，2001. 36.
[6]［美］刘易斯·芒福德．城市发展史——起源、演变和前景［M］．宋俊岭，倪文彦译．北京：中国建筑工业出版社，2004. 5.

间的互助，也更依赖这种小型的初级社会的团体力量。因此，频繁的建立在明确的分工合作基础上的互动，以及由互动需求衍生出来的强烈的交流愿望，不但一方面推动了语言的发展，一方面促成了物质生产的可持续性，更进一步影响了远古人类对宇宙、对自我的认知。毕竟，"人和语言都是逐渐地、分阶段地、并且仿佛交互促进地（umzechig）产生的"[1]。

B　发展

洪堡在《论语法形式的产生及其对观念发展的影响》一文中将语法形式的产生和发展过程划分为四个阶段[2]。

第一个阶段是语言的萌芽期，那个时候我们的祖先仅仅关心挡风避雨、提防野兽、有东西吃有地方睡——这些都隶属于马斯洛（Maslow, A）最基本的生理需求和安全需求，即便他们还有一点点喜怒哀乐这类情感表露，也都是建立在这种单纯的物质活动以及现实要求基础之上的。因此，对当时的原始人来说只需要一些指称事物或是现象的词就已经足以传递信息了，他们甚至不需要词和词之间有什么确定的关系（即语法关系）。但随着聚居人数的增多，遭遇事件的复杂，使得单靠一连串彼此孤立的词已无法实现交流，人们便开始试图固定词序，并着手设置一些能够暗示语言内在逻辑关系的词来解决这些现实的沟通问题。因此，规则慢慢出现，不论是语言世界里也好还是现实世界中也罢，对"关系"及其指称的关注既将人类语言推向了洪堡所言的第二阶段，这也反映出人类最终朝向社会生活的总体发展趋势。（图 2-44）

人类真正意义的社会生活是从氏族社会开始的，人与人之间的社会关系就像语言中词与词之间的关系一样，通过社会活动被界定，这就是洪堡所言的第二阶段。这一阶段应该始自新石器时代的到来，伴随着村庄的出现，圣祠、公共道路、集会的场所、仓库、灌溉的沟渠等陆续成为人们物质活动

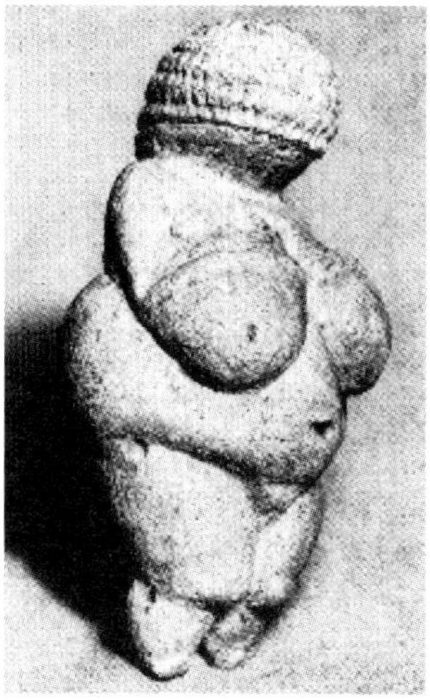

图2-43　公元前30000—25000的雕塑维纶堡的维纳斯

图片来源：Frederick Hartt. Art: A History of Painting Sculpture Architecture（Third Edition）. New York: Harry N. Abrams, Inc, 1989. 34

[1] 姚小平. 洪堡特：人文研究和语言研究［M］. 北京：外语教学与研究出版社，1995. 83.

[2] 详见：［德］W · V · 洪堡. 论语法形式的产生及其对观念发展的影响［M］. 见：洪堡特语言哲学文集. 姚小平编译. 长沙：湖南教育出版社，2001. 55—56.

图2-44　西安仰韶半坡遗址及平面图

图片来源：李允鉌.华夏意匠：中国古典建筑设计原理分析[M].天津：天津大学出版社，2005. 83

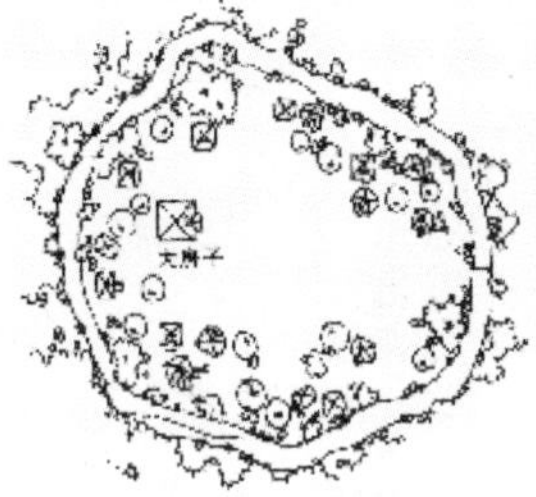

图2-45　西安半坡遗址F1大房子（杨鸿勋复原）

图片来源：侯幼彬，李婉贞.中国古代建筑历史图说[M].北京：中国建筑工业出版社，2002. 4

对象并逐步演变为社会生活的主要场所。刘易斯·芒福德认为这就是城市的受精卵，“各种发明和有机分化都从这里开始”[1]，它的结构非常清晰，村庄的中心是作为公共用途的大房子以及活动场地，周围一圈是居住用房，外围有的是壕沟（比如西安半坡遗址，如图2-45所示），有的是起到防卫作用的护围。房屋的构造方式也是清晰的，以中国远古建筑为例，由穴居所积累发展的土木混合构筑方式以及由巢居所发展而成的木构技术经验，都为中国传统建筑的孕育和发展奠定了必要的技术基础。我国建筑考古学家杨鸿勋对这一时期的建筑遗迹进行了大量的研究和复原工作，由他依照西安半坡遗址复原的半坡F24已经呈现出了规整的柱网，出现了“间”的雏形（图2-46）；而半坡F1则出现了集首领居住、公共集会功能于一体的“前堂后室”的格局[2]（图2-47）。在浙江河姆渡所发掘的梁头榫、柱头榫、柱脚榫等榫卯构件，以及圆桩、方桩、梁柱、地板等木构件，更从微观的层面折射出这一时期的营建已经是建立在一套已经相对成熟的构造逻辑的基础之上了，而这套构造逻辑也反映出了远古先民思维能力的发展。

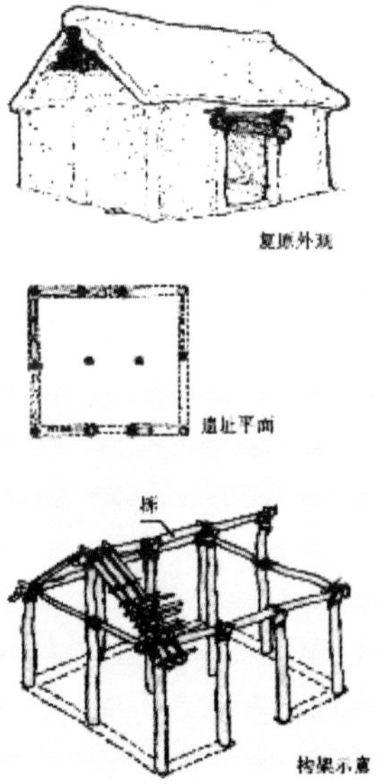

图2-46　西安半坡遗址F24（杨鸿勋复原）

图片来源：侯幼彬，李婉贞.中国古代建筑历史图说[M].北京：中国建筑工业出版社，2002. 5

[1] [美]刘易斯·芒福德.城市发展史——起源、演变和前景[M].宋俊岭，倪文彦译.北京：中国建筑工业出版社，2004. 19.

[2] 详见：侯幼彬，李婉贞编.中国古代建筑历史图说[M].北京：中国建筑工业出版社，2004. 4—5.

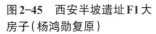

紧接着人类语言进入了洪堡所言的第三阶段以至第四阶段，但事实上，正如他所言——不是所有语言类型都得以完整经历这四个历史阶段，不同的民族或种族在自己的语言轨迹里继续着自己的对世界的探索和认知。譬如作为唯一孤立语的汉语便停留在所谓的语言发展的第二阶段，而拉丁语、希腊语以及梵语则在历经了第三个阶段后，在第四个阶段实现了语法形式的最终完善。如果我们再结合民族性来思考语法形式发展的阶段性问题，还会发现作为孤立语的汉语在经历完第二个阶段后，并没有像其他语言类型那样纠结于思想与语言之间是否存在必然的对等关系这一哲学命题——因为在古代中国的哲学世界中并不存在西方语境下所谓的logos，对于古代中国人来说，神有很多位，真理也不是只有一个，象天法地、顺应宇宙的秩序才是中国哲学主流的价值取向。因此，沿着这个思路来纵观中国城市及建筑发展，不难理解为什么自秦汉伊始直至明清晚期这上下两千年间，中国的城市及建筑语言并未发生过急剧的变化，它一直沿着既有的结构逻辑发展演进着，仅仅是从简单走向繁琐，并在一个模式框架内变化这一现象。这种偏于静态的演变模式，一方面归结于上千年儒家学派的礼制约束，另一方面则归因于基于"天圆地方"这一原始宇宙观所衍生出来的"天人合一""知行合一""情景合一"的"合"的民族世界观。刘易斯·芒福德在描述新石器时代村民生活状态时曾引用了老子的名言"甘其食，美其服，安其居，乐其俗；邻国相望，鸡犬之声相闻，使民至老死不相往来"，这似乎也是对"静态"的中国古代建筑、城市发展模式的最好注解。

与之相反，古代欧洲的建筑、城市发展历程则是在剧烈的动荡变化中前进的，就如同关注语法形式的不断完善一样，对于建筑以及城市的推敲也是建立在对"关系"指称的不断探究基础之上的。譬如对材料与构造方式的思考，对外来建造模式与本土模式的思考，对设计原理以及相关理论的思考等，加之动荡的政治格局，变幻的价值取向的影响，都使欧洲的建筑与城市呈现出同语言发展相类似的动态的阶梯状发展特征（图2-48）。从古希腊时期的神庙到古罗马时期的万神庙、斗兽场、浴场，大理石柱式跳跃式发展至混凝土穹

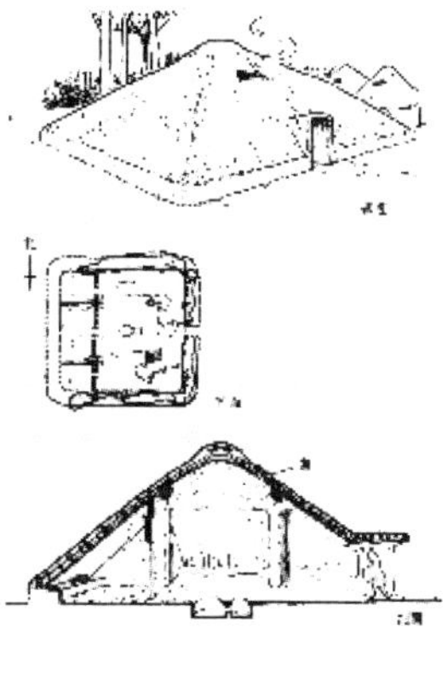

图2-47　西安半坡遗址F1大房子（杨鸿勋复原）

图片来源：侯幼彬，李婉贞．中国古代建筑历史图说［M］．北京：中国建筑工业出版社，2002.4

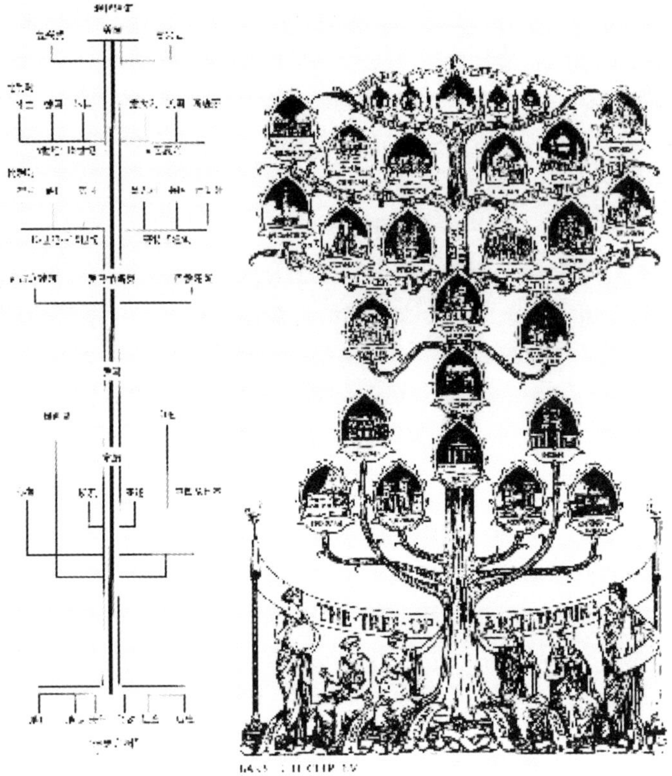

图2-49　原载于英国弗莱彻著的《比较法世界建筑史》一书的建筑之树

图片来源：李允鉌．华夏意匠：中国古典建筑设计原理分析［M］．天津：天津大学出版社，2005．12

顶、拱顶、券柱、叠柱；从拜占庭的圣索菲亚大教堂到乌尔姆以及科隆大教堂，帆拱、穹顶以及希腊十字逐步发展至尖十字拱、飞券以及拉丁十字；从文艺复兴意大利佛罗伦萨的百花大教堂到古典主义时期的法国卢浮宫，穹顶、鼓座以及集中式平面转变为几何结构以及三段式构图……每一个历史阶段都有特定的建筑以及城市空间结构与之相对应，而这些建筑、城市空间结构之间又是承上启下，在内在逻辑上彼此衔接的……因此可以说，只要历史在延续，建筑城市结构语言的演变就不会停止。

2.2.2.2 内容的差异

帕累托说,“各个时代的思想都要装在当时社会所使用的形式里”[1],语言就是对思想的折射,而时代则是思想的温床。洪堡所总结的语法形式的四个发展阶段,事实上是对语言阶梯式发展抑或是人类思维模式发展的高度浓缩概括——所谓的从感性到理性,从具体到抽象等,每一个阶段都需要经历漫长的历史周期,而每一次跨越也不可能一蹴而就。

洪堡认为,位于语法形式发展第一阶段的所谓的“初民”的语言结构,在现存的语言中已经不复见了,这种建立在模糊、含混的语义基础上的语言结构因无法形成稳固的逻辑关系,只能被湮没在历史进程之中。尽管如此,这个阶段的价值依然是巨大的,它包含的是由零到非零的突破。而这也是为什么我们对于远古人类的建筑及村落的考古发掘,只能推进到距今10 000多年前的新石器时代的缘故。固定下来的语言结构关系同稳定的居住方式之间存在着必然的内在关联性,感性的思维模式中开始闪现出的理性的思维光芒,对情感以及归属的需求有了具体的表述途径。刘易斯·芒福德认为,新石器时代是女性的时代,而女性便是情感与归属的象征,因此新石器时代的一切发明——从瓶、罐、瓮、桶到水池、谷囤、房舍、村庄乃至防卫性的围院……皆“是女人的放大”[2](图2-50)。对女性的尊崇使得村庄获得了秩序、道德规范以及有益于未来发展的稳定性,这在刘易斯·芒福德看来是城市繁复的社会协作的基础。显然,曾经单纯的欢喜与恐惧等情感逐渐丰富起来,从具象跨越到抽象的思考以及与之相应的语言的运用,无疑推动了人类各个层面的进步(图2-51)。譬如对渔樵耕畜的思考促进了生产技术的发展;对村庄内外事务的思考推动了组织形式的发展;对生死、宇宙的思考诞生了宗教……但这些思考还是初步的,片段的,就如同这个时期的语言一样——语序刚刚稳定下来,单纯的承担语法作用的词依然摇摆于实物意义与形式意义之间,还

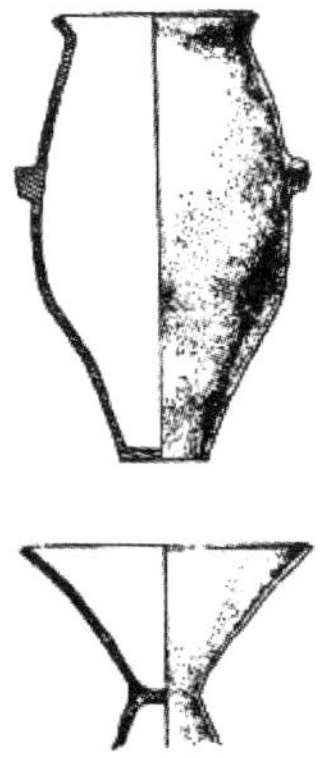

图2-50 石器时代起对称的人工物体

图片来源:李允鉌. 华夏意匠:中国古典建筑设计原理分析[M]. 天津:天津大学出版社,2005. 147

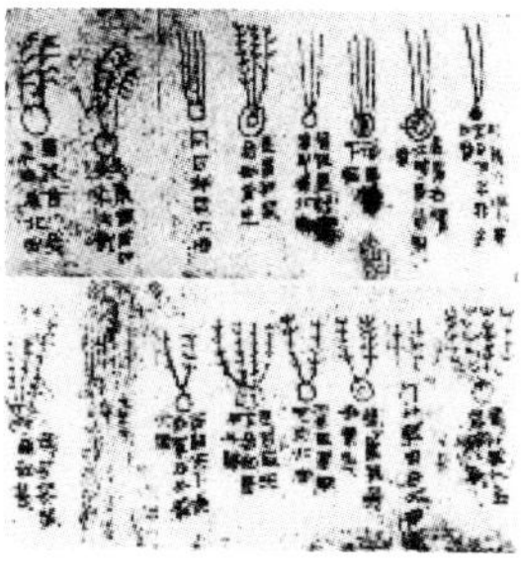

图2-51 汉帛书各式彗尾图

图片来源:张庆澜,罗玉平译注. 鲁班经[M]. 重庆:重庆出版社,2007. 317

[1] [意]帕累托(Pareto. V.). 精英的兴衰[M]. 刘北城译. 上海:上海人民出版社,2003. 40.

[2] [美]刘易斯·芒福德. 城市发展史——起源、演变和前景[M]. 宋俊岭,倪文彦译. 北京:中国建筑工业出版社,2004. 12.

不具备独立的语法价值。

至于洪堡所言的语法形式的第二阶段延续发展了多久演变为第三阶段，而第三个阶段又经过多久才演化为第四阶段，都没有一个准确的时间节点与之一一对应。但是，我们却可以通过对洪堡所身处的17、18世纪文化大背景来思考所谓的第四个阶段，并进而尝试回溯出由第二阶段演化至第四阶段整个历程。按照洪堡的论述，在所谓的第四阶段——语言已经达到了高度的形式化，词干和词缀不但共同构成统一体，“每个词都属于某个确定的词类，不仅有词汇个性，而且有语法个性”[1]，同时还出现了纯粹承担语法作用的词。这些语言的形式特征既呈现出了某些规律性——譬如根据一些抽象的普遍的原理、规范和范畴来定义人以及语言，他显然是潜移默化地受到了17、18世纪的机械论主张的影响，而这也是古典主义熏陶的一种反映；另一方面，语言的形式特征还体现出了强烈的思辨倾向——譬如在洪堡看来语言既是统一的又是差异的，既是客观的又是主观的，既是静态的又是动态的，既是稳固的又是自由的……而这无疑是受到了德意志唯心论的影响。因此，洪堡在总结了语法形式发展的四个阶段后谈道：“没有任何一种语言能自夸与普遍的语言规律完全一致，没有一种语言从头到尾每个成分都能得以形式化；即使那些处于较低发展阶段的语言，也会拥有许多接近于形式的东西。”[2]这种看似自相矛盾的说法正体现出17、18世纪人类在探索世界过程中所不能避免的科学理性与人文感性之间的深刻纠结（图2–52，2–53,2–54）。因此，可以说，如果果真存在着那个“绝对精神”的话，真正符合洪堡所言的“完善”的、具有普遍价值的结构形式就永远不会出现，而人类语言史也必将是从蛮荒到绝对真理的一条两头均无端点的放射线。

得到这个结论对我们思考所谓的第二阶段、第三阶段很有意义，我们会发现无论是语言发展史也罢，还是建筑、城市

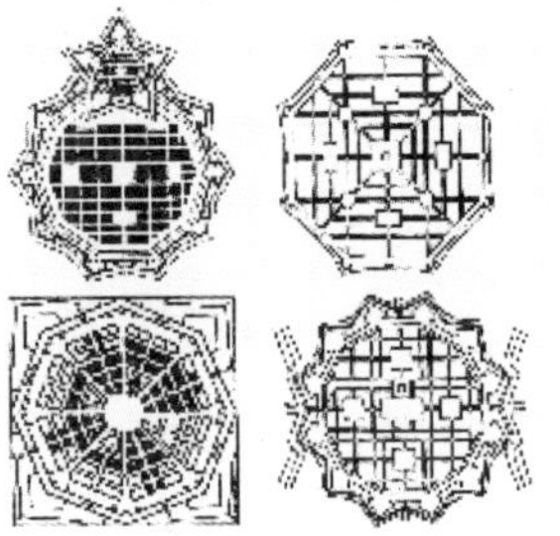

图2–52 欧洲理想城市1567—1615

图片来源：徐苏宁. 城市设计美学［M］. 北京：中国建筑工业出版社，2006. 76

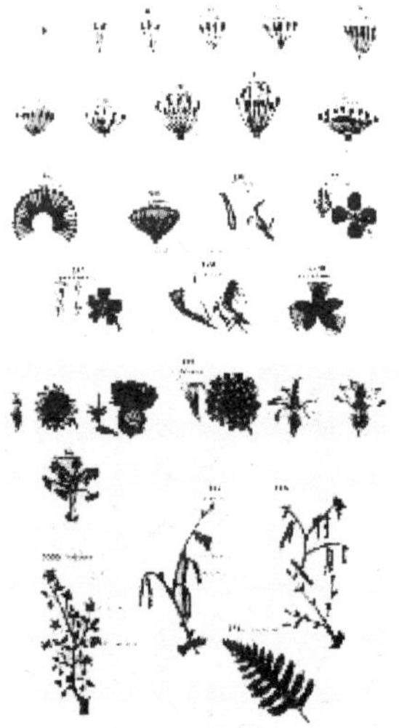

图2–53 林奈于18世纪的植物学分类

图片来源：［美］托马斯·L·汉金斯. 科学与启蒙运动［M］. 任定成，张爱珍译. 上海：复旦大学出版社，2000. 154

[1] ［德］W·V·洪堡. 论语法形式的产生及其对观念发展的影响. 见：洪堡特语言哲学文集［M］. 姚小平编译. 长沙：湖南教育出版社，2001. 55.

[2] 同上，59.

发展史都呈现出向着某个既定的“完善”前进的内在动力，因为作为人类精神活动的外化，“精神始终并且处处都追求着统一性和必然性”[1]，只是，一段时间里，精神误以为神性是那个统一和必然，一段时间精神又会误以为人性是那个终极，过了一段时间，精神觉得科学理性才最重要……因此，帕累托会说“各个时代的思想都要装在当时社会所使用的形式里”，只有借助语言形式、建筑以及城市这些有形的形式，我们才能看到人类在漫漫的求索历程中的坚定与犹疑。

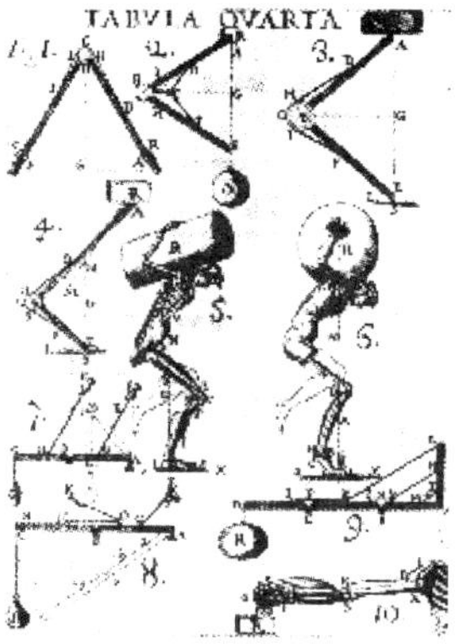

图 2–54　作为机械论哲学的生理学

图片来源：[美]托马斯·L·汉金斯．科学与启蒙运动[M]．任定成，张爱珍译．上海：复旦大学出版社，2000．119

2.2.2.3　小结

以语言、建筑、城市为关注对象的历时维度差异研究有以下几个核心要点：

（1）基于历史断代的类型划分是此类研究的可行性前提。

（2）静态的结构语言学是此类研究的技术平台。

（3）将被比较对象跨时间并置，通过观察、分析最后完成论证是此类研究具体的操作手段。

（4）关注单一研究对象不同时间段内结构类型间的差异。

（5）忽略空间横向维度上研究对象的内在复杂性。

2.2.3　本节结语

《圣经·创世记》第十一章（1—9）中记载了一个著名的故事[2]：洪水过后，闪族人向东迁移到了示拿（Shinar）的平原，他们决定给自己建造一座城以及一座通天塔（图 2–55），并自己命名。因为那时普天下的语言、口音都一样，耶和华看到后很担心，觉得掌握了同一种语言的这些人只要想做就没有他们做不到的事情，为了避免这种情况的发生，他搅乱了世人的口音，让他们彼此没有办法沟通，塔和城也便荒废在那里了。耶和华随后给这座城市命名为巴别（Babel），而巴别（babel）这个词也逐渐从最初的与特定城市相对应的专有名词，演变为一个用来意指嘈杂混乱状况的普通名词，并进而演变为一

图 2–55　巴别塔

图片来源：http://www.mechon-mamre.org/p/pt/pt0111

[1]［德］W·V·洪堡．论语法形式的产生及其对观念发展的影响．见：洪堡特语言哲学文集[M]．姚小平编译．长沙：湖南教育出版社，2001．57．

[2] 英文节选内容详见：http://www.mechon-mamre.org/p/pt/pt0111.htm，作者译。

个用来暗指语言的源头不是同一而是差异的名词。

事实上，人类对整个世界的认知恰是建立在对差异的认知基础之上的。有差异才有可识别性，进而才有比较、有基于比较的逻辑思考；而有了逻辑思考才能够获得对世界的普遍认知，进而掌握顺应或改造世界的能力……因此可以说，差异是人类认知的基础，是孕育一切的母体。但与此同时，不同社会群体认知条件与角度的不同，又会直接导致其世界观的迥异，这无疑又印证了巴别的另一层含义——差异作为认知的屏障无所不在。于是，在认知与差异之间形成了一条莫比乌斯带，令一切试图跨越屏障的努力最终在20世纪演变为一个哲学命题。

2.3 转　　译

2.3.1 语言与翻译

自幼便生活在多重语言环境下的人少之又少，因此对于成年人来说，跨越语言的疆域，学习另外一种或多种外语必然需要依托母语并借助翻译。同样，截然不同的生存环境、生活背景、教育程度，也能演化为另一种意义的文化屏障，而要想跨越这个屏障，“翻译”的作用不容小觑。那么，什么是翻译？它的目标和手段是否能保持一致？它仅仅只是语言问题么？

2.3.1.1 什么是翻译

在日常语言学中，“翻译”就是“跨越不同自然语言的言语或文本转换活动”[1]，通俗来讲就是让说甲语言的人能够真切、准确地领会乙语言的内容（即所谓信、达），这种翻译活动是建立在语言共时维度的差异基础之上的。除此之外，历时维度下的言语或文本差异转换活动也应被划归“翻译”的范畴，正如梁启超先生在20世纪20年代初所言：“以今翻古者，在言文一致时代，最感其必要。盖语言易世而必变，既变，则古书非翻不能读也。求诸先籍，则有《史记》之译《尚书》。”[2]显然在梁启超先生看来，古今语言虽然隶属同一语言系统，但因“语言易世而必变”，后世依然需要通过“翻译”才能跨越差异的鸿沟进而“识古”，而这也便是“释经”这一语言学传统的价值所在。时隔40年后，俄裔美籍语言学家罗曼·雅各布森（Jakobson, Roman）在他著名的《翻译的语言方面》（*On Linguistic Aspects of Translation*）一文中，在共时翻译和历时翻译的基础上（雅氏分别谓之语际翻译和语内翻译，即interlingual translation and

[1] 李河.巴别塔的重建与解构：解释学视野中的翻译问题[M].昆明：云南大学出版社，2005. 51.
[2] 同上，52.

intralingual translation），又为“翻译”赋予了第三种模式，即——非语言符号间的翻译（intersemiotic translation）[1]，他进而还将这三种模式统称为“广义翻译”，将我们通常理解的“共时翻译”或曰“语际翻译”称为“狭义翻译”。

梁启超先生同雅各布森在“翻译”的广义、狭义之分方面有相似性，他们都认为“共时翻译”或曰“语际翻译”是狭义范畴内的翻译活动，而“历时翻译”是广义范畴下的翻译活动。只是雅各布森更进一步将非语言符号间的差异转换活动也纳入“翻译”的范畴内，这无疑是对“翻译”疆域的进一步拓展，也是对“翻译”的阐释价值（interpretation）的肯定。李河教授在他的《巴别塔的重建与解构：解释学视野中的翻译问题》一书中便基于此，更为彻底地对广义翻译、狭义翻译二者的区别进行了细述[2]，他指出所谓的“狭义翻译”只关注隶属于不同的自然语言领域的文本间的差异，在这个范畴内，“一切文字性的、语词重组式解释都是翻译”；相反，“广义翻译”则具有更深刻的哲学内涵，它不拘泥于自然语言之间结构以及表达方式的差异，不拘泥于词语、句子、段落是否发生了重组的现象，它关注所有可能的文本形态——瞬间的、持久的，哪怕是心理学意义上的，它关注这些文本形态之间的差异以及这些差异之间的转换活动，也就是说，对于“广义翻译”这个定义来说，只要构成了文本，“无论语词符号的还是非语词符号的文本转换都是翻译”。

事实上，从梁启超到雅各布森，“翻译”的定义从语言跨越到了非语言领域，这既是语言学发展的历史必然，也凸显出了20世纪哲学的总体发展趋势，即“语言转向”（linguistic turn）的趋势，而20世纪60年代后，翻译的可行性问题更是将哲学的“语言转向”推向了极致。至此，翻译便同语言一起成为观察、思考、分析现实世界的渠道，成为认知世界直观而具体的手段。

2.3.1.2　翻译的可行性思辨

如绪论所述，芬兰学者安德鲁·切斯特曼所总结出的20世纪语言翻译理论中“或隐或显”的五大主题[3]中，等价性（Equivalence）是使“翻译”成为可能的前提。它假设在原本和译本之间必然存在着一一对应的关系，就像现实生活中所呈现的那样：我们往往借助双语词典这个等价性的所谓权威产物来学习另一种语言、观察另一种文化形态。洪堡肯定对此持反对意见，因为等价性意味着语言存在同一性，而同一性显然是对世界多元化极端粗陋的概括。从事中西哲学比较研究的袁劲

[1] 详见，[美] R·雅各布森. 翻译的语言方面[M]. 陈永国译. 见：翻译与后现代性. 陈永国编. 北京：中国人民大学出版社，2005. 142.
[2] 李河. 巴别塔的重建与解构：解释学视野中的翻译问题[M]. 昆明：云南大学出版社，2005. 54—57.
[3] 同上，93—97.

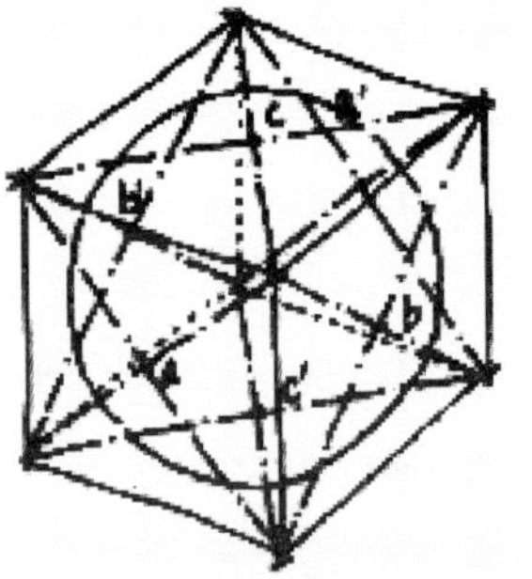

图2-57 袁劲梅的“立方—球”思维模型，a/a′，b/b′，c/c′，d/d′分别代表在旋转过程中可能出现的“共同分享点”

图片来源：作者根据袁劲梅描述绘制。

梅[1]教授，曾基于哲学思考以“立方—球”的思维模型来阐释中西的语言翻译问题，而这一模型无疑对其他范畴翻译的可行性研究都有借鉴价值。她将中国哲学比喻为不停旋转的球体，将西方哲学比喻为稳定的立方体，如果把球置于立方体之中，不论球怎样转动，至少总会有一点接触到该立方体，袁劲梅将这个接触到的点喻为“共同分享点”，它体现出“那些特别的、发现于数学和对世界进行事实描述的句子所可能具有的确定性”[2]，而该点之外则是两种语言之间的必然差异。袁劲梅的观点同威拉德·范·奥曼·奎因（Quine，W. V. O）的相类似，后者认为基于事实观察所产生的术语比较容易翻译，比如兔子（rabbit），甚至东北虎（Siberican tiger）；而理论术语则比较难，他进而举了例子指出“neutrinos lack mass”（中微子没有质量）这样的句子根本不可能翻译到一个原始部落的语言中，而只能进行某种程度的阐释，但阐释也未必能确保语义的有效传递。由此可见，在“共同分享点”之外，在立方体和旋转球之间的间隙正是基于不同的世界观所形成的差异空间，而差异空间的存在也决定了“等价性”是抽象的和超现实的。因此，奎因在他的《词与物》（*Word and Object: Studies in Communication*）一书中指出：“一种语言翻译成另一种语言所依据的翻译手册，可以采用不同的方式编纂……但是彼此之间并不相容……运用各自的手册进行句子翻译时会产生分歧，目标语彼此对抗，无法实现哪怕是大致可靠的对等。”[3]

刘禾教授在她的《跨语际实践：文学，民族文化与被译介的现代性（中国，1900—1937）》一书的导论中同样秉持相近的观点。她以海德格尔与日本人手冢富雄关于语言的对话为例，指出甲语言同乙语言之间所出现的对等词不存在的现象是正常的，偏要“将某种分析性的概念或范畴不加区别地到处套用，好像在一个地方有效的必然在别的地方也同样有效”，

[1] 袁劲梅，1999年12月获美国夏威夷大学哲学系比较哲学专业博士学位，现任教于美国宾州爱丁堡大学哲学系，哲学教授，作家。

[2] 袁劲梅. 古汉语中的“方”与“圆”概念析：论一种“立方—球”式的思维模型［M］. 见：留美哲学博士文选. 中西哲学比较研究卷. 牟博编. 北京：商务印书馆，2002. 56.

[3] W. V. O. Quine, *Word and Object*, the MIT Press, 1960. 27.

才是真正的"荒诞不经"[1]。按照刘禾教授的观点，当面对"无可译"问题的时候，首先要树立的观念就是："无可译"是正常现象；其次，如果试图通过"意译"的方式为甲、乙语言搭上沟通的桥梁，则"必须小心不要轻易地假定在任何一对词语、惯用语或者语言之间存在着对等关系"[2]；第三，对于经典作品，则最好逐词"直译"。中国社会科学院文学研究所研究员孙歌在为许宝强和袁伟选编的《语言与翻译的政治》一书所作的序中，回溯了近代以来的"翻译"之争，指出鲁迅、严复的所谓"硬译"/直译虽不为国人喜闻乐见，却"隐含了后日被人们冷落了的重要原则，那就是翻译不可能是从一种语言里搬运内容到另一种语言来的行为，它至少面对两重困境，一是为求合乎情理而拘泥于本土语言的习惯，从而对原文进行望文生义的改造，这导致了'知识'的虚伪；二是意识形态与现实政治关系是跨国界的，当本土的阶级和政治冲突借助于翻译呈现的时候，翻译的政治便体现为跨国界的'里勾外连'，'顺'的翻译尤其有害，因为它迎合本土最易被接受的思维定势，而它往往是保守的"[3]。显然，孙歌的观点恰恰是对那个中西文化剧烈碰撞的世纪之交的反思，当两种文化直面彼此之时，差异空间是不能回避的，而顺译或是不负责任的意译不但曲解了文化的真正内涵，更堵住了借助他者来清晰客观地认识自我、启发自我的道路。

2.3.1.3　翻译对主方语言的影响

事实上，安德鲁·切斯特曼的翻译五大主题，每一个主题都能衍生出一套哲学思辨，而对翻译的可行性问题的讨论则更像是跨文化比较研究的试金石。正像上节不吝言辞所赘述的——语言的差异究其实质是世界观的差异。在进行跨语际的文化比较研究过程中，能否切实正视这"世界观本身的差异"，对未竟的翻译工作来说是成败关键；对既成的翻译事实来说，则是洞察历史真相的契机。显然相较"翻译"工作本身，洞察历史真相不是件容易的事情，因为在历史事件与时间的共同作用下，在所谓的本源词语和译体词语[4]的相互渗透下，偏见和误解被隐没，取代它的那些概念或是范畴便成为今天的"常识"，成为不证自明的"事实"，甚至成为必然的、一成不变的、有约束力的"真知灼见"。以英译中为例，诸如nationalism同"民族主义"、self同"自我"、citizen同"市民"、culture同"文化"、public同"公共"、democracy同"民主"、modern同"现代"以至于本书的研究对象urban square同"广场"等，都是在近代的翻译过程中才建立起来并且借助所谓的现代双语词典而固定

[1] [美] 刘禾. 跨语际实践：文学，民族文化与被译介的现代性（中国，1900—1937）（修订译本）[M]. 宋伟杰等译. 北京：生活·读书·新知三联书店，2008. 9.
[2] 同上，24.
[3] 孙歌. 前言. 详见：许宝强，袁伟选编. 语言与翻译的政治[M]. 北京：中央编译出版社，2000. 29.
[4] 刘禾语，见：[美] 刘禾. 语际书写——现代思想史写作批判纲要[M]. 上海：三联书店，1999. 5.

下来的[1]。在近代历史无数个偶然性的推动下，在主方语言同客方语言一次次地接触、对立、冲突过程中，某些虚拟的对等关系被一一确立，“当概念从客方语言走向主方语言时，**意义与其说是发生了‘改变’，不如说是在主方语言的本土环境中发明创造出来的**”[2]（黑体为笔者所加），从此原本不可翻译的某一客方词语便在这一过程中成为可翻译的，而那些词的历史随即也被新生语言所湮没，甚至由彼及此的翻译过程也被湮没直至被肆意篡改，因为历经了数不胜数的重复、复述、翻译以及再生产，所有引证的来源（origin）都最终消失殆尽了。正因如此，对于严谨的学术研究来说，必须像刘禾说的那样：“在常识、词典的定义甚至历史语言学的范围之外，重新面对这些词语、概念、范畴和话语”[3]（着重号为笔者所加）。

2.3.2 空间语言的转译

作为空间语言的建筑、城市的转译隶属于雅各布森非语言符号间的翻译范畴，但本书关注的不是从语言到非语言或是从思维到非语言符号之间的转换活动，而是同为非语言符号的建筑、城市形态之间以及相关专业术语之间的跨文化背景的转换活动。此两者之间有本质的区别，前者转换双方互为异质，是“无中生有”的过程，最终导向信息理论及心理学；而后者的转换双方则互为同质，是“有案可稽”的过程，可以与“语际翻译”及“历时翻译”相类比。

如上文所言，建筑同语言之间的比拟始自17世纪，至18—19世纪已蔚然成风（如图2-58所示）。但这个比拟是建立在修辞学的基础之上的，也就是说那时装饰性的重要性往往超越了真实性。在建筑师把玩建筑风格元素或套用上文的术语——表达项的过程中，很少考虑风格背后的内容项，更不会去主动思考风格产生的缘由，他们通常“在没有深入了解其

图2-58 折衷主义巴黎歌剧院

图片来源：［英］萨莫森. 建筑的古典语言［M］. 张欣玮译. 杭州：中国美术学院出版社，1994. 95

[1] 19世纪后期到20世纪20、30年代，新词语的大量融入，无论从规模上还是影响程度都是巨大的，以至于它几乎从语言经验的所有层面根本改变了汉语，使古代汉语成为过时之物。

[2] ［美］刘禾. 跨语境际实践：文学，民族文化与被译介的现代性（中国，1900—1937）（修订译本）［M］. 宋伟杰等译. 北京：生活·读书·新知三联书店，2008. 36.

[3] 同上，27.

本质特征的情况下仅仅照抄这些风格表面上的母题形式”[1]，这使得当时绝大多数的建筑或城市作品简单、粗陋和肤浅。正如彼得·柯林斯借用当时伦敦国王学院的教授威廉·霍斯金的话对当时建筑业内混乱的风气所做的反讽一样：“的确，每种特定的风格都可以看成是一种不同的、特殊的语言。就一种语言而论，一个人在用它写作以前，他不仅必须学习说和读，而且要用它来思维。但是，到哪里去找这样的建筑师，他能真正地并且自由地运用建筑的所有不同风格呢？”[2]。事实上，威廉·霍斯金教授的话正道出了用空间语言进行写作的指导思想——那就是像掌握一门语言那样，首先必须扎实地学习听、说、读、写等基本技巧，但掌握这些技巧还远远不够，他认为最重要的还是要学会用这门语言进行思维，并通过思维来指导实践。

基于此，如果尝试进行跨语际的空间语言的转换活动，则必须像语言翻译家那样对原本/译本，或曰客方/主方的语言、文化背景精熟方能成事。但两者之间仍有不同之处，譬如在语言的翻译过程中，体现音阶组合关系的语音结构、词语句段组合关系的语法结构的转换活动很难实现，语言翻译的目的永远是语义的传递，即便这个过程既包括带有阐释倾向的意译也包括“摹声造词”的音译；而空间语言跨语境的转换活动则不同，表达项因其具体、直观、物化的特性，比内容项更易于被转换。这似乎是源于：相较语法结构，语义承担语言基本的交流功能；而对于空间语言来说，表达项作为空间活动容器，则比内容项更直接地作用于人类的生产生活。因此，本书将用空间语言的转译而不是翻译来定义空间语言跨语境的转换活动，以此将空间语言与语言的转换活动加以区别，即便无论从本质抑或是从传统上讲，翻译问题都是以存在、再现以及认知等西方哲学命题为基础[3]。

2.3.2.1 表达的可译性

赖德霖认为，梁思成先生是第一个清晰地提出“建筑可译论”（architectural translation）这一概念的建筑理论研究者。他引用张镈的回忆将梁的概念形象地转述出来：

> 张说，梁思成“草画了个圣彼得大教堂的轮廓图，先把中间圆顶（dome）改成祈年殿的三重檐。第二步把四角小圆顶改成方形、重檐、钻尖亭子。第三步，把入口山墙（pediment）朝前的西洋传统做法彻底铲除，因为中国传统建筑从来不用硬山、悬山或歇山作正门。把它改成重檐歇山横摆，使小山花朝向两侧。

---

[1] ［挪］克里斯蒂安·诺伯格-舒尔茨. 西方建筑的意义［M］. 李路珂，欧阳恬之译. 北京：中国建筑工业出版社，2005. 178.

[2] ［英］彼得·柯林斯. 现代建筑设计思想的演变［M］. 英若聪译. 北京：中国建筑工业出版社，2003. 172.

[3] ［印度］特贾斯维莉·尼南贾纳. 为翻译定位［M］. 详见：许宝强，袁伟选编. 语言与翻译的政治. 北京：中央编译出版社，2000. 117.

图2-59 圣彼得教堂广场鸟瞰

图片来源：[英] 萨莫森. 建筑的古典语言. 张欣玮译[M]. 杭州：中国美术学院出版社，1994. 66

图2-60 天坛建筑群鸟瞰

图片来源：Andrew Boyd. 中国古建筑与都市[M]. 谢敏聪，宋肃懿编译. 台北：南天书局，1987. 24

图2-61 天坛祈年殿皇穹宇

图片来源：李允鉌. 华夏意匠：中国古典建筑设计原理分析[M]. 天津：天津大学出版社，2005. 102

第四步，把上主门廊的高台上的西式女儿墙的酒瓶子栏杆，改为汉白玉栏板，上有望柱，下有须弥座。甚至把上平台的大台阶，也按两侧走人，中留御路的形式。第五步，把环抱前厅广场的回廊和瑞亭也按颐和园长廊式改装，端头用重檐方亭加以结束。最后梁师认为用中国话，说中国式的建筑词汇，用中国传统的艺术手法和形象风格，加以改头换面，就是高大到超尺度的圣彼得大教堂上去运用，同样可以把意大利文艺复兴时期的杰作，改成适合中华民族的艺术爱好的作品”。[1]（图2-59—图2-63）

事实上，赖德霖的《梁思成“建筑可译论”之前的建筑实践》一文的论述核心并不是梁先生的概念或与之相关的阐述。在他看来，梁先生从未对中国近代那些体现了“建筑可译性”倾向的建筑作品进行过研究，但梁所提出的概念却在不经意间概括出自19世纪末以来中国建筑“西学为体，中学为用”的普遍倾向，进而还从策略上支持了20世纪50年代后在苏联影响下我国的建筑、城市建设大趋势，即“社会主义现实主义”、“社会主义内容、民族形式”的趋势。而所谓的“西学为体，中学为用”时至今日仍发挥着作用，具体表现为：“以西方的建筑类型取代中国传统的建筑类型，以西方的构图和结构为‘体’，而以中式的造型要素为‘用’。”[2]

因此可以说，梁先生的“建筑可译论”是以表达项为转译对象的空间语言转换活动，即通过对西方构图及结构的中式转译，进而形成“适合中华民族的艺术爱好的作品”。在他看来，中西传统建筑都是由一些结构功能相近的要素，依照一定的结构逻辑建构而成的，如屋顶/roof、墙/wall、栏杆/balustrade、台阶/step、柱廊/colonnade等都在各自的建筑类型中扮演着相近的角色（图2-64）。因此，梁先生基于事实观察[3]为“建筑可译性”预设了一个前提：即，在非语言符号——

[1] 赖德霖. 梁思成“建筑可译论”之前的建筑实践[J]. 建筑师. 2009（2）：28.

[2] 同上，29.

[3] 笔者在上文曾论述过：“基于事实观察所产生的术语比较容易翻译”，见：2.3.1.2小节。

建筑的实体构件之间存在着等价性，同时在中西建筑学专业领域的术语间也存在着等价性。的确，屋顶、屋身、基础展现出了基于力学的普遍原则——譬如，不论dome和重檐攒尖形态多么迥异，此二者依然符合相类似的力学原理；不论圣彼得的回廊与颐和园的长廊尺度有多大差距，它们的力学原理也是相近似的……借用袁劲梅的“立方—球”模型，以上类比均是东西方建筑基于“那些特别的、发现于数学和对世界进行事实描述的句子所可能具有的确定性”的“共同分享点”。然而，即便如此，不但不能简单地认为与此两者相关的所有构件均能互为指称——这是毋庸置疑的，譬如飞椽、檐椽、望柱、须弥座等之于圣彼得是无可译的；也不能简单地认为构图、结构同样具备等价性——譬如剧场、法庭等城市公共建筑因为在东方城市中并没有对等物，其结构形式自然也不会有对等物一样。基于此，可以得出如下结论：如果刻板地“以西方的构图和结构为‘体’”将之转译进入东方的语境中未必能获得中式的“用”。换句话来说就是：“建筑可译性”问题不是通过表达项的转换活动就能轻松地实现的。

而赖德霖《梁思成“建筑可译论”之前的建筑实践》一文中的真正主旨则正是：通过理清近代“若干中外建筑文化交流的线索”，尝试“引发人们对于‘建筑可译性’在实践过程中

图 2-62　圣彼得大教堂穹顶

图片来源：作者摄，2008年。

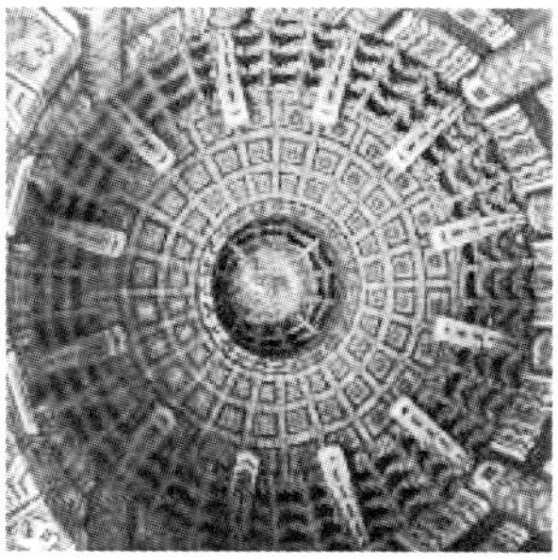

图 2-63　祈年殿藻井

图片来源：Andrew Boyd. 中国古建筑与都市［M］. 谢敏聪，宋肃懿编译. 台北：南天书局，1987. 25

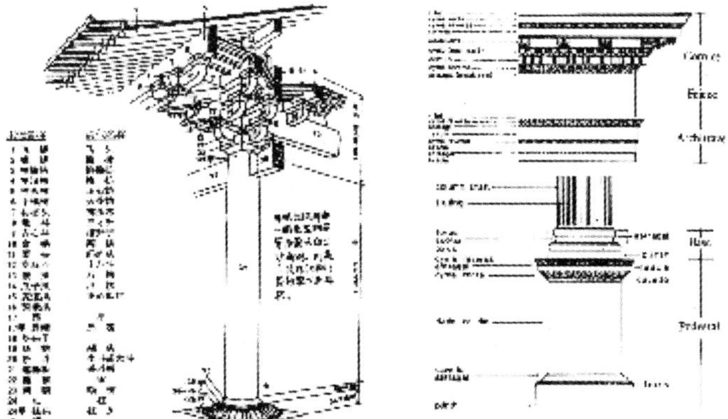

图 2-64　东、西建筑构件的比对（以柱子为例）

图片来源：作者根据李允钚《华夏意匠》中的宋柱式以及萨莫森《建筑的古典语言》中的科林斯柱式组合编制。

的许多具体问题进行反思"[1]。显然,这些具体问题即上文所谈到的基于不同的社会文化技术背景的空间语言的可译性问题。

2.3.2.2 内容的可译性

同语言翻译相类似,空间语言内容项可译与否是其表达项转译成败的关键。正像维特根斯坦所说的那样"为真和为假的乃是人类所说的东西;而他们互相一致的则是他们所使用的语言。这不是意见上的一致而是生活形式的一致"[2]。生活形式相近的人更易于达成共识,他们表达共识的方式也是基本相类似的,反之亦然,洪堡也曾暗示语言结构相近的民族之间必然存在着相类似的思维方式,相互之间也更容易彼此理解。这些观点都同梁漱溟先生的文化观异曲同工,梁先生说文化"不过是那一民族生活的样法罢了",换句话即:文化是一种生活方式。因此是不是可以说,空间语言内容项的可译性问题究其实质就是文化的可译性问题呢?

我们将从中西文化的现实层面来思考这个问题,而对这个问题的讨论将结合城市规划以及建筑设计的思想渊源从三个视角展开,即宇宙观、宗教信仰以及社会运行机制,进而基于此探讨空间语言内容项的可译性问题。

A 宇宙观

宇宙观,亦可称为世界观或时空观。

卡西尔认为"存在着抽象空间这样的东西这一事实,乃是古希腊思想最早和最重要的发现之一"[3],虽然按照诺伯格·舒尔茨的观点,"希腊人关于空间的语言只有'中介的'(in-between),这是一个相当中性的概念,允许有大量具体的演绎"[4],这意味着早期人类的所谓空间意识并不严格,是基于知觉的,而对于希腊人来说,这种意识则来源于地中海特殊的地理环境特征,即源于海岛作为孤立个体的强烈空间感受——它是客观存在的、不可分的、不变的、与其他岛屿的关系是彼此独立的……这似乎就是古希腊原子论乃至西方全部科学和哲学的知觉基础——在关注空间存在的同时忽视了时间的影响。德国物理学家海森伯(Heisenberg, W.K.)曾经在他的文章中勾画了一幅古希腊人空间意识建构的图景:"第一个把希腊人系统思想的注意力吸引到自己身上来的物理现象,是'实体',也就是在一切现象的变化中那种不变的东西。……这种思想,最后在留基伯和德谟克里特的原子论中得到了坚决的贯彻。在原子论中,只有物质的最小不可测的组成部分(即原子),被认为是'存在'

[1] 赖德霖. 梁思成"建筑可译论"之前的建筑实践[J]. 建筑师,2009(2): 22.
[2] [奥]维特根斯坦. 哲学研究[M]. 李步楼译. 北京: 商务印书馆,1996. 第一部分第241节.
[3] [德]恩斯特·卡西尔. 人论[M]. 甘阳译. 上海: 上海译文出版社,2004. 56.
[4] [挪]克里斯蒂安·诺伯格-舒尔茨. 西方建筑的意义[M]. 李路珂,欧阳恬之译. 北京: 中国建筑工业出版社,2005. 41.

着的东西，它唯一的性质就是占据空间。”[1] 显然，所谓“不变的东西”——原子，即是对于“存在”“实体”以及“空间”的抽象概括，而这种对于自然现象所作出的充满实证精神的、世俗的解释——“‘存在’着的东西，它唯一的性质就是占据空间”，既成为孕育西方科学精神的温床，同时也影响了西方科学发展的历史进程。（图2–65，2–66）

相反，“存在”“实体”以及“空间”却不是东方哲学尤其是中国哲学的核心。在中国古代哲学家们看来，在空间中存在的实体并不是自足的，只有将之放在时间的维度上发展地看才有可能实现自足，而空间也需要借助时间的维度方能呈现……赵军引用唐君毅先生的论述对中国古代思想的这些特点进行了阐述：“……在中国之古代思想中，从无不可破坏、永恒不变的原子论与原质论。……皆无重视事物之纯粹物质性之实体之思想……易中表现物之相涵摄与实中皆有虚，以形成生化历程之思想，则随处可见。……故在易经之思想中，一物之实质性、实在性，纯由其有虚能涵摄，而与他物相感通以建立，而不依其自身以建立。故八卦表物德，乃以疏朗之线条表之，而非如希腊毕达哥拉斯，柏拉图及原子论者之以几何形体表物。”[2] 他所言的易及八卦正是中国古代思想中最基本的观念——阴阳，作为相互对立的两极——阴阳本身便蕴含着不自足和彼此互补的意味，同时也蕴含着由此及彼的动态的变化趋势，而这些恰恰都对应着“时”的观念。而针对时空两观的取舍，明末清初思想家王夫之在《周易外传》中则写道：“天地之可大，天地之可久也。久以持大，大以成久。若其让天地之大，则终不及天地之久。”显然，在中国古代思想家看来，天地之大终究不及天地之久，时间的存在优于亦高于空间的存在。因此，对于空间中存在的一切，既没必要纠结于其形，也没必要纠缠于其量，更无需借助因果与之定论，不同的时间范畴下对于客观事物的探讨有其规律亦有变数，又怎能一概而论？（图2–67）

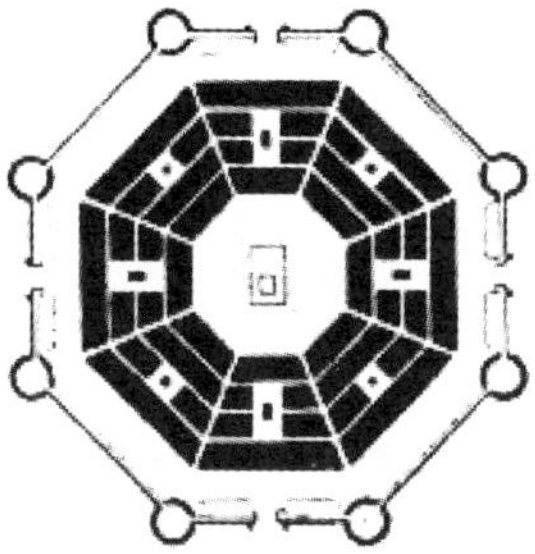

图2–65　维特鲁威理想城

图片来源：徐苏宁. 城市设计美学［M］. 北京：中国建筑工业出版社，2006. 74

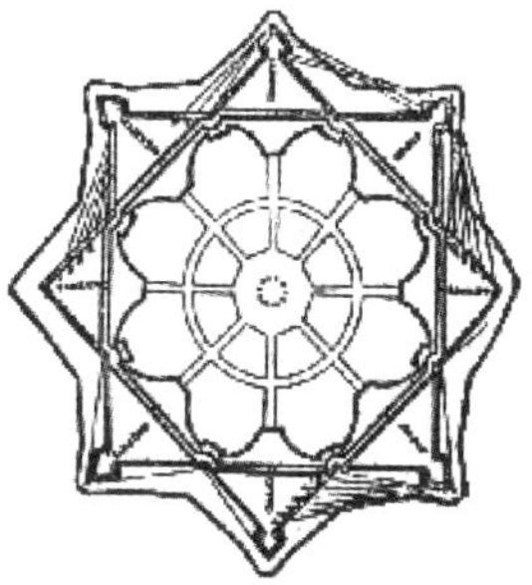

图2–66　阿尔伯蒂理想城

图片来源：徐苏宁. 城市设计美学［M］. 北京：中国建筑工业出版社，2006. 73

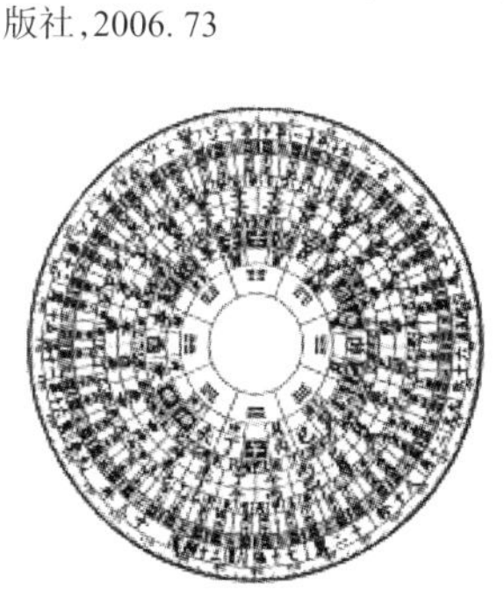

图2–67　中国古代堪舆工具罗盘

图片来源：［德］阿尔弗雷德·申茨. 幻方——中国古代的城市［M］. 梅青译. 北京：中国建筑工业出版社，2009. 471

[1] 赵军. 文化与时空——中西文化差异比较的一次求解［M］. 北京：中国人民大学出版社，1989. 27.

[2] 同上，30.

李约瑟（Needham, J）曾从科技发展史的角度论述中西差异，他说："中国和欧洲最深刻的区别也许是在于连续性和非连续性之间的重大争论方面，因为，正如中国的数学都是代数面而不是几何学一样，中国的物理学忠实于一种典型的波动理论，而一贯对原子加以抵制。" 除此之外他还谈道："尽管中国人知道平面圆形宇宙结构的世界地图，但这类地图，从未在他们当中取占过统治的地位。"[1]相反，古希腊的伊奥尼亚人则"在空间确定宇宙的秩序，根据几何模式想象世界的构造，星辰的位置、距离、体积和运动"[2]，他们绘制标有地域、海洋、江河的地图，甚至古希腊哲学家阿那克西曼德还发明了天球仪，而根本无惧这些分析是否存有不确实之嫌。因此，两相比照，中西差异的核心便归结为时空观念的取舍——对于西方人来说，自足的空间是实在的前提，因此世界是空间的；而对于中国人来说，没有实在的存在，空间也非自足，因此世界是时间的。

图2-68　罗马万神庙内部实景

图片来源：作者摄，2008年。

B　宗教信仰

何种宇宙观/时空观决定何种类型的宗教信仰。

对于"存在""实体"以及"空间"的关注，使得西方人的一切思维都朝向必然性和统一性，朝向"摸索并发现规律性，或者说是要探测并证实规律性"[3]的道路。而当这种对宇宙规律性秩序的创造性思索同宗教的神秘性结合在一起之时，便诞生了推动西方建筑、城市发展的宗教建筑类型。万神庙便是这一宇宙观之于原始宗教的最佳写照（图2-68，2-69，2-70），巨大的穹窿是所谓的固有宇宙秩序的具体化，"其几何上的完美则显现出一种天空般的和谐"[4]，而与古希腊建筑截然不同的内向空间则使万神庙成为宁静而广袤的宇宙的中心，庇佑罗马的众神像阿那克西曼德天球仪上的繁星一样聚集在穹顶之下

图2-69　罗马万神庙外部实景

图片来源：作者摄，2008年。

[1]［英］李约瑟. 中国传统科学的贫困与成就［M］. 朱熹豪译. 见：科学与哲学（研究资料）. 北京：中国科学院自然辩证法通讯杂志社，1982（1）：6.

[2]［法］韦尔南（Verman, J. p.）. 希腊思想的起源［M］. 秦海鹰译. 北京：生活・读书・新知三联书店，1996. 107.

[3]［德］W・V・洪堡. 论语法形式的产生及其对观念发展的影响［M］. 见：洪堡特语言哲学文集. 姚小平编译. 长沙：湖南教育出版社，2001. 57.

[4]［挪］克里斯蒂安・诺伯格-舒尔茨. 西方建筑的意义［M］. 李路珂，欧阳恬之译. 北京：中国建筑工业出版社，2005. 45.

的圆形大厅中等待哈德良皇帝偕同他的贵族以及市民敬拜。诺伯格·舒尔茨这样写道："它把宇宙的秩序和生命的历史结合在一起，使人类自身的体验成为一种得到神授权力的探索和征服，成为遵从神的设计的历史创造者。"[1]

这种综合了宇宙观与神秘主义倾向的内向空间伴随着西方宗教持续发展。在基督教时期，类似万神庙一样的集中式空间以及纵向的巴西利卡式空间逐渐发展演进为神圣的竖向空间以及世俗的纵向空间，此二者共同主宰了基督教时期代表永恒的上帝之城（Civitas Dei）。虽然基督教时期的世界图像同古希腊、古罗马时期截然不同，虽然基督教的真理同穹顶所代表的宇宙秩序有所差别，虽然基督徒们不再如其先人那样关注宇宙的奥秘、人类以及历史的发展，他们走向了内省的精神世界中，但教堂的形制却在浩瀚的宇宙与神圣的上帝之间建立起了内在的联系，由"宇宙秩序的具体化"演变为"上帝的具体化"。至此，西方社会信仰的时代到来了，而曾经的几何学的宇宙秩序也被基督教的宇宙秩序所取代："宇宙的结构通过系统的表达性处理而变得清晰。'整体被分成一些部分（partes），部分又可以被分为更小的部分；部分又可以被分为分支（membra）、问题（quaestiones）或区别（distinctiones），而所有这些又都进入了表达之中（articuli）。"总之，"大教堂由于其视觉上的逻辑性，成为一个宇宙秩序的图像"[2]。（图2-71，2-72，2-73）

事实上，无论是古希腊、古罗马时期的多神崇拜还是自西罗马至今的单一宗教观，抑或是17世纪以降愈演愈烈近乎宗教的唯科学主义（Scientism），都是西方以"存在""实体"以及"空间"为核心的宇宙观的产物，而所谓体现了规律性、普遍性的"秩序"也一直都是这种宇宙观在不同的历史阶段所呈现出来的不同的样态。反观中国宗教则与之截然不同，因为不拘泥于"存在""实体"以及"空间"的思辨，它呈现出来的形式更为多样。以汉民族为例，其所信仰的宗教不仅有道教，还

图2-70　罗马万神庙内部结构版画

图片来源：罗小未，蔡琬英.外国建筑历史图说[M].上海：同济大学出版社，1986.51

图2-71　德国乌尔姆教堂祭坛上的耶稣十字架实景

图片来源：作者摄，2008年。

[1] [挪] 克里斯蒂安·诺伯格-舒尔茨.西方建筑的意义[M].李路珂，欧阳恬之译.北京：中国建筑工业出版社，2005.53.

[2] 同上，113.

图2–72　德国乌尔姆教堂飞扶壁实景

图片来源：作者摄，2008年。

图2–73　德国科隆教堂外立面实景

图片来源：作者摄，2008年。

图2–74　中国的民间神祇，从左至右依次是：床公床婆、财神、灶神

图片来源：鲁班经，作者编。

有各式各样的民间宗教以及外来宗教；其崇拜的神也各有司职、比较庞杂（如图2–74所示），从掌管江河湖海的龙王到一方土地的土地公，乃至守卫门户的门神、掌管饮食的灶王爷……林林总总。显然，相比基督教神学所推崇的那种人格化的精神实体，汉民族的宗教对象则隶属于日常人伦的道德与宗法，既没有形成像基督教那样完备、系统的理论体系，也缺少哲学化的理性色彩。同时，无论是道教、佛教或是其他宗教又都没有获得类似基督教一样的唯我独尊的宗教统治地位，而所谓的儒教与其说是宗教倒不如说是现世的礼制秩序（马克思·韦伯谓之“在世”，即“为了长寿、为了子嗣、财富，以及在很小的程度上为了祖先的幸福”[1]），正如马克思·韦伯所言：“中国人的‘灵魂’从未受过先知革命的洗礼。……祭拜皇天后土以及一些相关的神化英雄和职有专司的神灵，乃是国家事务。这些祭奠并不由教士负责，而是由政权的掌握者来主持。由国家所制定的这种‘俗世宗教’（Laienreligion），乃是一种对祖灵神力之崇奉的信仰。而其他一般民间的宗教信仰，原则上仍停留在巫术性与英雄主义的一种毫无系统性的多元崇拜上。”[2]因此，在没有完备的理论体系、严密的教会组织、绝对的统治地位、深厚的社会土壤的支持下，诸如佛教、道教建筑也就不会如西方宗教建筑那样在自成一派的同时还能推动

[1]［德］韦伯. 中国的宗教；宗教与世界［M］. 康乐，简惠美译. 桂林：广西师范大学出版社，2004. 210.

[2] 同上，208.

其世俗建筑以及城市的发展——众所周知，欧洲中世纪绝大多数的小城镇都是宗教势力扩张的产物。与之截然相反的是，中国的宗教建筑形式更多地依从于既有的世俗建筑形式，甚至在建筑组团的布局方面都与之保持一致。

C　社会运行机制

因为现世所以现实。黄仁宇在《大历史不会萎缩》一书中引用李约瑟在《社会之特征》一书中的论述："中国在公元前，即因防洪、救灾及防御北方游牧民族之侵犯，构成一个统一的局面，以文官治国，实行中央集权，可谓政治上的初期早熟。"[1]他随后长篇累牍地论述，因为政治的初期早熟，在形成灿烂文化的同时其后代所不得不付出的代价，这是那颇为现实的宇宙观所没有预料到的结局——譬如因所谓的国家律例两千余年的"稳定"所导致的19世纪末至20世纪中叶中国巨大的社会动荡；譬如两千余年大一统的"政府既无意为人民服务，其衙门职责尽在管教，以维持传统'尊卑、男女、长幼'之社会价值"[2]所错失的进步契机，以及因之所导致的下层社会发育不良，难以孕育资本主义精神的窘境；譬如因无健全的司法制度、监督机制，万事皆以"君权神授"加以推诿所导致的家国同构、家国一体、全凭伦理道德维系的社会运转机制……基于此，我们便不难理解，为什么侯外庐先生会认为中国社会是带着一条很长的氏族制脐带迈入文明时代门槛的，因为原始拙朴的宇宙观、天命崇拜、祖先崇拜的宗教观、现世生存价值的推崇、政治上的初始早熟、严苛的社会等级制度等，既从形式上又从实质上拘束了国家的发展、限制了个体意识的蒙醒。即便有道家、佛家的平衡，也仅限于在道德与精神上的逃逸，不但对现世不构成任何威胁甚至还转化为一种促进"稳定"的意识力量。而这似乎也是这个秉承着整体的动态的宇宙观的民族却数千年始终"不变"的原因。

与之相反，相较汉文化"晚熟"的西方社会虽在两千年间历经宗教及世俗战乱的困扰，但其所执着的所谓变化中的"不变"——秩序，却最终将其推向了17世纪以后人类文明发展的巅峰，这种对于秩序的推崇最早可溯源至古希腊人抽象的宇宙观。让-皮埃尔·韦尔南（Vernan, J–P）在《希腊思想的起源》（*Les Origines de la Pensee Grecque*）一书中借助古希腊哲学家阿那克西曼德（Anaximander）"空间模式"的例子，详细解读了这种由纯粹几何关系所构成的抽象数学空间——"地球静止不动地处在宇宙的中心……地球之所以静止不动地待在这个位置上而不需要任何支点，是因为它与天体圆周所有点的距离都相等，没有任何理由偏下或偏上，偏向一边或偏向另一边。"[3]阿那克西曼德以此为基础进而勾画出了自然以及人类社

---

[1]［美］黄仁宇. 大历史不会萎缩［M］. 桂林：广西师范大学出版社，2004. 25.

[2] 同上，29.

[3]［法］韦尔南（Verman, J. p.）. 希腊思想的起源［M］. 秦海鹰译. 北京：生活·读书·新知三联书店，1996. 107.

图2-76　天坛圜丘
图片来源：Andrew Boyd. 中国古建筑与都市［M］. 谢敏聪，宋肃懿编译. 台北：南天书局，1987. 28

图2-75　圣彼得教堂内部实景
图片来源：作者摄，2008年。

会的普遍秩序："组成宇宙的各种力量是相互平等和对称的。最高权力只属于一种平衡和互动的法则。在自然中如同在城邦中，'法律面前人人平等'……"[1]阿那克西曼德的这些观点在古希腊时期备受推崇，而柏拉图的理想国正是这种"几何平等"的宇宙观与"公平""节制"的城邦秩序、政治价值的融合——在这样的一种价值取向的影响下，市民阶层成为一支重要且独立的政治力量参与了城邦的内外事务运作过程，而古希腊也因此成为现代民主政治毋庸置疑的前身。

显然，无论是基于宇宙观、宗教信仰的比较抑或是社会运作机制的比较，文化间的可译性都是个必须审慎商榷的问题。依然以梁思成先生的"建筑可译论"案例——圣彼得大教堂的"西译中"为例，或许梵蒂冈之于天主教世界可以与北京之于元明清三朝相类比，但圣彼得大教堂却绝不能因其形式便草率地同祈年殿相比拟，这是因为不但圣彼得之于天主教不是祈年殿之于封建集权帝国所能比拟的（从等级秩序角度讲，唯有紫禁城可以与之对等），单就穹顶的意蕴同祈年殿的重檐钻尖也是不可比的，而反过来，祈年殿通体"数"的意蕴同样也是圣彼得大教堂所无法诠释得了的，除此之外更不用提宗教之间、政体之间的比拟了，两者从文化层面皆无对等关系可言（图2-75，2-76）。这种情形同语言学领域跨语际同根同源。即便如此，面对必然存在的语言障碍以及无法规避的跨语际翻译工作，问题的核心不再是可译与否的问题，而是既然

[1]［法］韦尔南（Verman, J. p.）. 希腊思想的起源［M］. 秦海鹰译. 北京：生活·读书·新知三联书店，1996. 109.

虽不可译却不得不译所导致的误读。于是，本书最后探讨的也便是城市广场空间语言转译现象、因转译所衍生出来的误读问题以及这一切之所以发生的历史根源。

2.3.3　本节结语

德国诗人歌德（Goethe, Johann Wolfgang von）说："人们……真有如孩子们一样，当在照镜子的时候，马上便要把镜子倒转过来（umwenden），要看一看到底镜子的背后有什么东西。"[1]但他们究竟是要看些什么呢？

一百多年后，同样是德国人的哲学家汉娜・阿伦特（Arendt, Hannah）答道：人们想看的是"语言中不可磨灭地蕴含着过去，挫败一切要彻底排除过去的企图"[2]。而翻译无疑是个绝佳的契机。

因此，本书的余下章节将试图把当代中国城市广场这面镜子颠来倒去查看一番，以期回溯它所蕴含的过去，并尝试借助他者的视域探寻那些充满"意蕴"的形式之外的东西。

2.4　本 章 结 语

汉娜・阿伦特说："所有问题归根到底是语言问题"[3]。这意味着语言不仅仅是一种交流工具，更是人类认知世界的必经之途。毋庸置疑，唯有以多元价值为取向，以差异为切入点，从语言结构到表达方式再到思想内核的逐层探究，才有可能真正展现出人类认知世界的全景历程。而作为人类物质文明载体的城市、建筑——其清晰、具象的结构特征，明确、直接的表达方式以及同语言一样深邃的思想内核——则不但是人类认知世界程度的最佳注解，更是人类改造世界方式的明证。因此，对于城市以及建筑的空间语言来说，以空间语言结构为研究平台探讨普遍性，以跨时空比较为研究方法探讨差异性，以空间语言的转译活动为切入点回溯时空背景下的演变动因，则正是我们基于其存在来认知世界的最直观的方式。

---

[1]［德］恩斯特・卡西尔. 人文科学的逻辑［M］. 关子尹译. 上海：上海译文出版社，2004. 157.

[2]［德］汉娜・阿伦特. 瓦尔特・本雅明：1892—1940［M］. 见：启迪：本雅明文选. 汉娜・阿伦特编. 张旭东，王斑译. 北京：生活・读书・新知三联书店，2008. 67.

[3] 同上.

第3章 当代中国城市广场的空间语言

不要做小的规划，因为它们不能激动人心[1]。

——丹尼尔·伯纳姆

3.1 当代中国城市广场建设综述

当代中国城市广场建设始自20世纪80年代前后。而1978年作为一个历史分界点，不但标志着中国社会向“以经济建设为中心”转变，同时也标志着中国城市化进程的开端。伴随着大型政治性集会的减少以及社会政治环境的逐步宽松，中国当代城市广场的功能、形式也逐步由单一走向多元。

总体而言，当代中国城市广场建设历经两个发展阶段，即1978—1995年的孕育期以及1996年至今的快速发展期。

3.1.1 1978—1995年的酝酿期

这一历史阶段的城市广场建设主要包括改造和新建两个内容。

改造主要针对已建广场。这些广场或建于新中国成立前——如大连人民广场（日本侵占东北时期的长者广场，新中国成立后为斯大林广场）、上海人民广场（新中国成立前为跑马场）、青岛汇泉广场（新中国成立前为跑马场，后称人民广场）等，或建于50年代初期——如太原五一广场、兰州东方红广场、乌鲁木齐人民广场等。在这些广场的改造过程中，绿化以及休闲设施的增设是主要的设计、实施手段。最早进行改造的广场是始建于1924年的大连人民广场（时称长者广场），这片如今环绕党政机关建筑、由六块边长为120米左右的正方形草坪构成的都市“绿洲”，在1980

[1] [美] 刘易斯·芒福德. 城市发展史——起源、演变和前景[M]. 宋俊岭，倪文彦译. 北京：中国建筑工业出版社，2004. 419.

年改造前，曾是“黄沙地、大杨树，集会一身土”。回溯当时的改造过程，曹文明写道：“大连市投入130万元……搬动土方1万立方米，从北京引来野牛草铺草坪4万平方米，还种植了百株龙柏、紫松、银杏树，建造了欧美风格视野开阔、风格明快的现代城市绿化景观。为此当时还有争议，‘观望者有，不理解者有，怒骂者也有’。”[1]而后，大连人民广场于 1991年、1995年、1999年又经历了三次较大规模的改造。与此同时，全国范围内的广场改造热潮也渐渐升温。譬如于1984年国庆前竣工的山西太原五一广场改造工程，是通过将公园建在广场中心使得以政治集会主导的广场转变为以文化休闲为主导的城市外部活动空间。而兰州的东方红广场亦是如此，“不仅有大面积的花草树木，还建了假山、瀑布、流水等园林小品，并设置了一些供人们休息的石凳、长椅，原来的以集会功能为主的中心广场改造后，更像是‘公园’或‘市民活动中心’，越来越成为市民日常活动的场所，成为居民晨练、散步、休憩的地方和节假日的主要观光点”[2]。显然，除了大连人民广场（图3–1）、南昌八一广场（图3–2）、上海人民广场（图3–3）、乌鲁木齐人民广场、郑州二七广场等是基于原有的空间形式，通过铺设草坪、增加绿化改善广场环境；诸如太原五一广场、兰州东方红广场、长沙五一广场（图3–4）、福州五一广场等在当时则倾向于将中国传统园林空间设计手法融入改造中，但这种改造模式显然模糊了广场与公园的差异，以至于对后续的广场建设产生了不少负面影响。

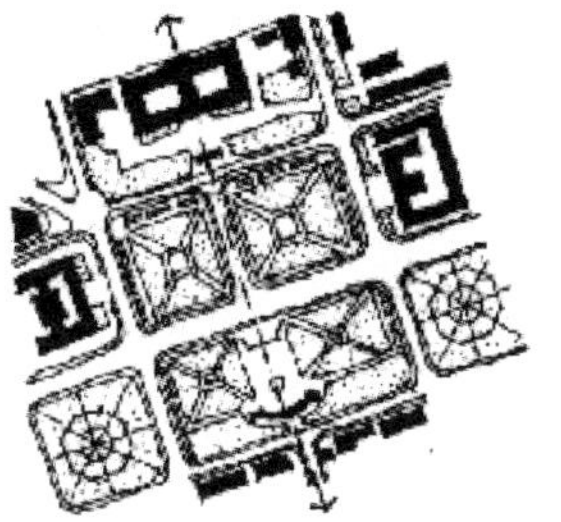

图3–1　大连人民广场平面图

图片来源：作者根据实景绘制。

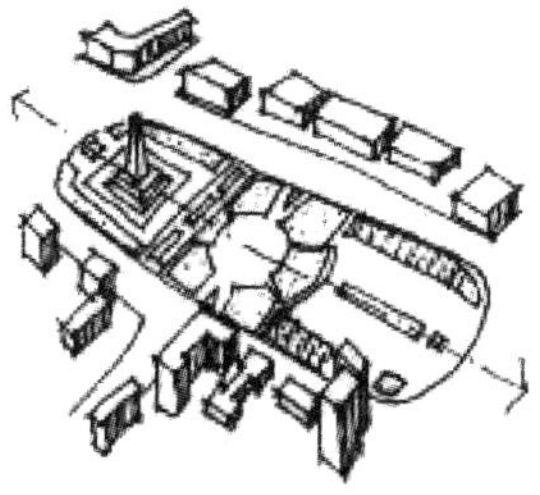

图3–2　20世纪90年代南昌八一广场鸟瞰图

图片来源：作者根据实景绘制。

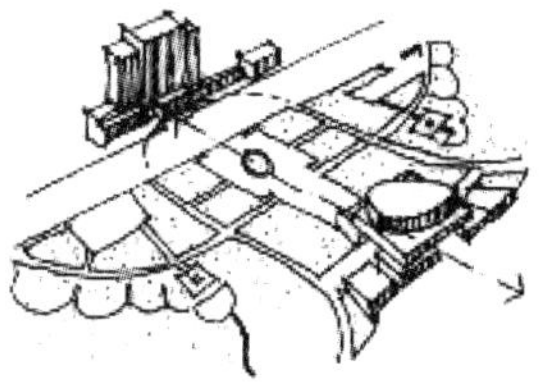

图3–3　上海人民广场鸟瞰图

图片来源：作者根据实景绘制。

相较改造的诸多案例，80年代新建的广场则较少。建于拉萨老城区的大昭寺广场以及位于包头的阿尔丁广场是其中的两例。群桑和郭礼华在1985年8月2日发表于《人民日报》的《拉萨大昭寺街心广场建成》一文中写道：“广场四周建有各种商店和饮食店，广场内建一喷水池，种植大量的侧柏和刺玫等花木，道路及活动场所全铺装花岗岩石板，总占地2.2公顷……成了拉萨居民的宗教、经商、娱乐活动的中心。”[3]足见

[1] 傅崇兰等. 中国城市发展史［M］. 北京：社会科学文献出版社，2009. 752.
[2] 同上，752.
[3] 引自：傅崇兰等. 中国城市发展史［M］. 北京：社会科学文献出版社，2009. 753.

广场由单一功能模式向多元的转变(图3-8)。竣工于1989年的包头阿尔丁广场则与之不同,“阿尔丁”是蒙古语“人民”的意思,特殊的地理位置——市政府大楼前、北依钢铁大街、东临金融大厦、西靠国贸大厦、南面市内最大的街心公园——青年园,决定其功能类型更倾向于政治文化。

90年代初,随着城市发展的又一轮加速,城市广场的新建势头复苏了。1991年,绍兴建成了面积仅3 000平方米的鲁迅文化广场;1992年,上海外滩广场落成;1995年拉萨布达拉宫广场竣工开放;同年,大连市政府在渤海啤酒厂原址兴建了希望广场,令大连最繁华的中山路东段3公里范围内,连续出现四座城市广场——中山、友好、希望、人民(图3-5,3-6,3-7,3-1)。这四大广场所体现的充满朝气、蓬勃向上的年轻的城市精神,不但感染了大连市民,同时也鼓舞了全中国各级城市主

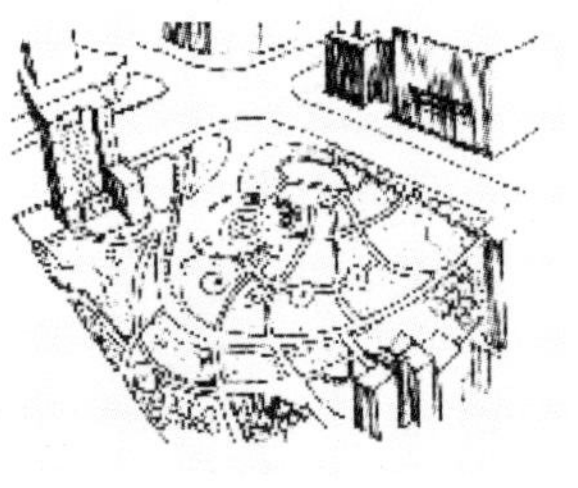

图3-4 长沙五一广场俯瞰,公园痕迹明显

图片来源:作者根据实景绘制。

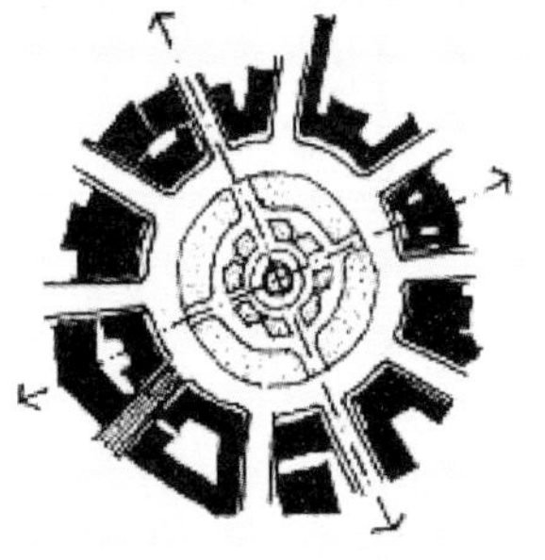

图3-5 大连中山广场平面图

图片来源:作者根据实景绘制。

图3-6 20世纪90年代大连友好广场

图片来源:作者根据实景绘制。

图3-8 20世纪90年代拉萨大昭寺广场

图片来源:作者根据实景绘制。

图3-7 20世纪90年代大连希望广场

图片来源:大连市城市建设档案馆.大连的广场[M].大连:大连出版社,2007. 48

管部门，并最终凝聚成一股强大的舆论导向，推动中国城市广场进入大发展时期。

3.1.2　1996年至今的大发展期

1996年1月始，中央多家媒体对大连城市广场的建设经验进行了集中报道。根据曹文明的统计，1996年当年，仅《人民日报》一家媒体就至少发表了五篇关于大连广场建设的文章[1]。于是，在中央政策的推动下，全国范围内的城市广场建设如火如荼地开展了起来。这其中，发展最快的几个城市分别是：大连、青岛、济南、南京和广州，而许多当代中国的标志性广场也是在这段历史时期建设的。

以大连为例，大连在1996—2003年间，共新建广场47个，其中影响较大的广场有面积达80公顷的建于1997年的星海广场（如图3-9所示）、面积达3.8公顷建于1999年的海之韵广场、面积达4.2公顷建于1999年的奥林匹克广场（如图3-10所示）以及面积达6.7公顷建于2000年的海军广场。其中落成于1997年香港回归祖国之际、总占地面积172公顷、中心广场面积达4.5公顷的星海广场，号称是大连自1899年建市以来修建过的最大的广场，也是亚洲当时规模最大的公共广场。除了巨大的椭圆形平面以及贯穿中心的放射线，这座宏伟的广场其设计与建设理念均体现出中国传统文化对数的强烈偏好。譬如广场中心的汉白玉华表高19.97米，直径1.997米，以此纪念香港回归祖国。其底座饰面雕有8条龙，柱身雕有1条巨龙，意指中国古有九州，华夏儿女都是龙的传人。广场中心借鉴了北京天坛环丘的设计方案，由999块四川红色大理石铺设而成，红色理石的外围是黄色大五角星，红、黄两色象征着炎黄子孙，大理石上雕刻着天干地支，24节气及12生肖，广场周边还设有5盏大型宫灯，由汉白玉石柱托起。广场四周，按照周代图谱，雕刻了造型各异的9只大鼎，每只鼎上以魏碑体书写一个大字，共同组成"中华民族大团结万岁"。可以说，所有的细节都在遵循《周易》对数的追求，即便其中个别数字早已远非易学中玄而又玄的数序。

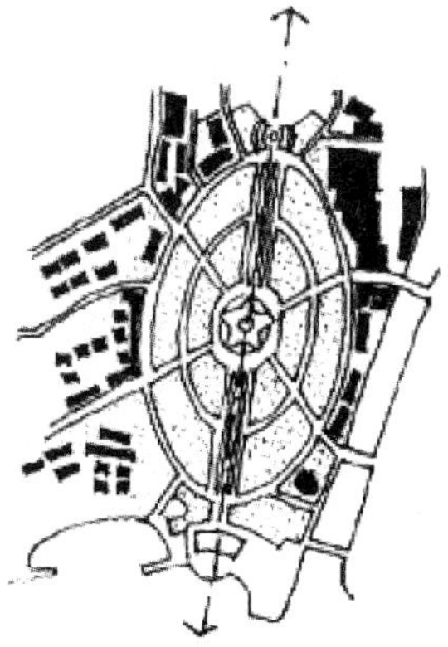

图3-9　大连星海广场平面图

图片来源：作者根据实景绘制。

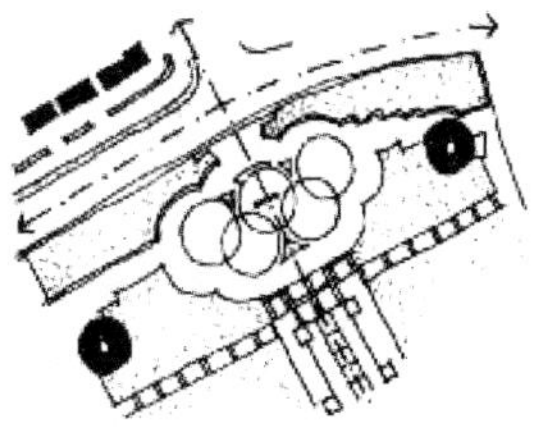

图3-10　大连奥林匹克广场平面图

图片来源：作者根据实景绘制。

[1] 傅崇兰等. 中国城市发展史[M]. 北京：社会科学文献出版社，2009. 756.

图3-11　青岛五四广场

图片来源：作者根据实景绘制。

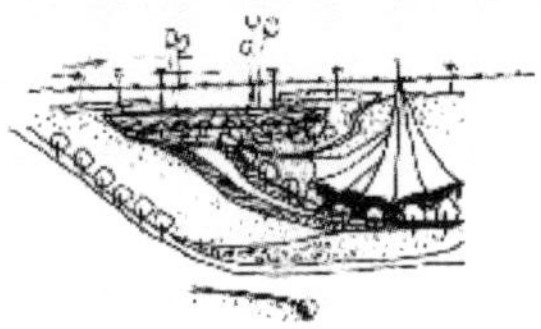

图3-12　青岛音乐广场

图片来源：作者根据实景绘制。

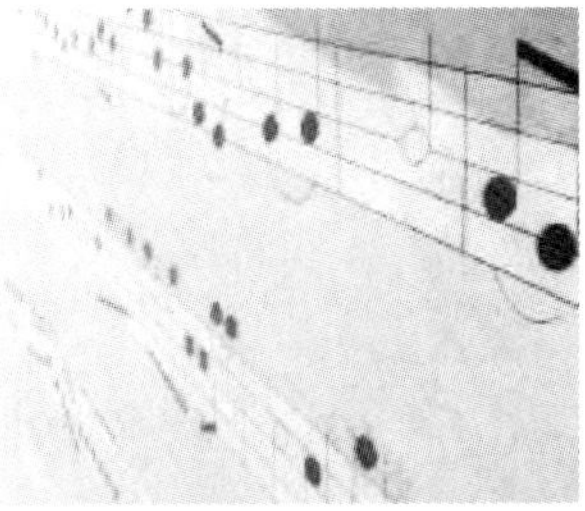

图3-13　青岛音乐广场地面乐谱书

图片来源：作者摄，2007年。

图3-14　济南泉城广场

图片来源：作者摄，2009年。

青岛城市广场的建设发展也很快，虽然数量没有大连多，但也颇具特色。其中影响较大的广场有面积达10公顷建于1997年的五四广场（图3-11）、面积约2公顷建于1999年的音乐广场（图3-12）、面积约3.7公顷经改建重新于2004年开放的汇泉广场以及面积约3.2公顷的青岛李沧区中心广场。这其中，五四广场最为著名，音乐广场最具特色。这座由青岛市政府投资兴建的音乐广场，位于浮山湾畔，东接五四广场，北临少儿活动中心，于1999年9月18日正式启用。整个广场有五个功能区：树阵区、偏心广场及软雕塑区、椭圆广场区、音乐观海台和地下购物商场。五个功能区形态各异，共同构成广场的扇形平面结构。登高俯视，犹如一颗美丽的扇贝镶嵌在海岸边。因为以音乐为主题，数字钢琴王、地面乐谱书（图3-13）和全场背景音响都成为用来烘托这一主题的重要手段。尤其是由8支专业音响和30支背景音箱所组成的环绕立体声系统，更使游人不论身居广场何处，都能聆听到悦耳的音乐。而人行甬道边，高低错落着琴键式坐凳，更妙趣横生地突出了广场的音乐主题。

同样，济南城市广场的建设力度也很大。其中影响较大的广场有面积达16.69公顷建于1999年的泉城广场，面积达5.3公顷建于1997年的市中广场、面积为3.5公顷建于1998年的七贤广场等。其中，最为著名的便是泉城广场（图3-14）。泉城广场自西向东由趵突泉广场、南北名士林、泉标广场、颐天园、童乐园、下沉广场、历史文化广场、滨河广场、荷花音乐喷泉、文化长廊、四季花园、科技文化中心等十余部分组成。广场视觉中心之一的泉标广场矗立着38米高的主体雕塑《泉》，似三股清泉自“城”中磅礴而出，直冲云天的挺拔造型充满象征意味；广场东部是以荷花为造型的音乐喷泉，在采用40种不同的喷射组合来描摹出大明湖旖旎风光的同时，更塑造出一个人与水亲密互动的空间；而位于荷花音乐喷泉东侧、东南侧的文化长廊以及改建的科技馆，则将齐鲁文化的源远流长与博大精深通过动静皆宜的展示活动生动地呈现出来。

除以上城市所在区域，东南部沿海地区城市广场的建设也如火如荼地展开。以南京为例，除了新街口、鼓楼等少数广场为改造工程，绝大多数的广场皆为新建。这其中最有代表性的是面积为2.2公顷建于1997年的汉中门广场、面积达6公顷建于2000年的山西路广场以及面积达4公顷建于2005年的南京火车站广场。其中，南京火车站广场最为独特，该广场于2005年9月建成并投入使用，是一个集人、车流集散、过境交通及景观要求三重功能的城市主要交通枢纽。它对内连接主站房与地铁车站，对外面湖、连接城市道路，是地面广场与地上高架、地下空间相互交融，与景观环境相互协调的独具浓厚地域特色的综合性立体枢纽广场（图3-15）。广州城市广场建设亦颇具规模，比较具有代表性的案例是面积达8.1公顷建于1999年的广州火车东站广场（图3-16，3-17，3-18）、面积达1.7公顷颇具南粤风情的陈家祠广场、以及面积达3.5公顷始建于1953年、未来将改扩建为轨道交通站点广场的海珠广场。这其中最为典型的案例是广州火车东站广场，该广场位于天河新城市中轴线上，北接火车东站，南临中信广场，是广州市城市新轴线形象工程的组成部分。广场由水景广场（图3-18）、绿化广场、两侧林荫走廊以及景观广场组成，绿化广场（图3-16）以绿色为主题，中央草坪面积达2.6公顷与周边高层建筑群形成了强烈的对比。广场北面则利用高差，借助高达8 m多的瀑布与火车东站交通广场实现自然、柔和的过渡。

可以说，1996年至2003年，是中国城市仪式、文化型广场大发展时期。在这段历史时期，城市管理者、规划者大刀阔斧的变革决心借助广场这一看似年轻、向上的空间形象得以实现。以山东省为例[1]，1997年至 2003年间便先后建成了近百座广场，这其中以仪式型广场居多，如13.12公顷的泰安泰山广场、7.8公顷的淄博中心广场、15.2公顷的荣成中心广场、24公顷的临沂中心广场（图3-19）、43公顷的潍坊中心（人民）广场、4.8公顷的德州广场以及26公顷的枣庄市政广场……其他案例还包括45公顷江苏徐州市民广场，约9公顷的浙江

图3-15　南京火车站广场

图片来源：作者摄，2009年。

图3-16　广州火车东站广场绿化广场

图片来源：作者根据实景绘制。

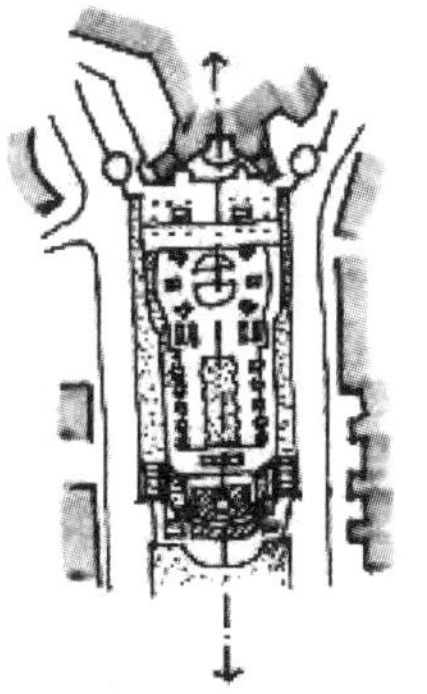

图3-17　广州火车东站广场平面图

图片来源：作者根据实景绘制。

图3-18　广州火车东站广场水景广场

图片来源：作者摄，2008年。

[1] 详见：王席．城市广场规划设计与实践——以山东省为例[D]．南京：南京林业大学，2004；张军民，崔东旭，闫整．城市广场控制规划指标[J]．城市问题，2003（5）．

绍兴城市广场、约6公顷的浙江桐乡市政广场、15公顷深圳龙岗龙城广场（图3-20）、9公顷顺德德胜新区中心广场、6.3公顷的沈阳市府广场、22.2公顷的哈尔滨新市政广场等，可谓不胜枚举。

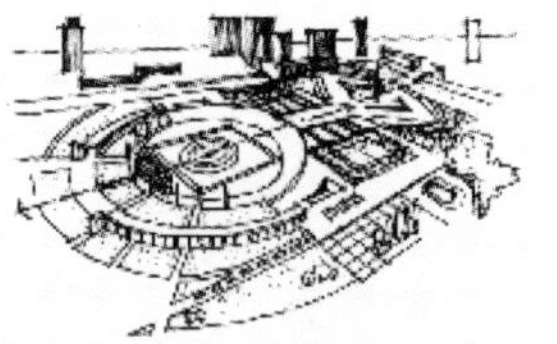

图3-19　山东临沂中心广场

图片来源：作者根据实景绘。

图3-20　深圳龙岗龙城广场

图片来源：作者摄，2007年。

这一股建设浪潮在2002年左右引起了业内人士的广泛关注，并基于此展开了关于“广场热”的激烈讨论。以《城市规划》为例，在该刊2002年第一期中，围绕“广场热”的建设现状，共刊发了10篇论文，其中包括王建国、高源所撰的《谈当前我国城市广场设计的几个误区》、段进所撰的《应重视城市广场建设的定位定性与定量》、金经元所撰的《环境建设的“政绩”和民心》、牛慧恩所撰的《城市中心广场主导功能的演变给我们的启示》、陈文胜的《城市广场不应建成城市“花瓶”》……该年第二期，又刊发了卢济威的《广场与城市整合》、郭恩章的《对城市广场设计中几个问题的思考》等四篇文章，随后第三期，相继又刊发了五篇论文：董昕的《城市广场当建不宜止》、万敏的《城市广场的价值思考》、王兴平的《市民广场：城市的“客厅”与“眼睛”》、刘韶军的《城市广场建设要结合居民的休闲特点》以及万绪才的《“城市广场热”产生的时代背景》，可谓是对这一阶段热烈讨论的总结。

图3-21　上海大宁国际广场

图片来源：作者摄，2010年。

图3-22　深圳华润万象广场

图片来源：作者摄，2009年。

经历了2002—2003年对大尺度、大规模城市行政广场的口诛笔伐，自2004年起至今，仪式型广场的建设受到了一定的遏制，较为活跃的广场类型逐渐转变为商业型广场、交通型广场以及随着城市快速发展而逐渐演化形成的复合型广场。其中，商业型广场的典型案例较多，如面积达8公顷的建于2004年的重庆三峡广场、面积达3.5公顷的宁波天一广场，建于2005年面积为0.57公顷的上海大拇指广场、建于2006年的上海大宁国际广场（图3-21）、建于2002年的深圳中信城市广场星光广场、建于2004年的深圳华润中心、万象城广场（图3-22）以及深圳金光华广场等。而交通型广场则随着近年来城际高铁以及城区内轨道交通的建设呈逐年上升趋势。比较典型的案例包括全新改造并启用于2004年面积达10.2公顷的深圳罗湖火车站广场、建于2005年面积为4公顷的南京火车站广场、建于2006年面积达23公顷的上海铁路南广场、建于2007年面积为3.17公顷的山东潍坊火车新站广场、建于2009年面积达13.2公顷的山东烟台火车新站广场（图3-23）以及面积高达52公顷的武汉新火车站广场。可以说，中国当代城市广场的建设正在经历一个由单一向多元，由仪式主导向以城市功能为主导的转型。

图3-23　山东烟台火车新站广场俯瞰

图片来源：xinhua.net

3.1.3　本节结语

综上所述，当代中国城市广场可以说是改革开放这三十年来的特殊产物。它的孕育是市民生活日益丰富的写照，它的发展是城市化进程的内在需要。而它在整个波浪形上升发展过程中所遭遇的诸多现实问题也是这个特定历史阶段整个社会意识形态的真实反映。基于此，下文将尝试对当代城市广场的建设进行空间语言逻辑关系的梳理，力图回到广场的空间本质来重新思考广场的发展与我国城市、社会发展的内在关联。

3.2　当代中国城市广场空间语言

虽然同为空间的物质载体，但鉴于尺度迥异，城市空间与建筑空间的要素构成及类型划分也便不尽相同。譬如，建筑内部空间最基本的实体构成要素包括地面、墙体和屋面。当这种三维的营造逻辑拓展到城市尺度上时，墙体转变为构筑物/树阵所构成的边围，而屋面则转变为天空，城市广场亦不例外。保罗·祖克尔就曾指出广场空间是由建筑物、地面与天空（顶面）三种元素构成[1]，除此之外他还明确提出广场是“人文景观中的心理的停泊港湾”[2]。显然，在保罗·祖克尔看来，除了建筑物、地面、天空，广场空间有别于其他空间类型的核心在于其强烈的社会人文属性。蔡永洁《城市广场——历史脉络·发展动力·空间品质》一书开宗明义地指出城市广

[1] Paul Zucker. Town and Square: from the Agora to the Village green[M]. New York: Columbia University Press, 1959. 7.

[2] 同上，2，蔡永洁译.

场是人与物、行为与载体的统一[1]。显然，城市广场这一空间实体在他们看来包含物质与社会两种内在属性，这两种属性相互作用、互为因果共同构成城市广场这一概念。套用语言学的术语，城市广场、物质属性及社会属性三者共同实践了广场空间语言的“一体双面”，而物质属性与社会属性无疑是城市广场这张纸的“正反面”。

基于此，下文中将对体现城市广场物质属性的实体要素及相应的组合进程、聚合系统，体现城市广场社会属性的句段及文本的组合进程、聚合系统，进行由整体到局部的逐层剖析。剖析建立在两个研究基础之上，其一为蔡永洁城市广场物质要素与非物质要素体系研究[2]，其二为基于叶尔姆斯列夫二分法的语言结构研究[3]。

3.2.1 广场空间语言结构框架的建构

3.2.1.1 要素的确定

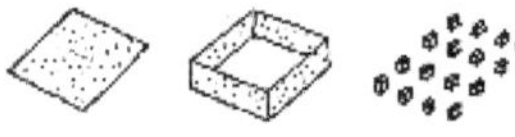

图3-24 广场的三大实体要素

图片来源：蔡永洁. 城市广场——历史脉络·发展动力·空间品质[M]. 南京：东南大学出版社，2006. 100

蔡永洁从空间品质入手，将城市广场空间的物质实体要素抽象概括为三大类：基面、边围、家具[4]（图3-24）。这个概括既反映出空间得以形成的三维营造逻辑——即，句段关系/组合段，同时亦通过明确三个范畴进而将联想关系/聚合系也纳入广场空间营造体系中：

基面——空间得以形成的根源，是空间在水平面维度上的物质领域。程大锦（Francis D. K. Ching）认为：“水平面的边界越清晰，其领域则越明显。”[5]在近年来颇为流行的广场八股[6]中，第一句谈的便是基面问题——“低头见铺地”，但铺地仅仅只是基面研究的一个方面——基面的肌理。按照蔡永洁的研究，除了肌理，基面的物理特征还包括尺寸、形和相对高

[1] 蔡永洁. 城市广场——历史脉络·发展动力·空间品质[M]. 南京：东南大学出版社，2006. 5.

[2] 详见：蔡永洁. 城市广场——历史脉络·发展动力·空间品质[M]. 南京：东南大学出版社，2006. 79—138.

[3] 详见：本书第2章第1节结构.

[4] 蔡永洁. 城市广场——历史脉络·发展动力·空间品质[M]. 南京：东南大学出版社，2006. 100.

[5] 程大锦. 建筑：形式、空间和秩序[M]. 天津：天津大学出版社，2005. 100.

[6] 广场八股的全文是：低头见铺地，平视看喷泉，仰头是雕塑，台阶和旗杆，中轴对称式，终点是机关。

程三个方面[1]。

边围——空间的竖向边界。程大锦（Francis D.K.Ching）认为："在我们的视野中，垂直形体比水平面出现的更多，因此更有助于限定一个离散的空间容积，为其中的人们提供围合感与私密性"[2]（图3-25）。蔡永洁也持相类似的观点，他认为"缺少了边围，城市广场的三维空间概念将无法想象"[3]。显然，无论边围是否与基面轮廓相契合，无论其是二维的面还是三维的体，边围作为垂直空间要素都直接参与广场物质空间的营造。除此之外，边围更是广场空间与城市空间交接的界面，通过对边围的尺寸、形及肌理的研究既可以获得对广场周边城市肌理的概括性认识，也可以基于此来把握广场空间的独特性格与品质。因此，蔡永洁认为："在城市广场的造型中，边围是最复杂的元素。"[4]本书中，边围的物理特征主要包括尺寸、形及肌理三个方面[5]。

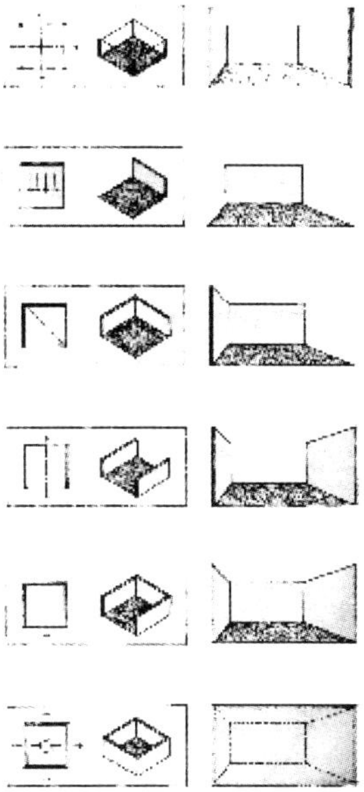

图3-25　广场的边围

图片来源：程大锦．建筑：形式、空间和秩序［M］．天津：天津大学出版社，2005. 121

家具——空间品质的影响要素。广场八股中有三句提及家具："平视看喷泉，仰头是雕塑，台阶和旗杆"，足可见家具在当代中国城市广场空间塑造中的广泛应用。上海市城市规划设计研究院主编的《城市规划资料集》《城市设计》分册中用"环境设施"指称广场家具，该文基于设施的基本功能类型将广场家具划分为休憩、文化、纪念、康乐、交通、宣传、照明、环卫、商业服务、安全以及美化十一类，同时又根据使用频率对座椅、花盆、照明设施、亭、标志牌、雕塑、户外广告进行了较为详细地设计要点叙述[6]。除此之外，张军民、闫整等人也基于对山东省内外18个城市广场的调查研究，对广场设施进行了分类，具体包括八大类：公用、信息

[1] 蔡永洁定义的基面特征为：尺寸、形态、肌理以及地形，本书以此为基础，根据行文逻辑对之加以微调。

[2] 程大锦．建筑：形式、空间和秩序［M］．天津：天津大学出版社，2005. 120.

[3] 蔡永洁．城市广场——历史脉络·发展动力·空间品质［M］．南京：东南大学出版社，2006. 111.

[4] 同上.

[5] 蔡永洁定义的边围特征为：尺寸、形态、肌理、开口、重音及功能，本书以此为基础，根据行文逻辑对之加以调整。

[6] 上海市城市规划设计研究院主编．城市设计（下）［G］//中国城市规划设计研究院，建设部城乡规划司．城市规划资料集：第五分册．北京：中国建筑工业出版社，2004. 343.

服务、环境艺术、交通、娱乐健身、商业、无障碍以及临时庆典设施[1]。显然，功能性是此两者研究的主要关注点。蔡永洁并不否认这个观点，在他看来，"家具也是广场活动重要的行为支撑"[2]，只是他更关注家具在广场空间营造中所起到的辅助性作用，而作用的大小在实体层面上通常与家具的尺寸、形以及位置[3]紧密相关。

3.2.1.2 聚合系

如上文所述，聚合系（paradigma）是基于某一共同点而形成的不在场的联想范畴。叶尔姆斯列夫根据聚合系内各要素之间的逻辑关系将之细分为"互补型"（complementarity）、"自主型"（autonomy）以及"规定型"（specification）[4]。

基于此，如以空间语言实体要素各物理特征为逻辑框架，将形成10组一级聚合系，分别为基面尺寸、基面形、基面相对高程、基面肌理、边围尺寸、边围形、边围肌理、家具尺寸、家具形以及家具位置。除此之外，基面肌理、边围肌理以及家具形还分别构成6组二级聚合系，分别为基面肌理素材、基面肌理拼合、边围肌理素材、边围肌理拼合、独立家具、组合家具。

10组一级聚合系：

基面尺寸——广场基面最基本、最直观的物质属性，基面的大小直接影响到空间使用者的空间感受。该聚合系内相邻要素间的关系为"规定型"。

基面形——广场基面的几何属性，基面的形直接影响空间使用者对广场空间的三维感知。从心理学角度来说，形/原形甚至是人类集体无意识的一种反映（图3-26）。蔡永洁认为广场基面的基本形有五种：正方形、圆形、三角形、矩形和梯形[5]。但在动态的网格形道路系统影响下，广场基面的基本形则多介于三边形和四边形，也有少量圆形基面，以及因土地产权划分而形成的异形基面。该聚合系内相邻要素间的关系为"互补型"。

基面相对高程——基面内部的高程变化可以使空间的领域感在视觉上得到加强（图3-27）。绝大多数的相对高程由广场基面所在区域的自然地形所决定，它也可以借助人工手段予以实现。该聚合系内相邻要素间的关系为"规定型"。

基面肌理——肌理反映了广场基面的质感，直接同空间使用者的身体感受相

---

[1] 张军民，崔东旭，闫整．城市广场控制规划指标[J]．城市问题，2003(5)：26.
[2] 蔡永洁．城市广场——历史脉络·发展动力·空间品质[M]．南京：东南大学出版社，2006. 127.
[3] 蔡永洁定义的边围特征为：尺寸、形态、肌理、开口、重音及功能，本书以此为基础，根据行文逻辑对之加以调整。
[4] 详见：本书第2章第1节结构.
[5] 蔡永洁．城市广场——历史脉络·发展动力·空间品质[M]．南京：东南大学出版社，2006. 104.

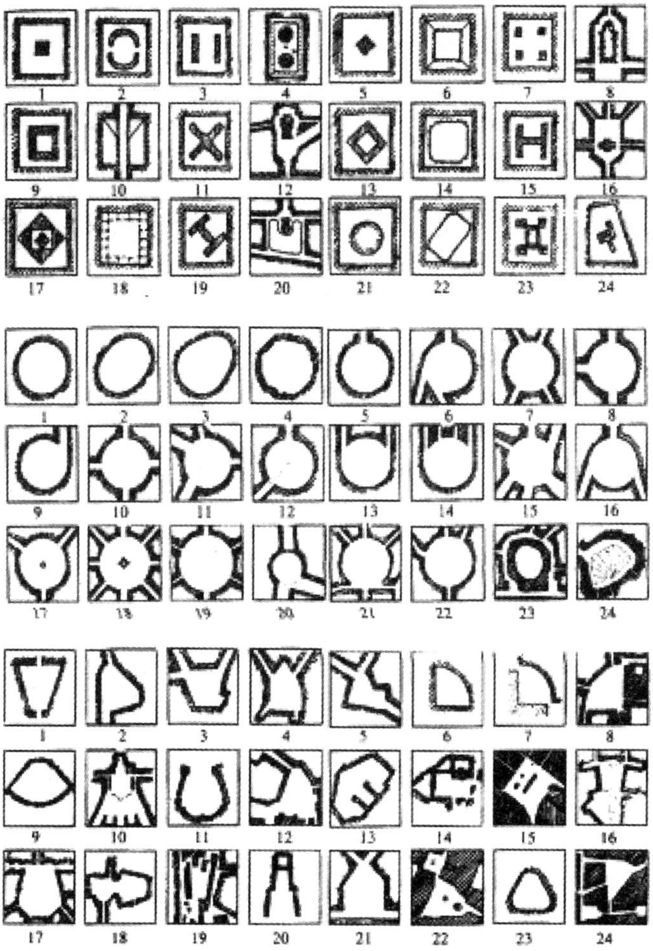

图3-26　克里尔空间原型

图片来源：Rob Krier. Stadtraum in Theorie und Praxis: an Beispielen der Innenstadt Stuttgart. Stuttgart, 1975.

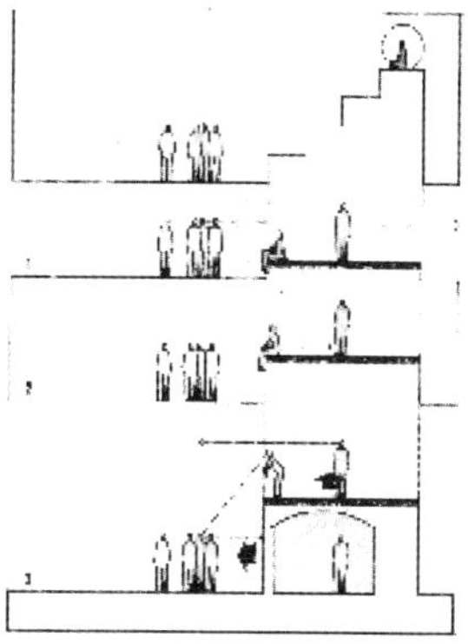

图3-27　广场基面相对高程的变化

图片来源：程大锦. 建筑：形式、空间和秩序[M]. 天津：天津大学出版社，2005. 103

关（图3-28）。影响肌理的因素有很多，如基面素材的选择、基面素材的尺度控制以及基面素材拼接、组合的方式。该聚合系内相邻要素间的关系为“自主型”。

边围尺寸——广场边围最基本、最直观的物质属性。边围的高低、边围同基面深度之间的比例关系直接影响到空间使用者的空间感受。该聚合系内相邻要素间的关系为“规定型”。

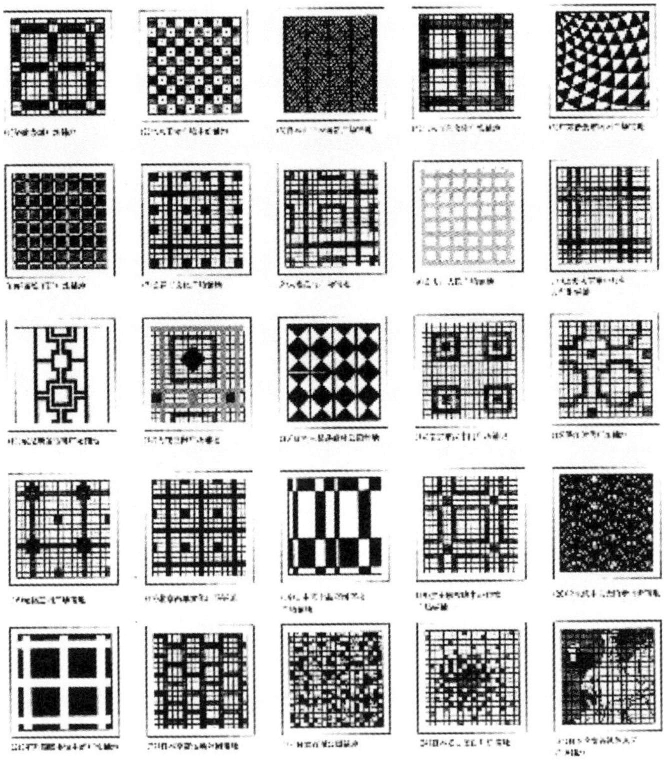

图3–28　广场基面肌理的多样性

图片来源：上海市城市规划设计研究院主编. 城市设计（下）[G]//中国城市规划设计研究院，建设部城乡规划司. 城市规划资料集：第五分册[M]. 北京：中国建筑工业出版社，2004. 341

边围形——广场边围的几何特征，它通过两个层面予以呈现，其一是边围与基面轮廓垂直相交区域的空间几何关系，其二是边围天际线的线性变化特征。边围的形直接影响广场空间的性格。该聚合系内相邻要素间的关系为“自主型”。

边围肌理——广场边围的质感，直接同空间使用者的身体感受相关。同基面肌理一样，影响边围肌理的因素也包括边围素材的选择、边围素材的尺度控制及组合方式等。该聚合系内相邻要素间的关系为“自主型”。

家具尺寸——广场家具最基本、最直观的物质属性，家具尺寸的大小同家具的功能直接相关，而不同尺寸类型的家具对广场空间的影响作用也不同。该聚合系内相邻要素间的关

图3-29　广场家具类型的多样性

图片来源：上海市城市规划设计研究院主编. 城市设计(下)[G]//中国城市规划设计研究院，建设部城乡规划司. 城市规划资料集：第五分册[M]. 北京：中国建筑工业出版社，2004.349

系为“规定型”。

家具形——广场家具的几何属性(图3-29)。按照蔡永洁的研究，它既可以以一个实体的形式单独出现，又可以通过实体的叠加，基于一定的空间组织方式来完成群体形的塑造[1]。该聚合系内相邻要素间的关系为“自主型”。

家具位置——广场家具的位置决定了其与广场空间的相对关系，位于几何中心的家具往往成为广场空间的决定力量，能够主导空间的形成及个性；反之，广场家具则演变为细化广

[1] 蔡永洁. 城市广场——历史脉络·发展动力·空间品质[M]. 南京：东南大学出版社，2006. 125.

场空间特征的从属型要素，用以烘托广场空间既有的空间序列。该聚合系内相邻要素间的关系为“互补型”。

6组二级聚合系：

基面肌理素材——当代中国城市广场的基面素材可概括为硬质、软质两大类。该聚合系内相邻要素间的关系为“互补型”。

基面肌理拼合——当代中国城市广场的基面肌理拼合包括几何型和自然型。其中应用较多的几何型又具体包括三种组织及铺贴方式：集中式、线型以及周边式[1]。这三种方式在当代中国城市广场规划建设中都应用颇广，尤以三种方式相组合、以一为主其他为辅居多。该聚合系内相邻要素间的关系为“规定型”。

边围肌理素材——边围素材同基面素材相类似，也分硬质、软质两类，硬质多为建筑或构筑物的立面或实体，软质则多为乔木、灌木树阵所形成的竖向边界。该聚合系内相邻要素间的关系为“互补型”。

边围肌理拼合——由建筑或构筑物的立面所形成的硬质边围更加复杂、多变，不同的材质、色彩、结构形式甚至细微到基座的处理、线脚、窗洞的排列组合关系乃至檐口的起承转合都能影响广场空间的尺度和个性。边围肌理的这种微妙变化在尺度适中、围合性较强的广场案例中能够对广场空间特征起到明显的细化作用。该聚合系内相邻要素间的关系为“规定型”。

独立形家具——独立的家具实体多为尺度宏大的雕塑、喷泉以及旗杆，作为垂直于基面的竖向视觉中心，独立的实体往往可以在基面上形成向心性较强的空间领域从而完成对空间的定义。独立以及大尺度的特征，令这一类空间的纪念性意味较强。该聚合系内相邻要素间的关系为“自主型”。

组合形家具——组合实体多为灯具、座椅以及尺度近人的雕塑、喷泉。组合型家具包括三种形：向心式、长条形以及两维扩张[2]。该聚合系内相邻要素间的关系为“互补型”。

3.2.1.3 组合段

如上文所述，在语言学中，组合段（syntagma）是在场的，是“以现实的系列中出现的要素为基础”[3]的，叶尔姆斯列夫根据组合段内的各范畴之间的语法逻辑结构将之细分为“连带型”（solidarify）、“结合型”（combination）以及“选择型”（selection）[4]。

[1] 蔡永洁. 城市广场——历史脉络·发展动力·空间品质［M］. 南京：东南大学出版社，2006. 129.
[2] 同上，125.
[3] ［瑞士］费尔迪南·德·索绪尔. 普通语言学教程［M］. 高名凯译. 北京：商务印书馆，1999. 171.
[4] 详见：本书第2章第1节结构。

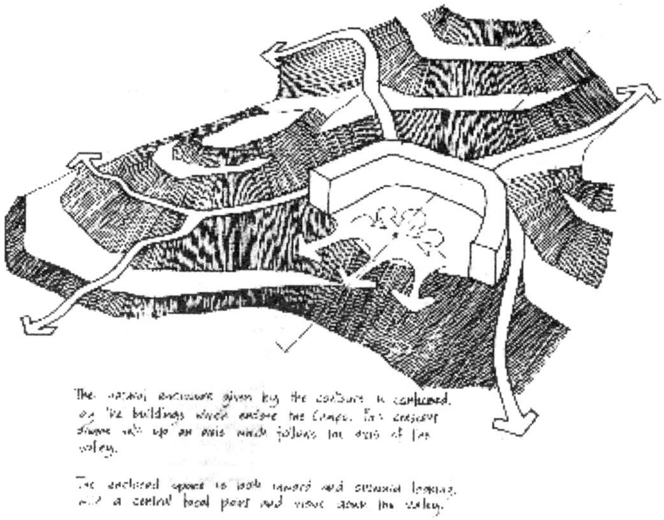

图 3-30　锡耶那 campo 广场的建构与地形、地貌的连带型关系

图片来源：Geoffrey H. Baker. Design strategies in architecture: an approach to the analysis of form. E & FN SPON. London. 117

基于此，如果以空间语言实体要素以及各物理特征为框架，再结合聚合系内各要素类型，通过分步计数原理进行计算，理论上可以得到 3 072—9 216 种不同的组合方式[1]甚至更多。在这些组合方式中既包括“连带型”、“结合型”，也包括“选择型”。根据叶尔姆斯列夫的理论，当组合段内相邻两要素之间的关系互为充要条件时即构成“连带型”关系，这意味着“连带型”是建立在排他的语法逻辑基础之上的，是所有组合类型中最特殊的一类。而在广场空间语言结构架构中，基面的原始地形、地貌，广场空间的活动类型无疑都是此类组合段背后的排他逻辑（图 3-30）。因此，鉴于“结合型”结构的开放性以及“选择型”结构的不确定性，对广场空间语言组合段的研究将更关注“连带型”及其内在的语法逻辑——尤其是

[1] 分步计数原理即乘法原理：完成一件事，需要分成 n 个步骤，做第一步 $m1$ 种不同的方法，做第二步 $m2$ 种不同的方法，……，做第 n 步 mn 种不同的方法，那么完成这件事共有：$N=m1*m2*\cdots\cdots*mn$。因此，上文 16 组聚合系分别代表完成广场空间语言架构的 16 个步骤，根据每个聚合系内元素的分类，大致可以得到 3 072—9 216 种不同的组合方式。如果再结合边围以及家具的功能性要求，那么组合方式则会更多。

更具普遍性的广场空间的活动因素。

3.2.1.4 文本层

如上文所述，在语言学中，文本层是“组合段序列”及“完整的思想表达单元”[1]。文本层将叶尔姆斯列夫表达项与内容项之间的逻辑关系，通过组合段各要素之间的组合选取（李幼蒸称之为合取），以及各要素在潜在的聚合系中的分析选取（李幼蒸称之为析取）加以呈现，从而将物质要素/物质属性及其聚合系、组合段共同统一在与非物质要素/社会属性的融合过程中，进而实践“互依型”（interdependence）、“并列型”（constellation）以及“决定型”（determination）三种文本逻辑类型。

叶尔姆斯列夫所谓的内容项即广场空间语言结构中的非物质要素，也就是马克·葛迪勒城市符号学中符码化与非符码化意识形态的统称[2]。蔡永洁也持相类似的观点，他认为，“社会秩序（理想）即意味着造型规则（理想）”[3]，一旦秩序出现了变动，造型规则也会相应变化。显然，这个社会秩序即是马克·葛迪勒所言的符码化的意识形态，而所谓的秩序与造型规则之间的逻辑关系则必然是符码化的意识形态与形态学造型元素之间的关系，这种关系在一种极端的情况下会呈现出互为充要的“互依型”关系，通常状况下则是互为充分不必要/必要不充分的“决定型”关系。至于“并列型”则多为非符码化意识形态与造型规则之间松动的逻辑关系，本书不加赘述。

基于此，本章将以当代中国符码化的意识形态，或曰社会秩序、社会价值取向的差异作为当代中国城市广场空间语言结构一级分类前提，以人的活动类型作为二级分类标准，将广场空间语言结构具体划分为三大类/五小类，分别是：

1. 以功能为导向，核心原则是效率的功能型广场空间语言结构。

具体包括：① 以交通便捷为目标，作为城市交通体系要组成部分的交通型广场空间语言结构；② 以商业活力为目标，作为城市商业活动体系组成部分的商业型广场空间语言结构。

2. 以文化为导向，核心原则是价值引导的文化型广场空间语言结构。

具体包括：① 以政治性、纪念性为目标，作为城市政治、文化活动中心的仪式型广场空间语言结构；② 以游憩性、休闲性为目标，作为城市休闲、文化活动的休闲型广场空间语言结构。

3. 以功能复合为目标，核心原则是文化价值多元化的复合型广场空间语言结构。

---

[1] 李幼蒸. 理论符号学导论［M］.3版. 北京：中国人民大学出版社，2007. 171.

[2] ［美］马克·葛迪勒，亚历山大·拉哥波罗斯. 城市与符号（导言）［M］. 见：空间的文化形式与社会理论读本. 夏铸九，王志弘编. 台北：明文书局，1988. 248.

[3] 蔡永洁. 城市广场——历史脉络·发展动力·空间品质［M］. 南京：东南大学出版社，2006. 79.

3.2.2　功能型广场空间语言结构

以功能为导向的城市空间建构逻辑，源于现代机械理性规划思想、功能主义规划思想，其核心原则是效率。对于隶属于此类的交通型、商业型城市广场来说，车流、人流、物流集散的时间效益、因级差地租产生的城市土地空间效益的最大化，是评价该类型广场空间语言结构是否合理的关键。

3.2.2.1　交通型广场

A　空间语言内在逻辑特征

从功能角度出发的交通型广场是城市交通体系的重要组成部分。虽然格哈德·库德斯认为在按功能划分的广场类型中，交通广场、火车站广场、有轨电车站和地铁站广场、汽车站广场以及停车广场等是彼此并列的[1]，但这种划分方式显然是基于广场的空间位置而言。从功能角度出发，无论是轨道交通站入口广场还是大型的火车站前广场、候机楼前广场等，在城市中均担负着交通、集散、联系、过渡、停靠等任务，皆可统称为交通广场。而交通型广场首先应解决的问题是令交汇于此的人流、车流、物流畅通无阻、联系方便；其次，如能创造出安全、舒适、宜人的外部交往空间则能体现出交通型广场更多的社会价值。而若要同时满足以上两个价值需求，构成广场空间语言结构的组合序列各构成要素之间则必须有明确的内在关联性，即至少存在互为充分不必要/必要不充分的“选择型”关系，如基面肌理与边围肌理之间、广场家具的布置与边围肌理之间、家具的组合方式与基面肌理之间……都需要形成合理合宜的关系。而在某些关键节点的组合上，甚至还需要构成互为充要的“连带型”关系，如基面尺寸与边围尺寸、基面相对高程与边围形以及基面形与边围形之间……因为这些直接关系到交通型广场表达项与内容项的完整统一，或曰交通型广场的实至名归。

B　建设现状综述

边围这一空间语言要素，在交通型广场的空间语言结构生成过程中发挥着主导作用。这主要源于以下四点：一、边围决定空间围合性——作为公共交通体系的节点，其选址必须满足最佳服务半径的需求[2]，这就意味着交通型广场多位于城市主城区内，这使得广场周边作为已建成区域，必定具备一定密度及容积率的建设规模，

[1] ［德］库德斯. 城市形态结构设计［M］. 杨枫译. 北京：中国建筑工业出版社，2008. 117.

[2] 铁路旅客车站建筑设计规范GB50226—95中，第3.1.1.1条规定：“特大型、大型旅客车站宜设于市区方便旅客乘降的地点；中、小型旅客车站宜设于主要居民点的同侧”；汽车客运站建筑设计规范JGJ60—99中，第3.1.1条规定汽车客运站站址选择应：“符合城市规划的总体交通要求；与城市干道联系密切，流向合理及出入方便；地点适中，方便旅客集散和换乘其他交通。”

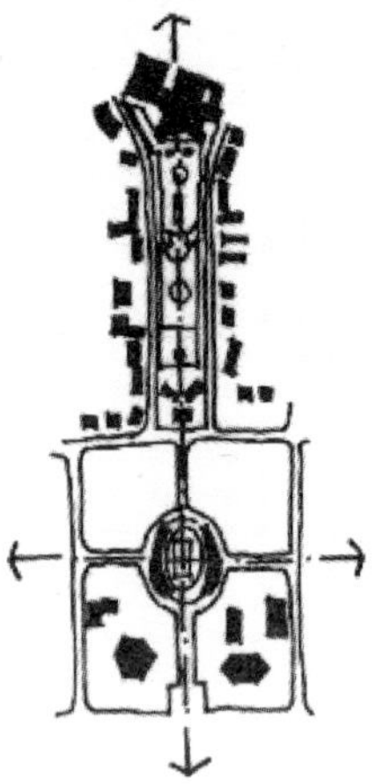

图3-31　北起广州东站南至天河体育场的新的广州城市空间主轴

图片来源：作者根据实景绘制。

图3-32　深圳罗湖火车站广场总平面示意图

图片来源：作者根据实景绘制。

从而使广场拥有相对连续的硬质边围，并形成良好的空间围合性（譬如深圳罗湖火车站广场所地处的深圳罗湖区是深圳市最早发展建设的行政区，而广州东站广场连同中信大厦、天河体育场已构成了新的广州城市空间主轴，如图3.2.2.1所示）。二、边围决定空间活动类型——作为边围构成单元之一的站房，无论何种规模、等级，其功能均主导广场的空间活动类型[1]。此外，因交通型广场多位于城市主城区内，周边成熟的配套设施也为广场空间提供了更加多元的行为支撑，使其除了具备基本的集散功能之外，还配备有餐饮、商业、商务办公等多种社会服务功能，这无疑有助于其实现空间价值的最大化（如上海火车站南广场、大连火车站前胜利广场、上海莘庄地铁站北广场等）。三、边围决定空间尺度——站房的尺寸、造型及其交通、集散、过渡等复合功能成为影响广场空间尺度、形态的首要因素，而日均客流量的不同又直接决定着广场基面的大小[2]。四、边围决定交通组织方式及空间细节——站房的开口、其潜在的交通流向既同广场边围开口相呼应，同时也决定着基面的组织方式及家具的布置方式[3]（譬如广州站前广场与广州东站广场的组织模式均基于各自站房的人流组织方式及其同城市交通系统的关系）。

除此之外，伴随着城市化的加速，城市轨道交通、城际铁路的发展以及城市主城区土地价格的持续上扬，很多交通站点及其配套交通型广场都选择建在了传统概念中的城

[1] 铁路旅客车站建筑设计规范GB50226—95中，第4.0.3.1条规定："站前广场应与站房布置密切结合，并符合城镇规划要求"；汽车客运站建筑设计规范JGJ60—99中，第4.0.1条规定："站前广场应与城市交通干道相连"。

[2] 铁路旅客车站建筑设计规范GB50226—95中，4.0.2旅客车站专用场地最小用地面积指标，按最高聚集人数每人不宜小于4.5 m^2；第4.0.3.5条规定："最高聚集人数4 000人及以上的旅客车站宜设立体站前广场"。

[3] 铁路旅客车站建筑设计规范GB50226—95中，第4.0.3.2条规定："站前广场应分区布置。旅客、车辆、行包三种流线应短捷，避免交叉"；第4.0.3.3条规定："人行通道、车行道应与城市道路相衔接"；第4.0.3.4条规定："站前广场的地面、路面宜采用刚性地面，并符合排水要求"；第4.0.7条规定："绿化与建筑小品的设计应按功能分区布置；特大型站、省会所在地的大型站、重点旅游地及国境（口岸）旅客车站应设旗杆"。汽车客运站建筑设计规范JGJ60—99中，第4.0.2条规定："站前广场应明确划分车流路线、客流路线、停车区域、活动区域及服务区域"；第4.0.3条规定："旅客进出站路线应短捷流畅；应设残疾人通道，其设置应符合现行行业标准《方便残疾人使用的城市道路和建筑物设计规范》JGJ50的规定"。

郊，这使得一部分案例边围的主导作用逐渐减弱，譬如山东潍坊新火车站广场、上海铁路南站广场以及规划建设中的武汉新火车站广场等，轨道交通广场的案例则有上海浦东龙阳路地铁站前广场、大连金湾广场、后盐广场等。但随着TOD（transparent oriented development）模式被肯定和推广，更多的市郊轨交站点逐渐成为区块发展的引擎，如上海地铁1号线北延伸段的共富新村站、地铁5号线沿线以及地铁11号线南翔站、马陆站等，这些案例均是在轨道交通规划一经获批后，便迅速开发建成的大型居住区。然而，轨交公司与地产开发商之间的博弈以及建设周期等一系列现实问题，却令这些站点的广场建设捉襟见肘，不是空间围合性弱、空间尺度不当、细节处理粗糙，就是空间活动类型单一、内部交通流线组织混乱……无疑，这些客观问题将直接影响到广场空间的使用及后续发展。

图3-33　深圳罗湖火车站广场

图片来源：作者摄，2009年。

图3-34　深圳罗湖火车站广场俯瞰

图片来源：作者摄，2009年。

空间社会价值较低的还有交通节点型广场。与上述交通广场略有不同，这些节点通常位于城市路网的交汇处，绝大多数仅仅作为观赏型的绿化景观节点甚至是交通岛，譬如大连友好广场、海湾广场、胜利桥广场以及南京新庄立交广场等。只有少数交通节点广场提供人行休憩空间，如大连希望广场、王家桥广场以及南京中山门广场，但因快速交通阻隔，休憩于此的行人寥寥无几，空间使用率极低。

C　*案例逻辑关系解析*

基于上述分析，结合当代中国城市交通型广场实例：城市中心区的传统交通型广场——深圳罗湖火车站广场（图3-32，3-33，3-34）、城市中心区边缘的新建交通型广场——武汉新火车站广场（图3-35，3-36，3-37）以及交通节点广场——南京中山门广场（图3-38，3-39），借助叶尔姆斯列夫的结构语言学分析方法，可以更加清晰地解析当代中国城市交通型广场空间语言结构架构过程中聚合系的析取、组合段的合取以及物质属性/表达项与社会属性/内容项之间的逻辑关系。本章附表1-3分别为深圳罗湖火车站广场、武汉新火车站广场以及南京中山门广场的空间语言要素逻辑关系简表，主要侧重于对组合段内各要素之间逻辑关系的类型分析（三个案例的解析过程详见附表注释）。显然，城

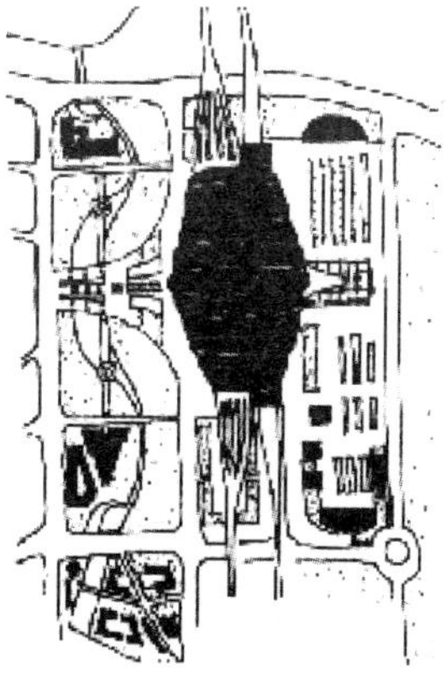

图3-35　武汉火车新站广场平面布局示意图

图片来源：作者根据广场方案图绘制。

图3-36　武汉火车新站广场

图片来源：作者摄，2010年。

图3-37　武汉火车新站广场

图片来源：作者摄，2010年。

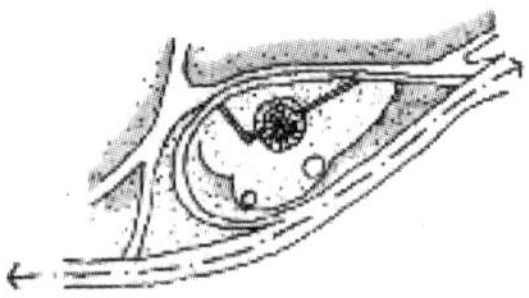

图3-38　南京中山门广场平面图

图片来源：作者根据实景绘制。

图3-39　南京中山门广场俯瞰

图片来源：sina.com。

市中心区的传统型交通广场是建构在环环相套的“连带型关系”基础之上的，这使得广场空间语言结构紧凑、完整，无论是功能性抑或是社会性均实现了空间价值的最大化。而中心区边缘的新建交通型广场则建构在灵活有余而严谨不足的“选择型关系”基础之上，这使得此类广场空间语言结构是松散的，无论是功能性抑或是社会性空间价值都没有获得有效地发掘。相较前两者，交通节点型广场则因内部各要素过于自足，致使其同周围逻辑关系很弱，最终只能作为一个观赏性的景观节点，无论是功能性抑或是社会性空间价值都不高。

显然，除了交通节点型广场，各级各类交通站点的设计规范均严格限定了交通型广场基面以及边围的尺寸，从而在功能内容项与基面尺寸表达项、边围尺寸表达项之间建立起看似紧密的“互依关系”。然而广场空间的使用效率、舒适度以及安全性却不是以上这两组指标单方面就能决定的。诸如家具、基面相对高程、基面肌理、边围形、边围肌理，在这些作为广场空间特征的细化元素之间能否形成合理、紧密、稳定的逻辑关系，往往直接影响广场空间品质的最终实现。显然，这部分在当代中国城市交通型广场的规划建设中并未受到应有的重视。

因此，根植并受限于城市公共交通系统的当代中国城市交通型广场，其表达项与内容项是否能够实现有机结合，不但取决于边围、基面能否紧密契合交通型广场的功能需求，更取决于是否能安全、舒适、宜人作为附加值来实现交通型广场社会效益的最大化。

3.2.2.2　商业型广场

A　空间语言内在逻辑特征

商业型广场是城市居民经济活动的主要场所之一，其活力程度通常被看作是城市区块社会、经济发展综合水平的风向标，而如何高效地激活广场所在区域的商业潜力、大幅度地提升其商业价值是商业型广场首先必须面对的核心问题。鉴于其牵涉商业策划、业态规划等经济领域的软技术层面相关内容，因此，本书将关注的重点放在更为具体的硬技术层面上，即：作为城市居民闲暇时间社交活动全新的空间载体形式，如何在创造出安全、舒适、宜人的外部交往空间的同时，为商业活动带来源源不断的或稳定或潜在的客源。无疑，人们在常态下的聚集、休憩等日常行为方式不仅是商业行为发生、发展的前提，更可以转化为商业型广场空间语言结构组合序列中各构成要素之间的内在逻辑，譬如在基面肌理与边围肌理之间、广场家具的布置与边围肌理之间、家具的组合方式与基面肌理之间……都可以基于人们休憩、购物的行为习惯，形成合理合宜的视觉联动机制。同时，鉴于停驻行为潜在的商业价值，在某些重要的空间节点设计中，更需要通过在空间语言构成要素之间建立紧密的"连带型"关系，塑造独一无二的场所特质，以提高其辨识度并提升其潜在的市场竞争力。

B 建设现状综述

相较交通型广场普遍受制于城市交通系统的发展规划，近年来中国城市商业型广场的规划建设显得更为自主灵活，许多项目并不拘泥于城市总体规划的商业圈布局，而是配合大型居住区的规划建设，将着眼点投射到与市民日常生活息息相关的社区级商业、配套服务设施的设计中。实际上，这种看似反大规划传统的建设发展趋势却在商业与居住相辅相成、彼此契合的过程中，实现了土地空间效益的最大化。而以步行街为骨架、以广场为中心、尺度宜人的布局模式，无疑为这种商、住融合模式奠定了良好的物质基础。

同交通型广场相类似，边围这一空间语言要素，在当代中国城市商业型广场的文本生成过程中也发挥着主导作用。这主要源于以下三点：一、边围决定空间围合性——商业活动高效率、高频率的内在需求决定商业型广场的选址必须满足最佳服务半径，这就意味着商业型广场要么位于主城区，要么位于高密度聚居区。同时，当代商业型广场通常为一次性建设完成，这使得其通常拥有相对连续、稳定的硬质边围，而广场也能够因此获得更加有力的行为支撑，典型案例是地处上海大宁板块的上海大宁国际广场（图3-40）及地处浦东联洋板块的大拇指广场。二、边围决定空间活动类型——边围的

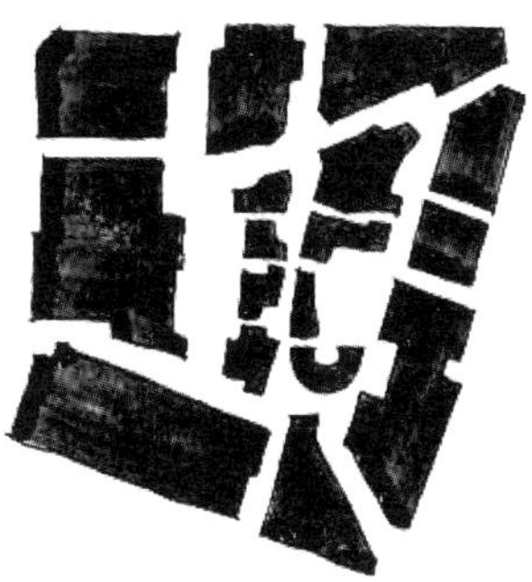

图3-40 上海大宁国际广场图底关系示意图

图片来源：作者根据实景绘制。

图3-41　深圳华润万象广场

图片来源：作者摄，2009年。

图3-42　重庆沙坪坝三峡广场俯瞰

图片来源：作者根据实景绘制。

图3-43　重庆沙坪坝三峡广场之水广场区域

图片来源：作者根据实景绘制。

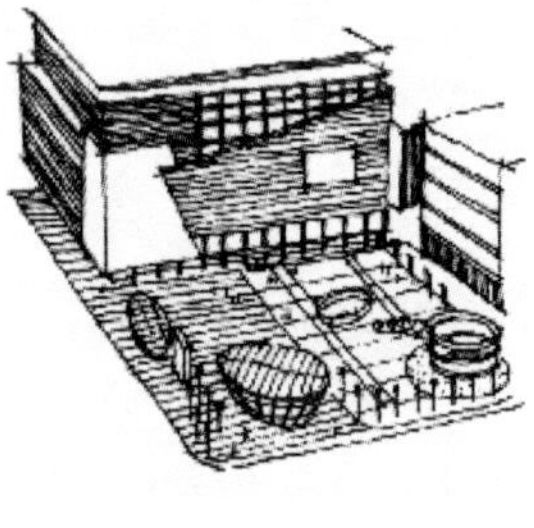

图3-44　深圳金光华广场俯瞰

图片来源：作者根据实景绘制。

商业型功能通过主导人的活动影响广场空间的性格，典型的案例是重庆沙坪坝三峡广场，大大小小的商铺鳞次栉比地排列在三峡景观广场、名人雕塑广场以及绿色艺术广场周边，塑造出了浓厚的商业氛围。三、边围决定空间尺度及细节——商业型广场更注重空间使用者尤其是潜在买家的视觉心理感受，因此其边围的尺寸、造型、肌理以及开口的位置会处理得更加细腻，进而影响到基面的组织方式、家具的布置方式，并最终影响广场空间的尺度及形态（如深圳华润万象广场，见图3-41）。

C　案例逻辑关系解析

基于上述分析，结合当代中国城市商业型广场实例：传统商业中心区的重庆三峡广场（图3-42，3-43）以及传统商业中心区边缘新型商业地产项目深圳金光华广场（如图3-44，3-45，3-46，3-47所示），借助叶尔姆斯列夫的结构语言学分析方法，可以更加清晰地解析当代中国城市商业型广场空间语言结构架构过程中聚合系的析取、组合段的合取以及物质属性/表达项与社会属性/内容项之间的逻辑关系。本章附表4-5分别为重庆三峡广场、深圳金光华广场的空间语言要素逻辑关系简表，主要侧重于对组合段内各要素之间逻辑关系的类型分析（两个案例的解析过程详见附表注释）。显然，传统商业中心区的商业型广场是建构在环环相套的“连带型关系”基础之上的，这使得广场空间语言结构紧凑、完整、充满地域特色，无论是功能性抑或是社会性均能实现空间价值的最大化。而传统商业中心区边缘的新型商业广场虽建构在灵活有余而严谨不足的“选择型关系”基础之上，但这种灵活无疑为在广场内开展不同类型的露天活动创造了有利条件，从而使其在获得浓厚的现代商业气息的同时，以一种更加积极、进取的姿态提升其社会影响力。

显然，同交通型广场相类似，边围、基面也是当代中国城市商业型广场的主导型语言要素，此两者基于不同区位、地形条件能够塑造出结构不同、风格迥异的广场空间；但与交通型广场截然不同的是，家具及边围肌理在商业型广场的空间塑造中扮演着更为重要的角色，是否贴近人的尺度、其素材的选择及拼合方式是否以人体工程学为参照、开放程度是否高……都会直接影响广场空间的使用效率及其长远的经济、社会效益。

3.2.3　文化型广场空间语言结构

格哈德·库德斯认为“与形式和寓意相关的特殊混合，它决定了广场的品质”[1]。以文化为导向的城市广场正是形式与寓意相结合的特殊产物，其建构逻辑同以功能为导向的城市广场相反，时间效益、土地的空间效益并不是其规划建设的重心，其核心宗旨是将文化背后深层的价值取向加以物化。然而，对于当代中国城市广场规划建设而言，以文化为导向的建构逻辑却出现了两种截然相反的发展方向，对于隶属于此类的仪式型城市广场来说，如何通过象征性的艺术手段强化广场的纪念性、增强其特殊的精神性格进而提高广场之于城市的核心地位是其规划设计的最终目标；而对于休闲型城市文化广场而言，场所文脉的差异性、空间使用的公平性、舒适性、安全性则是其必须予以充分考虑的核心问题。

图3-45　深圳金光华广场夜景

图片来源：作者摄，2008年。

图3-46　深圳金光华广场露天展览

图片来源：sina.com

3.2.3.1　仪式型广场

A　空间语言内在逻辑特征

从文化角度出发规划建设的仪式型广场是城市政治、文化生活的重要组成部分。不同于交通型广场、商业型广场将人的基本行为模式作为广场空间语言的内在逻辑，仪式型广场的空间语言结构往往直接源于对地域文化的抽象概括抑或是对城市发展的愿景，一句诗、一个具象的地域文化载体都可以借助几何图案化的表达手法放大到城市的尺度加以呈现，并进一步通过与之相应的空间布局加以烘托。因此，主题直观、单一，图案化倾向显著，解读性强是仪式型广场空间语言结构最为典型的特征。除此之外，它的逻辑特征还包括：

1. 决定中轴线空间位置的基面是广场空间语言的隐性主导要素；

[1]［德］库德斯. 城市结构与城市造型设计［M］. 秦洛峰，蔡永洁，魏薇译. 北京：中国建筑工业出版社，2007. 133.

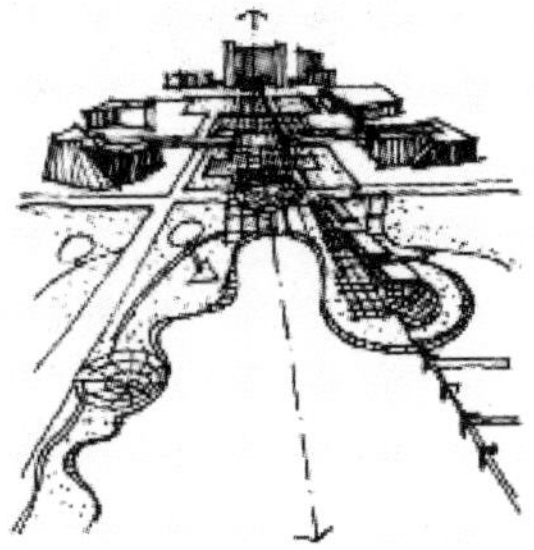

图3-47　东莞中心区广场鸟瞰

图片来源：作者根据实景绘制。

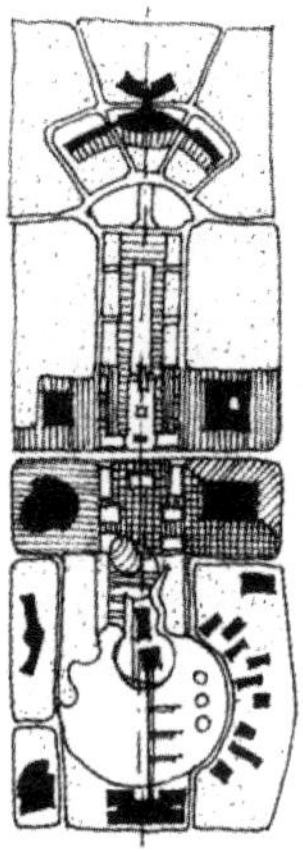

图3-48　东莞行政文化中心广场总平面示意图

图片来源：作者根据实景绘制。

图3-49　东莞中心区广场

图片来源：作者摄，2009年。

2. 空间的视觉中心是纪念性或政治性倾向明显的边围或家具，此两者通常作为广场空间的重音，位于基面的几何中心或是中轴线上；

3. 语言要素沿轴线呈几何模式布局，通过对景形成空间序列。

B　建设现状综述

在当代中国城市广场建设中，仪式型广场所占的比重最大。根据蔡永洁基于人活动类型的分类，再结合中国城市建设的现状，当代中国仪式型广场主要包括三类：市政广场、纪念广场以及建筑物的前广场[1]。主题突出是此类城市广场的共同特点，而政治性、纪念性主题又因其同形式之间固有的内在联系成为主导广场空间语言组织的基本建构逻辑。广场八股是对此类城市广场规划建设方法的最佳写照。

显然，边围在仪式型广场的文本生成过程中并非绝对的控制性元素，即便由政治性或纪念性建筑实体所构成的边围重音从功能角度而言是绝对排他的，但其空间位置却是由基面的轴线所决定而非与其自身功能流线有关。这种类型主要出现在新建政务中心广场实例中，比较典型的案例是东莞中心区广场（图3-47，3-48，3-49）、合肥政务文化新区市民广场（图3-47—图3-50）、昆山市民广场（图3-51）、哈尔滨市府广场。这四个案例均是以位于中轴线尽端高大宏伟的市府办公楼作为视觉中心，铺地、绿化带、水景、家具依次沿中轴线对称布局，边围的空间影响力远远弱于基面轴线。同样的案例还有泰安泰山广场、临沂中心广场、东营市市民广场（图3-52）以及杭州钱江新城广场等。与以上几个案例略有不同，济南泉城广场、沈阳市府广场、青岛五四广场（图3-53）、大连奥林匹克广场、大连星海广场、深圳龙岗龙城广场（图3-54）等是以位于中轴线的巨型雕塑作为视觉中心，中轴线的控制力因此得到加强，而边围则几乎到了被忽略的地步。

[1] 蔡永洁. 城市广场——历史脉络·发展动力·空间品质[M]. 南京：东南大学出版社，2006. 133.

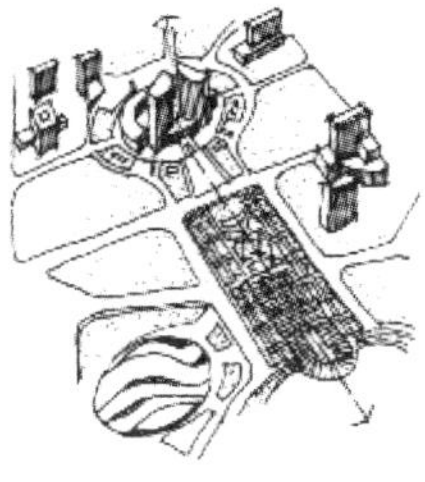

图3–50　合肥政务文化新区市民广场鸟瞰

图片来源：作者根据实景绘制。

图3–51　江苏省昆山市市民广场鸟瞰

图片来源：作者根据实景绘制。

图3–52　山东东营市市民广场鸟瞰

图片来源：作者根据实景绘制。

C　*案例逻辑关系解析*

基于上述分析，结合当代中国城市仪式型广场实例——主题“多样”型的东莞中心区广场、主题“单一”型的潍坊中心（人民）广场（图3–55，3–56），借助叶尔姆斯列夫的结构语言学分析方法，可以更加清晰地解析当代中国城市仪式型广场空间语言结构架构过程中聚合系的析取、组合段的合取以及物质属性/表达项与社会属性/内容项之间的逻辑关系。本章附表6–7分别为东莞中心区广场、潍坊中心（人民）广场的空间语言要素逻辑关系简表，主要侧重于对组合段内各要素之间逻辑关系的类型分析（两个案例的解析过程详见附表注释）。显然，主题“多样”型广场是建构在以基面肌理为主导要素的“连带型关系”基础之上，这使得在整个仪式型广场空间语言结构架构中，富含意味的图案化基面肌理以绝对排他的控制力逾越了城市基本功能需求、社会日常生活诉求，完成了特定价值取向的物化。相反，主题“单一”型广场则要么建构在灵活有余而严谨不足的“选择型关系”基础之上，要么建构在逻辑松散的“结合型关系”基础之上，致使此类空间非但无法烘托空间主题，甚至令空间因简单而简陋，最终无论是功能性抑或是社会性空间价值都不高。

图3–53　青岛五四广场鸟瞰

图片来源：cnzozo.com。

显然，蕴含轴线关系的基面是当代中国城市仪式型广场真正的主导型语言要素，即便是在空间结构松散不紧凑、意图含混不清晰的潍坊中心（人民）广场中，贯穿基面联系边围重音的中轴线也是其唯一清晰、易读的语言要素。这使得即使在地形地貌不同、气候条件不同、文化背景不同的情况下，只

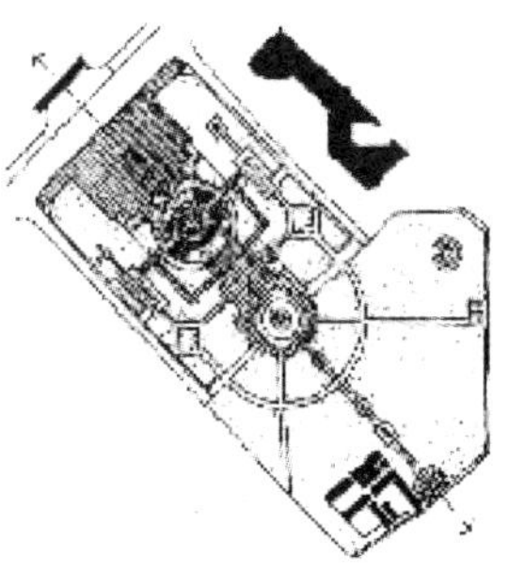

图3–54　深圳龙岗龙城广场平面图

图片来源：作者根据实景绘制。

图3-55　山东潍坊人民广场

图片来源：作者根据实景绘制。

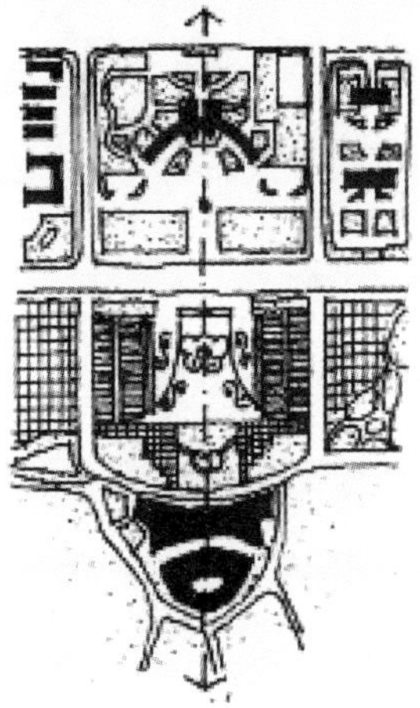

图3-56　山东潍坊人民广场平面图

图片来源：作者根据实景绘制。

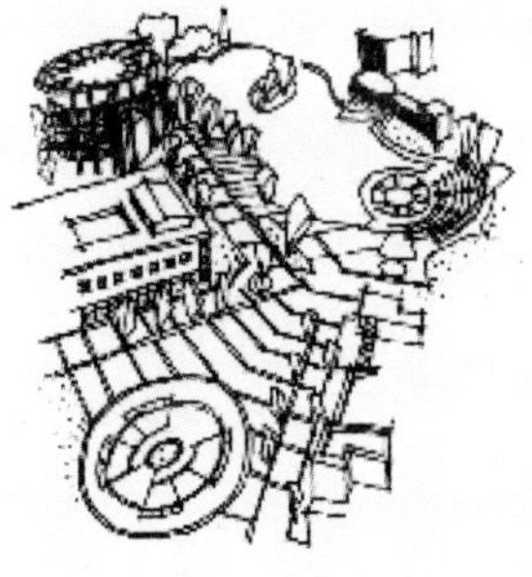

图3-57　南京山西路广场鸟瞰

图片来源：作者根据实景绘制。

要有意识地强化基面肌理、烘托中轴线，便能迅速确定仪式型广场边围重音的空间位置、形式以及家具的形及布局方式。唯一的差异是围绕着这条轴线如何基于相近的理念描画出相似不相同的基面图案，进而完成空间组织。显然，这种区别仅仅受限于规划设计师设计手法的纯熟程度以及审美水平的高低。以东莞中心区广场与潍坊中心（人民）广场为例，不论此二者空间效果差异有多大，其结构类型却是相近的，均是中轴对称式；内涵也是相似的，均是城市的“政治”中心。作为最具可复制特征的广场类型，当代中国城市仪式型广场已经成为人们最耳熟能详的广场形式，并在最近二十年深刻影响了中国普通百姓对广场这一空间形式的认知。

3.2.3.2　休闲型广场

A　空间语言内在逻辑特征

休闲型广场不同于仪式型广场，如果说仪式型广场是权力形式、社会秩序的具象呈现，那么休闲型广场就是普通市民消磨时光、玩乐、锻炼、社会交往的日常化公共空间。休闲型广场也不同于商业型广场，虽然后者也可以为市民提供休闲生活的场所，但正如蔡永洁所言，休闲性活动是没有直接功利目的性的，因此休闲广场可以“不受现状的限制，可以无拘无束地反映生活的需求”[1]，这就意味着休闲型广场较商业型广场更加开放、更注重社会公平、也更加多元。因此，不难总结出此类广场空间语言的逻辑特征：

1. 空间核心要素是与人们休闲行为习惯密切相关的家具、边围，家具的选择、布局方式以及边围的尺度直接影响广场空间的使用效率；

2. 潜在的控制性语言要素是人们的日常休闲生活方式。

B　建设现状综述

陈建华把休闲型广场定义为“现代城市中为人们提供游玩、观光、锻炼、休闲及演出等休憩性活动的广场”[2]。显

[1] 蔡永洁. 城市广场——历史脉络 · 发展动力 · 空间品质［M］. 南京：东南大学出版社，2006. 93.

[2] 陈建华. 珠江三角洲地区文化广场环境质量综合评价［D］. 华南理工大学，2003.

然，此类广场并不需要特定的主题，无论是体育性的、娱乐性的抑或是文化性的，无论是静态的观赏抑或是动态的参与型活动等，都可以被囊括其中。只要在适宜的场地上设置好台阶、座椅供人们休息，花坛、雕塑、喷泉、水景供人们欣赏，草坪、缓坡、平整的场地供人们嬉戏、玩耍，花架、树荫供人们蔽日，骑楼、长廊供人们促膝闲谈……便可称为是休闲型广场了。然而，当代中国城市休闲型广场的规划建设却并非仅简单如此，对于很多休闲型广场而言，作为主导型要素的家具及边围虽极其重要，却始终无法取代基面在广场空间结构中绝对的控制性作用——主题性仍然是广场空间设计者们试图提高其辨识度的首要方法。因此，除了上述两个逻辑特征，当代中国城市休闲型广场还有以下两个显著特征：

1. 决定空间组织方式的基面是潜在的主导性语言要素；

2. 以基面形、肌理为空间组织原则，组合方式倾向图案化。

比较典型的案例是南京山西路广场（图3-57，3-58）、东莞文化广场（图3-59）以及章丘百脉泉广场（图3-60）、青岛汇泉广场（图3-61）。人的休闲行为习惯被忽视，取而代之的是如何通过家具的布置迎合基面肌理为广场空间所附加的组织逻辑。但同仪式型广场不同的是，休闲型广场的图案化绝大多数并未附加意义，而仅仅作为空间要素组织的凭据而存在。

C　案例逻辑关系解析

基于上述分析，结合当代中国城市休闲型广场实例——建于传统商业中心区附近的上海南京路世纪广场（图3-62，3-63）、建于开放式大型社区内的深圳华侨城生态广场（图3-64，3-65，3-66），借助叶尔姆斯列夫的结构语言学分析方法，可以更加清晰地解析当代中国城市休闲型广场空间语言结构架构过程中聚合系的析取、组合段的合取以及物质属性/表达项与社会属性/内容项之间的逻辑关系。本章附表8、9分别为上海南京东路世纪广场、深圳华侨城生态广场的空间语言要素逻辑关系简表，主要侧重于对组合段内各要素之间逻辑关系的类型分析（两个案例的解析过程详见附表注释）。显然，即便是建于传统商业中心区附近的休闲型广场，也依然建构在

图3-58　南京山西路广场

图片来源：作者摄，2009年。

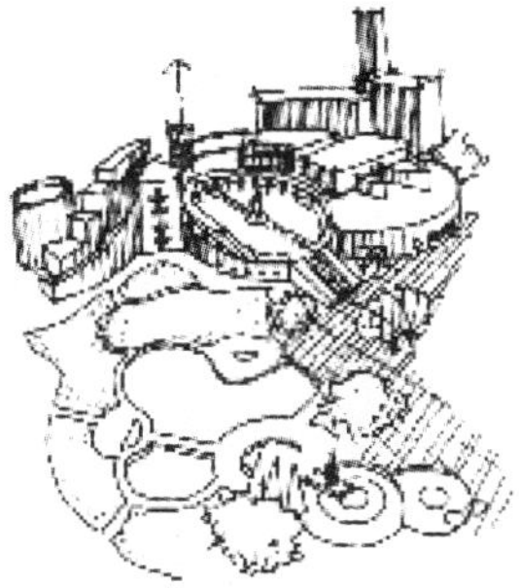

图3-59　东莞文化广场鸟瞰

图片来源：作者根据实景绘制。

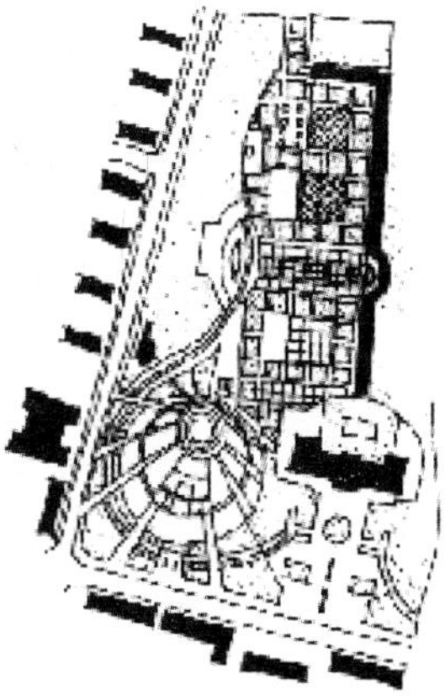

图3-60　章丘百脉泉广场平面图

图片来源：作者根据实景绘制。

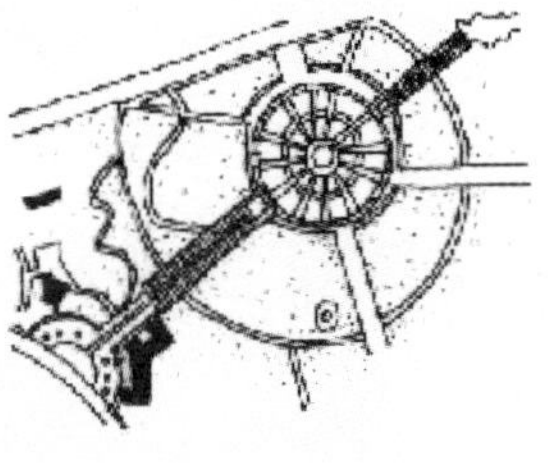

图3-61　青岛汇泉广场平面图

图片来源：作者根据实景绘制。

图3-62　上海南京东路世纪广场平面图

图片来源：作者根据实景绘制。

图3-63　上海南京东路世纪广场鸟瞰

图片来源：nipic.com。

图3-64　深圳华侨城生态广场平面示意图

图片来源：作者根据实景绘制。

图3-65　深圳华侨城生态广场

图片来源：nipic.com。

图3-66　深圳华侨城生态广场

图片来源：作者摄，2010年。

以基面肌理为主导要素的"连带型关系"基础之上，而广场空间功能性抑或是社会性价值的高低则取决于家具与基面及边围的关系是否清晰、稳定。至于建于开放式大型社区内的休闲型广场亦是如此，基面仍是整个广场空间最具决定性意义的空间要素，而对社区至关重要的场所归属感及空间辨识度则完全取决于各空间要素之间能否形成环环相套的"连带型"关系。

无疑，蕴含组织关系的基面仍然是现阶段中国城市休闲型广场的主导型语言要素，而它的作用并不完全是负面的。一旦充分尊重所在区域地形、地貌条件、气候条件以及文化背景的不同，并将之转化为基面的组织逻辑，必然能够形成充满地域特色的、充满活力的广场空间。然而一旦摈弃了这些内在差异，追求主题性、图案化，休闲型广场就将同仪式型广场一样，呈现出形式趋同、手法相近的倾向。同样，以家具作为主导型语言要素，其作用也不完全是正面的，只有将家具的选择、设置同人们的休闲行为习惯结合在一起，才能体现出最佳的广场空间社会价值。

3.2.4　复合型广场空间语言结构

3.2.4.1　空间语言内在逻辑特征

基于现代功能主义规划思想对广场所进行的类型划分，从其出发点来说是理性的。无论是按照城市结构等级变化所衍生出来的城市中心广场、城区中心广场、街道广场、社区广场，抑或是如上文所论述的根据功能类型划分出来的市政广场、纪念广场、集市广场、交通广场、绿化及运动广场，均是理性思维的产物。然而，这种看似实用主义的规划思想却将城市导向了唯科学的非理性方向，单一功能的城市广场就如同被明确分区的城市，不但增加了普通市民出行的时间成本、经济成本，浪费了土地资源，一些尺度过大的广场还有可能滋生安全隐患[1]。基于此，孙施文从空间使用多样性的角度阐述了城市公共空间所应具备的独特性及价值取向——它“显示了不同类型的人在同一空间中从事着各种不同的活动，或者是由于不同的目的来到同一的空间”[2]。显然，功能复合型的城市广场似乎更接近此类公共空间的内涵。基于此，不难总结出复合型广场空间语言的逻辑特征：

1. 空间主导要素是与人们日常出行目的密切相关的边围，边围的连续性、功能的多样性及开放程度直接影响广场空间的使用效率；

2. 边围的相互关系决定广场空间结构形态。

3.2.4.2　建设现状综述

当代中国城市广场案例中比较典型的复合型广场是上海静安寺广场（图3-67，3-68，3-69）、北京西单文化广场（图3-

图3-67　上海静安寺广场

图片来源：卢济威.生态、高效、立体化广场：上海静安寺广场设计［J］.理想空间.2009（35）：48

图3-68　上海静安寺广场

图片来源：作者摄，2010年。

图3-69　上海静安寺广场

图片来源：作者摄，2010年。

[1] 孙施文在其所撰写的《城市中心与城市公共空间——上海浦东陆家嘴地区建设的规划评论》一文中提到“鬼城”一说，即白天人口高度集聚，晚上空无一人。事实上，这种状况并不鲜见，尤其是很多城市广场由于选址不当，规模过大不但晚上空无一人，白天的行人也是寥寥无几。

[2] 孙施文.城市中心与城市公共空间——上海浦东陆家嘴地区建设的规划评论［J］.城市规划，2006（8）：68.

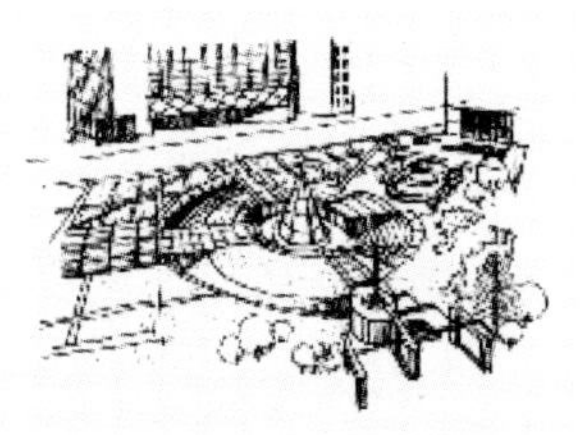

图3-70　北京西单文化广场改造前鸟瞰图

图片来源：作者根据实景绘制。

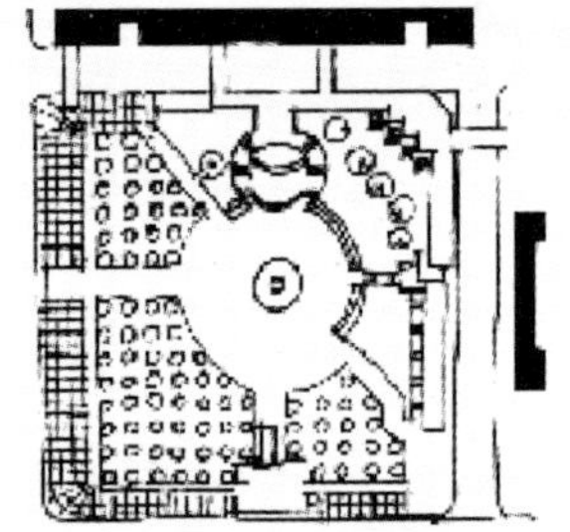

图3-71　北京西单文化广场改造平面示意图

图片来源：作者根据改造方案绘制。

70，3-71所示，4为改造前，5为改造后）。此两者不但是集商业、交通、休闲于一体的复合型广场，同时也在逐步的发展过程中成为其所在城市的地标。以上海静安寺广场为例，作为一个典型的嵌入式广场，静安寺广场更像一个长满榫头的木质构件，牢牢地楔入静安地块的原始肌理中，将宗教元素、商业元素、地铁交通元素、生态休闲元素等高效有机地融合在占地仅0.82公顷的地块上，套用设计师卢济威的话：这个广场“不盲目追求广大和气魄，努力寻求自己的特色：绿色生态、多功能高效化和地上地下一体化”[1]。蔡永洁认为：“复合度高的广场空间有一个显著的特征：构成广场空间的界面（广场边围）的公共建筑，无论哪个都不能占据绝对的主导地位，否则就会形成特殊的广场类型。”[2]因此，即便静安寺广场并非由该地块重要公共建筑直接围合而成，但其独特的嵌入模式——南倚静安公园、坐拥静安公园地下商场、北接地铁出入口并基于此通过地下直达南京西路以北的静安寺、久光百货——无疑是蔡永洁论断最有力的案例支撑。可以说，正是静安寺广场的立体化流线组织模式促成了空间活动的多样性、活动主体的多样性以及活动目标的多样性。北京西单文化广场的建设亦是如此，地下空间的开发既提升了整个区块的功能复合度，更为复合型广场的形成创造了条件。因此，相较常规的复合型广场建构逻辑，立体化的基面组织结构是当代中国城市复合型广场的典型逻辑结构，也是其主要发展趋势。

3.2.4.3　案例逻辑关系解析

基于上述分析，借助叶尔姆斯列夫的结构语言学分析方法，可以更加清晰地解析当代中国城市复合型广场空间语言结构架构过程中聚合系的析取、组合段的合取以及物质属性/表达项与社会属性/内容项之间的逻辑关系。本章附表10即上海静安寺广场空间语言要素逻辑关系简表，主要侧重于对组合段内各要素之间逻辑关系的类型分析（这

[1] 卢济威. 城市设计机制与创作实践[M]. 南京：东南大学出版社，2005. 32.

[2] 蔡永洁. 城市广场——历史脉络·发展动力·空间品质[M]. 南京：东南大学出版社，2006. 95.

个案例的解析过程详见附表注释)。显然,迥异于主题“多样”型的仪式型文化广场,复合型广场是建立在自下而上的功能复合需求基础之上的,这使得空间语言结构倾向于环环相套的“连带型关系”,也正因如此,地块内各个复杂的限制性元素才能整合入结构严谨的空间系统中,并通过与基面肌理及边围形、边围肌理、家具等细化元素有机地相互作用,令广场空间整体上无论是功能性抑或是社会性均能够实现价值的最大化。

事实上,复合型广场与功能型广场抑或是文化型广场的空间语言结构逻辑关系均有或多或少的相似性。譬如同功能型广场相比,复合型广场也存在对时间效益、土地空间效益最大化的内在诉求,其区别仅在于复合型城市广场对广场周边建设用地的建设强度、密度的要求更严苛。同文化型广场相比,复合型广场也存在对基面图案化形式的推崇,但鉴于复合型广场空间性格的开放性,使其不会如仪式型广场抑或是部分休闲型广场那样刻意地通过基面肌理拼合、家具的选择和布置来强调主题以致最终影响到空间整体的使用率。因此,可以说复合型广场体现的是中国当代城市广场规划设计趋势的融合,是功能型与文化型相互作用、互相渗透的结果。

综上,虽然当代中国城市广场案例中不乏语言结构紧凑、完整,功能性与社会性均实现较大价值的优秀作品,但总体而言,以基面肌理为主导要素的逻辑体系依然是当代中国城市广场空间语言结构的主流,而一部分广场甚至是建构在以基面尺寸为主导要素的逻辑体系之上的。这种不均衡的要素配比致使即便出现了所谓的清晰、稳定的连带型逻辑关系,依然无法保证广场空间的功能性以及社会性价值的充分实现。显然,职权部门对某个具体空间语言要素的主观好恶往往会不经意地导致空间语言逻辑结构的失衡,而这种主观好恶是如何影响空间营造,则可以通过对具体的城市广场空间构成要素聚合系析取分析加以直观呈现。

3.2.5　广场现状要素解析

无疑,要素聚合系的析取过程过于简单、草率,尤其是在基面尺寸、基面相对高程、基面肌理、边围形、家具尺寸以及家具布置位置这六个子要素聚合系析取过程中,来自职权部门的主观臆断,直接导致了空间语言结构要素的总体失衡以致一系列逻辑关系的松散或断裂。下文将分别对以上六个语言要素现状进行解析,来阐释所谓的组合段的逻辑关系——连带型、选择型抑或是结合型的形成是如何受制于聚合系内要素的析取。

3.2.5.1　基面尺寸

虽然维特鲁威认为广场的尺寸:“应该与居民数量成正比例,以便它不至于空间太小而无法使用，也不要像一个没有人烟的荒芜之地。”[1]但对当代中国城市广场建设而言，基面尺寸却始终是一个备受关注的问题。

郭恩章认为城市广场基面尺寸受很多因素影响，其中包括城市规模、城市开放空间系统的整体布局、广场的区位、性质及级别、广场主体建筑和临界建筑的体量和布局、用地条件及历史文化传统等。他基于对国内17个广场案例的研究指出：“单个广场用地规模，按市级2～15 hm^2，区级1.5～10 hm^2，社区级1～2 hm^2控制，大城市可偏大，小城市易取下限”[2]。闫整、张军民、崔东旭也基于相类似的视角，对城市广场数量以及单个广场的用地规模进行了相关指标的研究，如表3–1，3–2所示。

表3–1　不同规模城市广场数量控制

引自：张军民，崔东旭，闫整．城市广场控制规划指标［J］．城市问题，2003（5）：24–25

城市人口规模（万人）	人口=10	人口=20	人口=50	人口=100	人口≥100	备　注
城市用地规模（平方公里）	9～10.5	18～21	45～52.5	90～105	≥105	人均城市建设用地取90～105平方米
广场数量（个）	1～3	3～5	7～12	15～25	≥15	

表3–2　不同规模城市广场数量控制

城市人口规模（万人）		200>人口≥50	50>人口≥20	20>人口≥10
城市中心广场的人均指标建议		0.1～0.2（平方米/人）	0.15～0.25（平方米/人）	0.2～0.3（平方米/人）
用地规模的推荐值（公顷，个）	城市中心广场	8～15	3～10	2～5
	区级中心广场	2～10	2～5	—
	社区广场	1～2	1～2	1～2

然而，他们的研究同中国城市规划设计研究院总编、上海市城市规划设计研究院主编的《城市规划资料集》《城市设计》分册中的相关控制数据却有较大出入。在《城市设计》分册中，城市广场的用地规模按照0.07～0.62平方米/人进行控制；单个广场的用地规模分别为：市级2～5公顷，区级1～3公顷，社区级0.5～2公顷[3]。

[1]［英］芒福汀．街道与广场［M］．张永刚，陆卫东译．北京：中国建筑工业出版社，2004. 97.

[2] 郭恩章．对城市广场设计中几个问题的思考［J］．城市规划，2002（2）：60—63.

[3] 上海市城市规划设计研究院主编．城市设计（下）［G］//中国城市规划设计研究院，建设部城乡规划司．城市规划资料集：第五分册．北京：中国建筑工业出版社，2004. 352.

两相比较，此两组数据间存在着显而易见的内在悖论，前者在广场人均面积大大小于后者的前提下，居然实现了广场占地规模的最大化。无疑，以人口规模、用地规模为参照，以有可能存在问题的建设经验为范式的指标研究并不具备可推广性，而这也就是为什么即便有这些明显存在漏洞的指标作为"参考"，广场建成后的实际基面尺寸依然大大超"标"的原因之一。

王建国于2002年曾撰文指出广场规模不当这一问题是广场"与所在城市结构和城市尺度出现了严重的失衡"[1]所致。段进随即将问题转换到了人的层面来解读："有些广场从早到晚几乎都无人，规模尺度之大让人没有安全感、归属感、使人不能停留"[2]。这同蔡永洁的研究视角很接近，蔡永洁认为广场空间的绝对尺寸还是应该以人的空间感受及活动方式作为主要参照系，具体来说便是要基于心理学与实际使用的原则来判断广场基面尺寸是否适宜。譬如，他认为："100米以上的距离对边围的把握已经不再强烈"；对于基面来说最适宜的长宽比3:2～2:1；对于观察者而言，最适宜的视角是40°～90°等等。基于此，他指出："超过1公顷的广场已开始变得不亲切，2公顷以上的广场便显得过分宏大。"[3]因此，如果按照这种逻辑来反观当代中国城市广场的建成案例，我们就会发现让人感觉亲切的广场其实少之又少，如上海静安寺广场（0.82公顷）、南京东路世纪广场（0.84公顷）以及浦东大拇指广场（0.57公顷）；除此之外的众多广场案例则要么不亲切、要么因过分宏大超越人的感知及实际使用半径（图3-72—图3-75）。具体来说，假定为了看清楚边围以100米作边围控制线，那么面积在2公顷以上的案例其宽长比必将大于1:2，而视角也因此注定要么小于30度要么大于90度，而广场空间则必然因此或闭塞狭长或宽而无度；反过来，如果假定

图3-72 大连星海广场鸟瞰

图片来源：nipic.com

图3-73 湖南株洲炎帝广场鸟瞰

图片来源：nipic.com

图3-74 沈阳市府广场鸟瞰

图片来源：作者根据实景绘制。

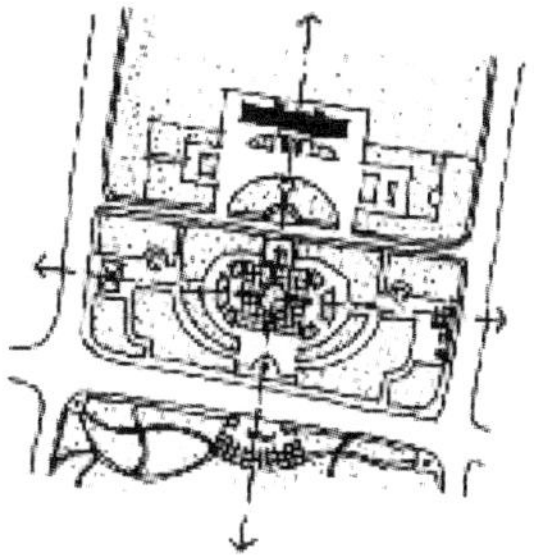

图3-75 山东淄博人民广场鸟瞰

图片来源：作者根据实景绘制。

[1] 王建国，高源. 谈当前我国城市广场设计的几个误区［J］. 城市规划，2002（1）：36.

[2] 段进. 应重视城市广场建设的定位定性与定量［J］. 城市规划，2002（1）：37—38.

[3] 蔡永洁. 城市广场——历史脉络·发展动力·空间品质［M］. 南京：东南大学出版社，2006. 102.

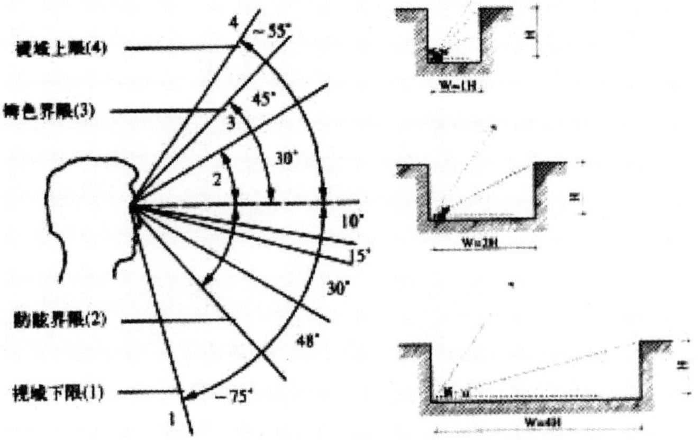

图3-76　海德曼视域及空间界面比例关系

图片来源：徐苏宁.城市设计美学[M].北京：中国建筑工业出版社,2006.210

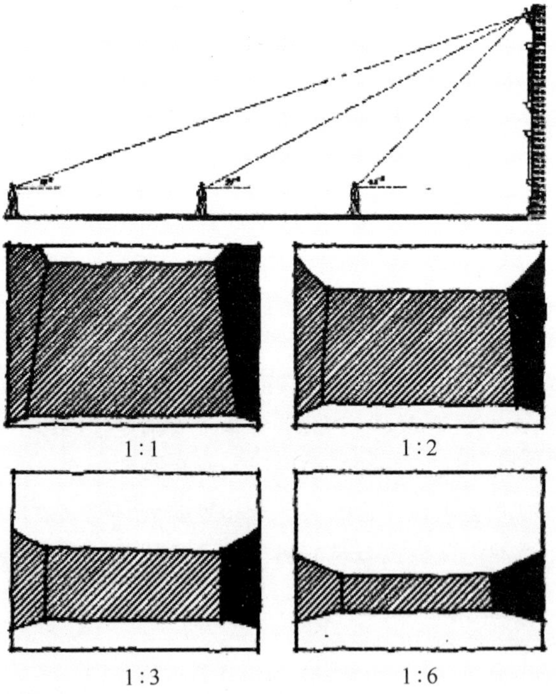

图3-77　广场边围尺寸及其与基面关系对视觉的影响

图片来源：蔡永洁.城市广场——历史脉络·发展动力·空间品质[M].南京：东南大学出版社,2006.112.

以最适宜的长宽比3:2～2:1及视角40°～90°为参照，那么面积在2公顷以上的案例，其边围就会模糊不清，广场空间则必然因此缺少必要的围合感（图3-76，3-77）。

基于此，不难总结出在空间语言子要素——基面尺寸聚合系的析取过程中：

i. 析取的参考标准模糊，即，实际尺寸的确定既与人口规模、城市规模无关，亦与人的感知、实际使用无关；

ii. 析取原则以大取"胜"，主流尺寸在2～10公顷之间。

显然，基面尺寸的析取具有主观任意性，这为中国当代城市广场空间结构的松散、逻辑关系的不严密埋下了伏笔。

3.2.5.2　基面相对高程

当代中国城市广场基面的相对高程设计是广场空间设计的重要组成部分。

一般来说，基面尺寸小的广场，为了人活动的舒适性及安全性，其高程相对变化也小，譬如上海南京东路世纪广场、南京汉中门广场。但对于像上海静安寺广场、深圳华润万象城广场这样的广场来说，其高程巨大的变化则源于其特殊的功能需求，即成为连接广场周边区域不同高程、不同功能区块的过渡性空间（这两个案例均是城市轨道交通系统与城市空间的结合部）。与之相类似的还有顺应自然地形地貌而形成的小型广场群，譬如重庆沙坪坝的三峡广场（图3-78）、杭州吴山广场（图3-79）以及深圳华侨城生态广场。除此之外，相对高程变化较大的案例其基面尺寸一般比较宏大，其中一部分案例是通过高程的局部变化在保持了视觉连续性的同时分割空间，此类案例中比较典型的是上海人民广场、深圳市民中心广场、台州市民广场、青岛五四广场以及泰安泰山广场；另一部分案例则通过强化基面相对高程的变化，在将视觉的连续性打破的同时分割空间，此类案例中典型的是济南泉城广场、顺德德胜新区中心广场、北京西单文化广场以及东莞中心区广场。以济南泉城广场为例，通过高程错落有致的变化，泉城广场形成了独具特色的子广场群空间序列：从半封闭宁静的趵突泉广场到虽半封闭却略显开阔的名仕林广场，从高起的泉标广场转而到封闭的下沉广场，直至

图3-78　重庆沙坪坝三峡广场俯瞰

图片来源：cncqt.com。

图3-79　杭州吴山广场

图片来源：作者摄，2005年。

图3-80 山东潍坊人民广场

图片来源：wfnews.com.cn。

图3-81 浙江桐乡市政广场

图片来源：cqxszx.com。

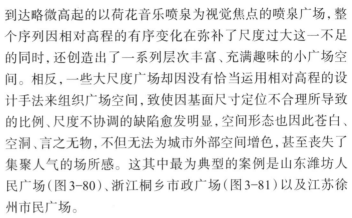

到达略微高起的以荷花音乐喷泉为视觉焦点的喷泉广场，整个序列因相对高程的有序变化在弥补了尺度过大这一不足的同时，还创造出了一系列层次丰富、充满趣味的小广场空间。相反，一些大尺度广场却因没有恰当运用相对高程的设计手法来组织广场空间，致使因基面尺寸定位不合理所导致的比例、尺度不协调的缺陷愈发明显，空间形态也因此苍白、空洞、言之无物，不但无法为城市外部空间增色，甚至丧失了集聚人气的场所感。这其中最为典型的案例是山东潍坊人民广场（图3-80）、浙江桐乡市政广场（图3-81）以及江苏徐州市民广场。

基于此，不难总结出在空间语言子要素——基面相对高程聚合系的析取过程中：

1. 析取的原则，以主题烘托为主，兼顾对地形地貌的呼应；

2. 析取的方法，组合模式或单一模式。

显然，基面相对高程对于广场空间结构的架构而言既可能成为主导要素亦可能沦为无关紧要的从属要素，关键在于其析取过程能否尊重地形地貌特征或广场空间活动的潜在需求。

3.2.5.3 基面肌理

a 基面素材

当代中国城市广场的基面素材可概括为硬质、软质两大类，具体包括水体、植被以及铺地三类。水体是基面的软质景观素材，以水体为基面材料的广场能够为空间使用者提供丰富的视觉、听觉、嗅觉、触觉感受。水体根据水源的不同可分自然水体和人工水体两大类，根据处理手法的不同则可分为旱、湿两类。广场八股中的第二句“平视看喷泉”正体现出作为水体造型元素之一的喷泉在当代中国城市广场设计中的广泛应用。喷泉多设于人工水体基面上，譬如东莞中心区广场（图3-82）、济南泉城广场以及大连海军广场；也有直接敷设于硬质铺地下的旱地喷泉，譬如上海人民广场、浦东新区世纪广场以及南京东路世纪广场。以自然水体作为广场基面材料的案例也不少，虽未必能够直接成为人活动的基面，却担负着将广场空间主题推向高潮的重任，这其中最为典型的案例就是大连星海广场（图3-83）、青岛五四广场以及位于合肥政务

图3-82 东莞中心区广场

图片来源：作者摄，2009年。

文化新区的市民广场(图3-84)。

植被是具备生态功能的软质景观素材,包括乔木、灌木、藤本花卉、地被等多种类型。草坪在当代中国城市广场中的应用最为广泛,俨然已经成为广场的图底,也因此成为争论的话题。南京林业大学的王席通过对山东省60多个城市广场的绿化研究指出:山东省城市广场的绿化比例的平均值已达到56.2%,而道路铺装的平均值则仅有35.1%[1]。王建国认为这些一窝蜂地照搬照抄"大草坪"模式的建设行为是对地域性生物气候条件的漠视[2]。闫整同样基于山东、大连的案例对广场用地的构成进行了研究。他认为"广场用地构成中绿化用地比例不应超过公园的绿化用地比例"[3]——这句论述很有意思,因为它反映出过高的绿化率已经开始模糊广场与公园之间的形态差别,但闫整以65%作为广场绿化率的上限却完全没有任何根据。因为王席所列举的济南将军广场(91%)、金水广场(80%)、舜湖广场(67%)以及青岛海风园广场(71.4%)、菏泽林荫广场(80%)等案例早已将这个所谓的标准抛诸脑后。65%同闫整随后所设定的下限35%一样,只能反映出当前中国城市广场用地构成的尴尬现状,因为基面尺寸过大、而建设经费又有限,只好不断地通过加大草坪的面积来塑造一个看似宏大实则言之无物的图景。

图3-83 大连星海广场

图片来源: nipic.com

图3-84 合肥政务文化新区市民广场鸟瞰

图片来源: hfhouse.com

同水体和植被不同,作为硬质铺装,铺地的大小、铺砌材料的选择以及具体的铺砌方法都会直接影响广场空间基面的适用性、舒适性及美观,作为核心活动区域,铺地甚至能够影响空间使用者的活动方式及活动类型。王席所归纳出的包含道路铺装在内的35.1%的铺地比看起来似乎不足以承担如此的功能负荷,但是一旦将之转换为具体的面积数据,尤其是针对于那些基面尺寸较大的案例,其铺地面积也是惊

[1] 王席. 城市广场规划设计与实践——以山东省为例[D]. 南京: 南京林业大学,2004. 27.
[2] 王建国,高源. 谈当前我国城市广场设计的几个误区[J]. 城市规划,2002(1): 36.
[3] 闫整,张军民,崔东旭. 城市广场用地构成与用地控制[J]. 城市规划汇刊,2001(4): 25—30.

图 3-85　大连星海广场

图片来源：nipic.com

图 3-86　湖南株洲炎帝广场鸟瞰

图片来源：nipic.com

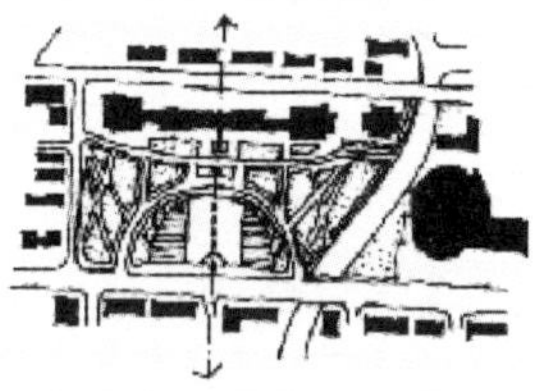

图 3-87　浙江桐乡市政广场平面图

图片来源：作者根据实景绘制。

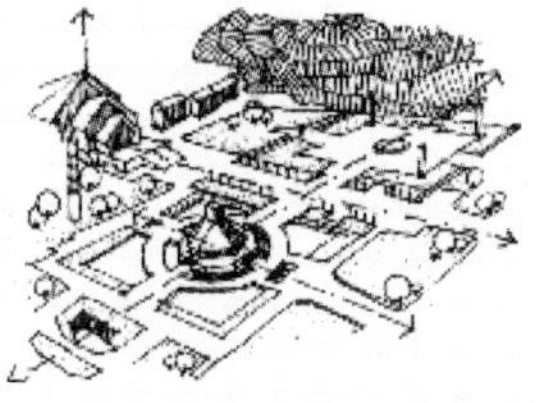

图 3-88　浙江绍兴文化广场鸟瞰

图片来源：作者根据实景绘制。

人的。以东莞中心区广场为例，假设它的铺装比占35%的话（实际铺装比已达66.6%），铺地面积就已经达到了10公顷（实为20），这相当于12个（实为24）上海静安寺广场、17个（实为34）上海浦东大拇指广场。这意味着必须对宏大的铺地进行有效的组织，通过形成空间序列来平衡因尺寸过大所导致的尺度失衡。

b　面素材的尺度及拼合方式

显然，如果不能改变基面尺寸，解决上述问题最有效的途径便是在基面素材尺度及拼合方式上做文章，正像蔡永洁所言："肌理从广场空间造型的角度看具有两维的属性，但它拥有调整、甚至改变由基面形式所确定的空间性格的能力，它还能够对广场的尺度感施加影响，它以自身的方式赋予空间以品质"[1]。当代中国城市广场素材拼合方式主要包括几何型以及自然型两大类，应用较广的为几何型。蔡永洁进而总结出了三种几何型的组织及铺贴方式：集中式、线型以及周边式[2]。这三种方式在当代中国城市广场规划建设中都应用颇广，尤以三种方式相组合、以一为主其他为辅居多。仍以东莞中心区广场为例，硬质铺装整体采用线型模式用以突出并强调基面原有的中轴对称格局，在局部区域则采用集中式或周边式铺装为辅来塑造尺度略显宜人的子空间；软质基面则在硬质铺装两侧以线型烘托中轴空间序列，辅以集中、周边式布局。同样的案例还包括大连星海广场（图3-85）、济南泉城广场、青岛五四广场、湖南株洲炎帝广场（图3-86）、桐乡市政广场（图3-87）、浙江绍兴文化广场（图3-88）等。而对于基面尺寸略小的广场而言，单一的铺贴方式则能使广场的空间略显宏大，典型的案例如南京日光月光广场（图3-89）、南京中山门广场以及大连金湾广场（图3-90）等。

因此，当代中国城市广场空间语言子要素——基面肌理聚合系的析取有如下特征：

---

[1] 蔡永洁. 城市广场——历史脉络 · 发展动力 · 空间品质［M］. 南京：东南大学出版社，2006. 108.

[2] 同上，129.

1. 析取的原则，以主题烘托为主，偏重中轴对称几何图案，与主题之外的广场日常空间使用结合弱；

2. 析取的方法，组合模式或单一模式。

但总体而言，基面肌理聚合系析取的最大特点仍是其随意性，整个析取过程通常不受基面、边围原始条件影响，而其与广场空间实际使用之间脆弱的关联更是直接导致广场空间使用率低，致使许多广场，尤其是尺度庞大的广场徒有其表、华而不实的根本原因。

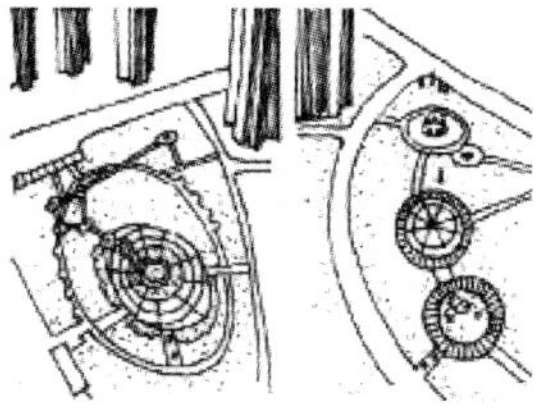

图3-89 南京日光月光广场鸟瞰

图片来源：作者根据实景绘制。

3.2.5.4 边围形

边围形包括边围与基面轮廓垂直相交区域的空间几何关系，以及边围天际线的线性变化特征。

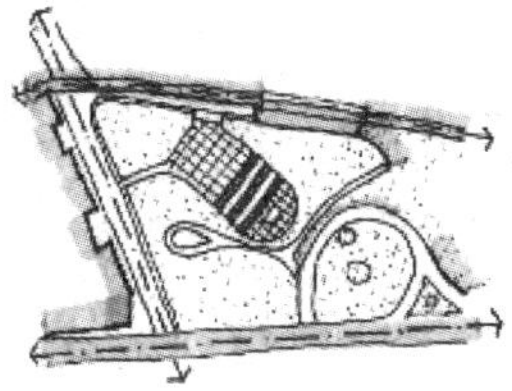

图3-90 大连金湾广场平面图

图片来源：作者根据实景绘制。

边围同基面轮廓直接相交的方式很多，多依据边围的形体特征来呈现，它既可以是封闭的垂直面，也可以通过局部的开口进而产生出入关系，还可以借助独立的或成组成列的垂直线型要素呈现出空间的层次。但以上这些直交类型在当代中国城市广场的规划设计中并不多见，仅仅出现在以建筑作为边围素材且以建筑来界定基面轮廓的广场案例中。这其中最为典型的案例是上海浦东大拇指广场、宁波天一广场（图3-91）、深圳中信泰富广场（图3-92）以及重庆沙坪坝三峡广场。这种直交的方式一方面增强了广场空间的围合性，从另一方面也丰富了广场空间的层次。相比之下，以乔灌木作为边围软质材料，在限定基面轮廓的同时限定空间边界的案例则比较多，其中最为典型的案例包括广州陈家祠广场、青岛海琴广场、济南七贤广场、南京山西路广场以及杭州吴山广场。绝大多数的广场案例则因基面轮廓由规划路网限定，致使视觉中的边围无法与广场基面形成真正意义的相交，从而导致广场空间与边围疏离、空间特征不强烈、围合感较弱、导向性偏强，此类案例很多，尤以安徽合肥政务文化新区市民广场、山东荣成市政广场、泰安泰山广场为最。

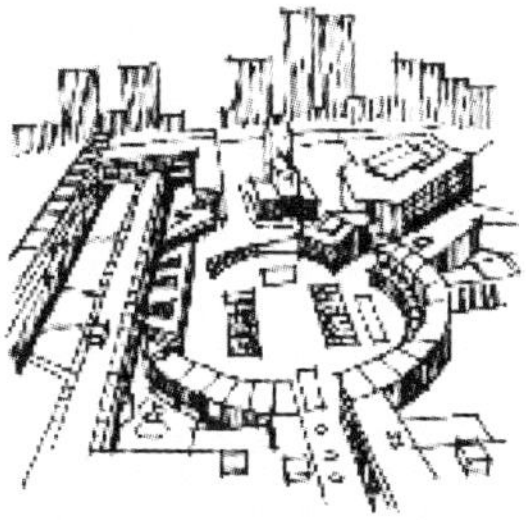

图3-91 宁波天一广场鸟瞰

图片来源：作者根据实景绘制。

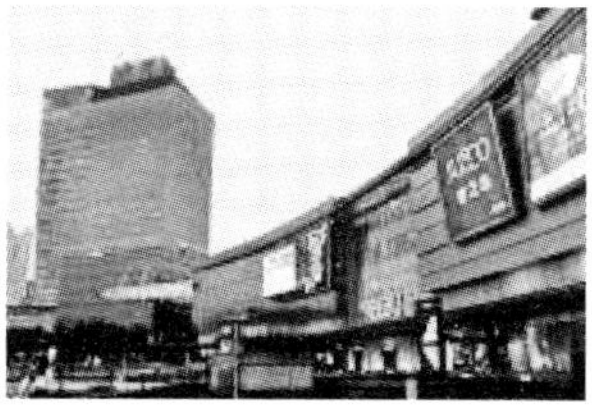

图3-92 深圳中信泰富广场

图片来源：作者摄，2009年。

边围天际线是边围同空间顶面——天空的交线，即边围顶部的轮廓线型剪影。边围天际线的变化所呈现出来的韵律、节奏甚至突变能够直接影响广场空间的整体性及场所感。通

图3-93　大连胜利广场

图片来源：作者摄，2010年。

图3-94　深圳市民中心广场

图片来源：作者摄，2009年。

图3-95　大连中山广场俯瞰

图片来源：lvyou114.com

常来说，以植物作为边围素材的广场空间，其边围天际线连续、平稳、简洁，广场空间宁静、祥和。而以建筑作为边围素材的广场空间，则受建筑类型影响显著。建筑类型单一，边围天际线就会连续、平稳、清晰，广场空间因此趋于宁静、闲适，典型的案例是宁波天一广场、上海静安寺广场等。建筑类型多元，边围天际线便会断裂、突变、含混，广场空间也会因此充满变化及不稳定感，比较典型的案例是大连胜利广场（如图3-93所示）、大连中山广场（图3-95）。但绝大多数的案例是在既有的空间序列控制下，由1～2个核心要素左右边围天际线的起伏，而这个核心要素即是蔡永洁所言的广场空间中的"重音"[1]。譬如，深圳市民中心对于深圳市民广场而言便是一个典型的重音，大尺度的弧线形屋顶呼应着莲花山的山脊塑造出了深圳市民中心区独一无二的天际风景（图3-94）。同样的案例还有合肥政务文化新区市民广场、哈尔滨市政广场、江苏常州市民广场等。而这些案例无一例外，皆借助"重音"强调着秩序以及空间的主从关系。

因此，当代中国城市广场空间语言子要素——边围形聚合系的析取则呈现出如下主要特点：

1. 析取的原则，受限于边围本身，与广场空间结构中其他要素关系较弱；

2. 析取的方法，有"重音"或无"重音"。

显然，除去重音可能带来的控制力，但就当代中国城市广场空间整体结构而言，边围并未能独立成为广场空间有力的功能与形态支撑。

3.2.5.5　家具尺寸

以广场八股为例，显然无论是喷泉、雕塑抑或是旗杆从人的视觉感受来说，都是超过视高的广场家具类型，均能起到分隔、组织空间甚至改变广场特征、赋予广场独特性格的作用，这其中尤以雕塑的作用为最。与近人尺度的小雕塑在城市空间中所起的细化作用不同，大尺寸的雕塑往往位于广

[1] 蔡永洁. 城市广场——历史脉络·发展动力·空间品质［M］. 南京：东南大学出版社，2006. 118.

场基面的几何中心，在强调轴线及空间等级的同时，以集中式的方式将空间限定。这种模式在当代中国城市广场的规划建设中很典型，尤其是在广场边围的作用被弱化或忽视的情况下，大型雕塑通常能够成为广场空间的绝对控制性要素。比较典型的案例是沈阳市府广场、济南泉城广场以及青岛五四广场，这三个广场中的巨型雕塑——太阳鸟、泉标、五月的风已经毫无争议地成为所在城市的地标（图3-96，3-97，3-98）。同样的案例还有大连奥林匹克广场的奥运五环、深圳龙岗龙城广场的龙之根（图3-99）、东莞中心区广场主题雕塑（图3-100）、山东临沂人民广场的高山长远等，不胜枚举。

除此之外超过视高的家具还包括亭、灯柱、地下通风口、公示/书报栏等。以亭为控制性要素的典型案例是广东顺德德胜新区广场、北京西单文化广场、青岛音乐广场以及深圳金光华广场等。以灯柱序列作为空间组织要素的更为普遍，尤以山东潍坊中心广场为最，在该案例中，由花式灯柱所组成的竖向阵列是广场空间中唯一存在的能够限定和组织空间的竖向元素，但是鉴于其功能使用的时效性，致使白天的广场尤为空阔。除此之外，随着城市土地走上集约型发展的道路，对地下空间的开发也促使地下通风口成为地上广场空间的重要景观元素，比较典型的案例是上海静安寺广场、宁波天一广场以及无锡太湖广场。而以公示、书报栏/LED屏为组织要素的案例，则包括哈尔滨南岗区区情公示广场、东莞文化广场以及上海外滩金融广场。

相较而言，尺寸小巧的家具——譬如座椅、凳、种植容器等，在广场空间的组织塑造中虽未能起到决定性的作用，但仍能有效分隔空间，最典型的案例是重庆沙坪坝三峡广场（图3-101）以及南京山西路广场。这两个广场亲切宜人的尺度同家具的组合配置息息相关。济南泉城广场、东莞中心区广场等大型城市广场则通过按片区设置轻巧宜人的家具，来平衡广场过大的尺度给人的心理所造成的压迫感，其效果也是明显的。但很多案例依然无法在巨大的广场尺度和人性化的空间中找到平衡点，其中最典型的案例便是山东潍坊中心广场、江苏无锡太湖广场以及深圳市民中心广场、大连星海广场、沈阳

图3-96 沈阳市府广场主题雕塑

图片来源：cnzozo.com

图3-97 济南泉城广场主题雕塑

图片来源：作者摄，2009年。

图3-98 青岛五四广场主题雕塑

图片来源：cnzozo.com

图3-99 深圳龙岗龙城广场主题雕塑

图片来源：作者摄，2007年。

图3-100　东莞中心区广场主题雕塑

图片来源：作者摄，2009年。

图3-101　重庆沙坪坝三峡广场家具

图片来源：cncqt.com

图3-102　济南泉城广场家具设置实景

图片来源：作者摄，2009年。

市府广场等。

基于此，不难看出空间语言子要素——家具尺寸聚合系的析取有如下特点：

1. 析取的原则，以主题烘托为主，偏重尺寸宏大的家具；

2. 析取的方法，组合模式与单一模式相结合。

显然，作为主题、概念最直接的物化对象——尺度宏大的家具通常能与图案化的基面形成强烈的逻辑关系，进而影响到整个广场空间格局的形成。

3.2.5.6　家具位置

蔡永洁认为，家具的位置"能加强或干扰空间的方向性……当家具的轴线与广场基面的轴线吻合时，它强化空间的方向性，反之则起到干扰作用"[1]。这些特质在当代中国城市广场规划建设中均有所体现。在将"中轴对称式"诠释得最为成功的案例中，矩形抑或是矩形和圆形组合仅仅是基底，真正将轴线烘托、将对称的格局塑造起来的是大大小小的广场家具。以济南泉城广场为例，色彩绚丽的泉标、人头攒动的下沉广场、孩童嬉戏的荷花音乐喷泉、高大的齐鲁文化名人柱廊依次矗立于中轴线上，在起承转合间将数个空间高潮串联在了一起，这既强化了空间纵深向的发展，又赋予了其多姿多彩的性格特征；而周边几近对称布局的家具组合则在烘托中轴线的同时，塑造出一系列亲切的小尺度空间序列，譬如名士林、滨河广场等（图3-102，3-103）。同样借助大量的广场家具诠释"中轴对称式"的案例还有东莞中心区广场，只是鉴于基面尺寸是泉城广场的2.5倍，致使每一个位于中轴线上的独立家具——旗杆、雕塑、下沉剧场等都因尺寸略小而无法将纵向的空间节奏有力地传递下去；即便如此，周边的家具组合却巧妙地塑造出一系列的小尺度空间序列，这无疑在凸显中轴线对称格局的同时弥补了宏大空间之于人性尺度的不足（图3-104，3-105）。

相较"中轴对称式"，在以三角形、圆形、半圆形或椭圆

[1] 蔡永洁．城市广场——历史脉络·发展动力·空间品质［M］．南京：东南大学出版社，2006．126．

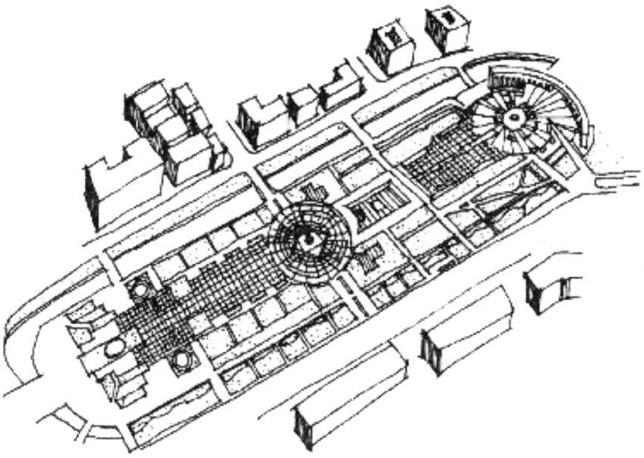

图3-103　济南泉城广场鸟瞰图

图片来源：作者根据实景绘制。

图3-104　东莞中心区市民广场家具设置实景

图片来源：作者摄，2009年。

图3-105　东莞中心区市民广场家具设置实景

图片来源：作者摄，2009年。

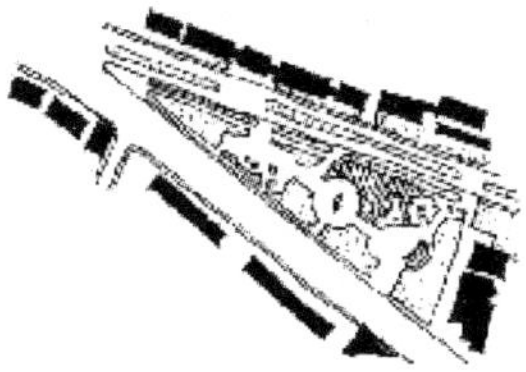

图3-106　哈尔滨母亲广场平面图

图片来源：作者根据实景绘制。

形为基底的广场中，独立的广场家具则多置于几何中心。譬如哈尔滨母亲广场（图3-106）、青岛李沧区中心广场（图3-107）、湖南株洲炎帝广场、辽宁鞍山胜利广场、山东青岛汇泉广场等。而组合的广场家具则多围绕几何中心呈向心式布局（图3-108）。

因此，当代中国城市广场空间语言子要素——家具位置聚合系的析取呈现出如下特点：

1. 析取的原则，以主题烘托为主，偏重中轴线及几何中心；

2. 析取的方法，组合模式与单一模式相结合，以基面几何图案为摹本。

毋庸置疑，对通过家具位置的析取，家具的作用已经超越边围将图案化的基面立体地呈现出来，并通过多变的组合模式有目的地强调广场的空间主题。

3.2.6　本节结语

基于上述解析不难看出，当代中国城市广场空间语言要素聚合系析取过程的总体特征是：以基面为主导，以家具为亮点，边围较弱。而上述6个子要素依照其空间影响力排序，则依次为：基面尺寸、基面肌理、家具位置、家具尺寸、基面相对高程以及边围形。其中，基面尺寸是基础，析取的结果直接决定广场空间形态的总体发展趋势；而基面肌理则

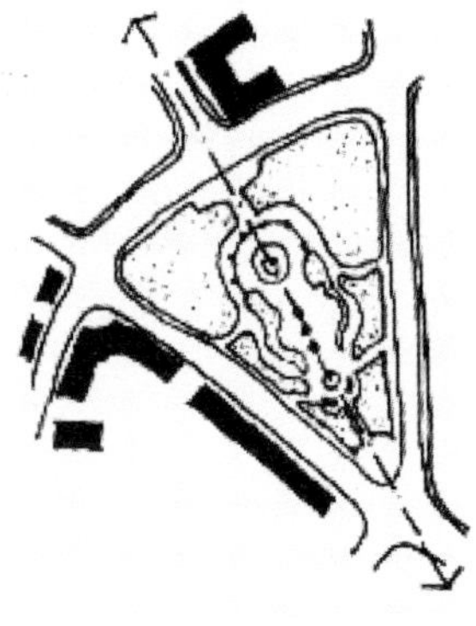

图3-107 青岛李沧区维客广场平面图

图片来源：作者根据实景绘制。

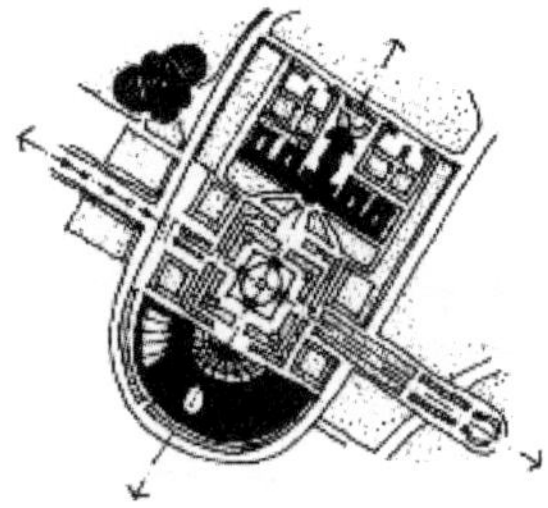

图3-108 上海浦东新区世纪广场平面图

图片来源：作者根据实景绘制。

基于尺寸的大小借助不同的素材及相应的拼合方式对空间进行组织，它的析取既直观反映广场空间的主题，同时也对广场空间格局产生深远的影响；家具位置、家具尺寸的析取则能在体现空间主题清晰度的同时，折射出空间使用者与空间结构的关系；基面相对高程以及边围形的析取，则既能体现空间整体结构的严谨度，又能反映出广场空间与原始基地及周边环境相契合的程度。

综上所述，广场空间语言要素聚合系的析取过程，并非单个要素彼此孤立的一维过程，而是环环相扣的多维过程，任何一个子要素的析取过程如出现偏颇都会导致要素组合段之间逻辑关系的弱化与断裂，进而使广场空间结构松散、空间使用率降低、场所感减弱，而使用率与场所感又直接反映了城市广场表达项与内容项之间的逻辑关系。

3.3 本章结语

自20世纪90年代起，当代中国城市广场经历了狂飙突进的发展建设，无论是改建、扩建抑或是新建，建设项目之多、影响范围之广、建设质量之参差不齐、空间形态之趋同、实际空间使用效果之不如人意有目共睹。从空间语言结构角度对这种建设现状加以客观地解析，研究其结构的相似与相异、各构成要素彼此之间的逻辑关系以及析取原则，无疑是对当前建设现状展开进一步全面研究的基础。事实上，当代中国城市广场空间语言结构中所呈现出来的所谓要素之间逻辑关系的松散与断裂，具体到城市生活中的表现为生活方式与生活环境之间的脱节，这意味着即便空间表达再严谨、形态再完整、设计手法再纯熟，一旦与人们的日常生活习惯、生活模式无关，抑或是忽略了人们的日常行为模式，建立在生活方式与生活环境/社会属性与物质属性/内容项与表达项之间的内在联系，就会不可避免地发生失衡。

城市广场是城市生活的写照，就像语言是思想的折射。基于此，蔡永洁所明确指出的当代中国城市广场三大特点——仪式性特征显著、仪式性与休闲性相矛盾以及功能单一[1]，究其实质，可以说直接源于自上而下、主题化、教条化的规划路线以及脱离了人们实际日常生活需求的千篇一律的大手笔、大尺度的设计思路。因此，仅仅如上文在既定的时空框架内，借助空间语言逻辑关系的梳理对当代中国城市广场的建设现状进行静态解析，虽具体、微观却仍无法避免流于其表，这就如同形式完整并不能代表空间使用率高、充满活力，形式动态有机也不意味着空间利用率低、缺乏人气。而本章对广场空间语言结构逻辑的聚焦也仅仅只是本书研究的起点，基于此，中国当代城市广场将在随后章节中被置于中国城市社会发展历程以及世界城市广场发展历程的参照系中，借助纵跨历史维度、横跨空间维度的研究，揭示出其空间语言社会属性与物质属性/内容项与表达项之间在现实语境下持续角力真正的历史根源，并进而深化对当代中国城市广场空间语言逻辑关系断裂现象的认知。

[1] 蔡永洁. 城市广场——历史脉络·发展动力·空间品质［M］. 南京：东南大学出版社，2006. 217.

第4章 当代中国城市广场的历时与共时

城市形式是历史的事件，我们建造的东西的确就是我们自己[1]。

——斯皮罗·科斯托夫

4.1 历时维度之研究

洪堡认为："语言，或至少语言的要素（这一区别十分重要），是一个一个时期传递至今的，除非我们跨出有经验的范围，才谈得上新语言的形成。"[2]因此，唯有将当代中国城市广场置于中国城市外部空间的历史发展沿革中进行研究，才有可能找到洪堡所言的不变以及本维尼斯特所言的各系统间在交叠演进过程中所发生的变化[3]。但是，"语言易世而必变，既变，则古书非翻不能读也"[4]，客观的空间建构逻辑在这个跨时间维度的解读过程中显然能够成为研究的基础与准绳。因此，本书针对当代中国城市广场的历时维度研究，将基于上文所建构的广场空间语言结构框架展开。

4.1.1 中国古代城市外部空间概述

研究中国古代城市外部空间必须从研究中国古代城市开始[5]。李允鉌通过词源回溯指出，中国汉字中的"城"有两层含义，其一为"城墙"，其二为"城市"。而以"城墙"代表"城市"说明"古代很多时候都是先修筑城墙然后才形成城市……

---

[1] [美] 斯皮罗·科斯托夫. 城市的形成,历史进程中的城市模式和城市意义[M]. 单皓译. 北京：中国建筑工业出版社,2005. 91.

[2] [德] W·V·洪堡. 论人类语言结构的差异及其对人类精神发展的影响[M]. 姚小平译. 北京：商务印书馆,2002. 44.

[3] 李幼蒸. 理论符号学导论[M].3版. 北京：中国人民大学出版社,2007. 137.

[4] 李河. 巴别塔的重建与解构：解释学视野中的翻译问题[M]. 昆明：云南大学出版社,2005. 52.

[5] 本书把这个时间跨度限定为商、周至清末民国初。

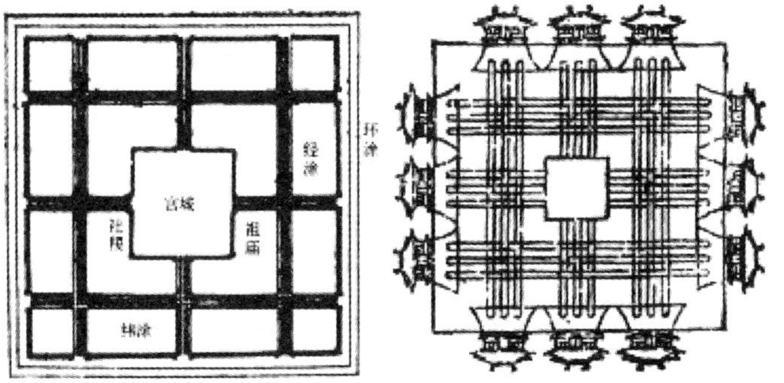

图 4-1　周王城图及复原

图片来源：董鉴泓．中国城市建设史［M］．北京：中国建筑工业出版社，2009. 13

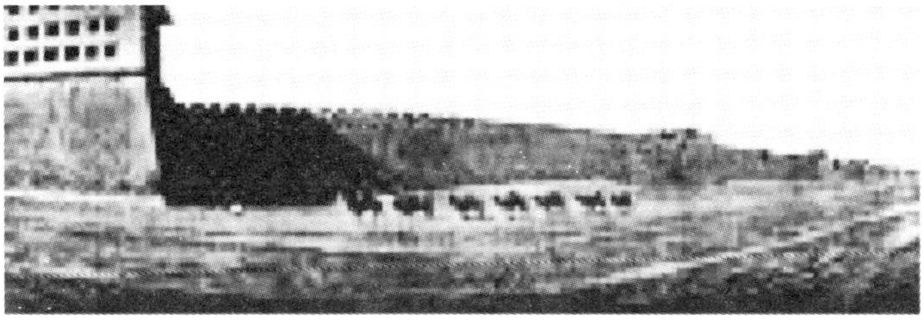

图 4-2　北京老城墙

图片来源：华揽洪．重建中国 ——城市规划三十年（1949—1979）［M］．李颖译．华崇民编校．北京：生活・读书・新知三联书店，2006. 14

‘它们规划成理性的防御工事图案，产生于经过地形上的小心选择’”[1]（图 4-1，4-2）。因此，便可断定中国古代城市多是“由外而内”发展起来的，而“城市的建立鉴于人的主观能动性多于自发地自然地形成”[2]。基于此，中国古代城市规划形态便呈现出如汪德华所言的三个特征：理性主义追求、强烈的整体意识以及特有的院落套院落的空间组合观念[3]。他所谓的理性主义追求等同于“天人合一”“知行合一”以及“情景合一”这些古代哲学观，而中国古代城市则恰是此三者具象的统一：“盖匠人营国，方九里，旁三门，国中九经九纬，经途九轨，左祖右社，面朝后市，市朝一夫”，用当代的话就是

[1] 李允鉌．华夏意匠：中国古典建筑设计原理分析［M］．天津：天津大学出版社，2005. 377.
[2] 同上，378.
[3] 汪德华．中国城市设计文化思想［M］．南京：东南大学出版社，2009. 16.

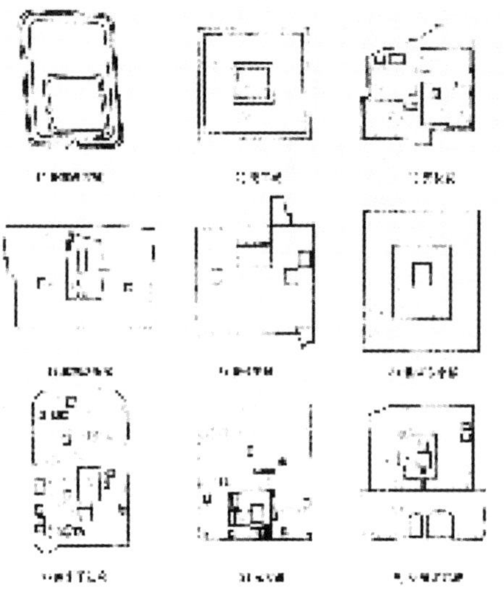

图4-3　城墙内的城墙

图片来源：蔡永洁.城市广场——历史脉络·发展动力·空间品质[M].南京：东南大学出版社，2006.170

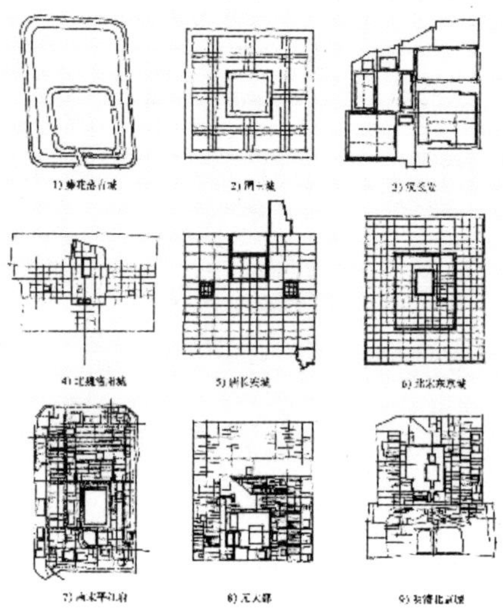

图4-4　线型空间网格

图片来源：蔡永洁.城市广场——历史脉络·发展动力·空间品质[M].南京：东南大学出版社，2006.173

中轴对称、主次分明、前后呼应、左右相称、结构清晰。显然，这套建构逻辑更关注城市的象征意味而非寻常生活，更关注政治、军事功能而非社会功能、更趋于内向而非外向，而由此所形成的城市空间模式也自然“无法构成多姿多彩的外部封闭空间的景色”[1]——即便时至宋代，里坊制被破除、商业活动蔚然成风、市民阶层逐渐浮现，但鉴于城市空间格局已成定局，街市便成为中国古代城市外部空间中唯一最具世俗特色的空间形态。因此，蔡永洁才会用“墙、线、市井”[2]来概括中国古代城市空间结构的特点（图4-3，4-4），或者套用结构语言学的研究术语，“墙、线”是中国古代城市外部空间的构成要素及组合方式，而“市井”则是自下而上产生的世俗文本。

4.1.2　中国古代城市外部空间语言结构表达

中国古代城市外部空间语言结构的表达非常清晰，物质实体构成要素同样包括三大类：基面、边围、家具。因多为棋盘网格式布局，所以要素及聚合系析取原则简单、直接，组合段的合取原则也清晰、明确。

[1] 李允鉌.华夏意匠：中国古典建筑设计原理分析[M].天津：天津大学出版社，2005. 402.
[2] 蔡永洁.城市广场——历史脉络·发展动力·空间品质[M].南京：东南大学出版社，2006. 169.

4.1.2.1　聚合系的析取

A　边围

一般而言，如果从空间语言结构分层这个角度来思考城市外部空间的生成，初始层级应为建筑实体，以此为基础构逐层建构外部空间的边围以及家具。然而，对于中国古代城市外部空间而言，边围却是由建筑实体的要素——墙体直接构成的。有别于由建筑实体所构成的边围，因为不能提供行为支撑，作为建构要素的墙体便无法为由其所限定的城市外部空间赋予性格及活力，而它的封闭性也决定其只能起到阻隔视线、分隔空间、限定内外的单一作用[1]。这一特点在宋以前的古代城市规划中非常显著，受到规整的棋盘网格式路网的限制，由墙限定而成的坊院强化了墙内空间的封闭性、防御性，墙外空间的严整性、仪式性，以及二者之间的隔绝，以至于用以维系城市居民日常生活的“市”、顶礼膜拜的寺庙、授业解惑的学校以及赏玩娱乐的教坊等也均隐藏于由墙所围合的坊院之内[2]（图 4-5，4-6）。侯幼彬曾这样描摹大唐盛世时期的长安城：“恢宏的规模、严整的布局，壮观的宫殿、**封闭的坊、市，宽阔而冷寂的街道**和星罗棋布、高低起伏的寺观塔楼。”[3]（粗体为作者所加）足可见宋以前根本不存在具有实质意义的所谓的城市外部空间，而墙仅仅作为坊院的边围对内发挥空间围合的作用。宋以后，虽然唐以前严苛的里坊模式发生了巨大的改变、一部分建筑实体取代了墙体成为城市外部空间的边围、而边围也因此获得了更多的自主性——譬如在肌理、尺寸、形式上有了更多的选择，但单纯由墙所界定的空间依然是城市空间结构的主流，墙依然控制并决定着

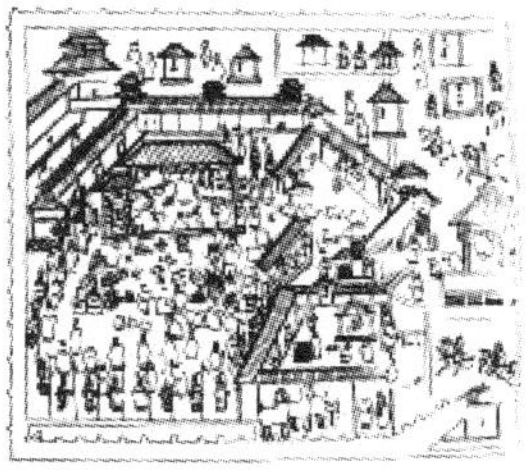

图 4-5　东汉墓室壁画《宁城图》摹本“市”

图片来源：李允钚. 华夏意匠：中国古典建筑设计原理分析［M］. 天津：天津大学出版社，2005.116

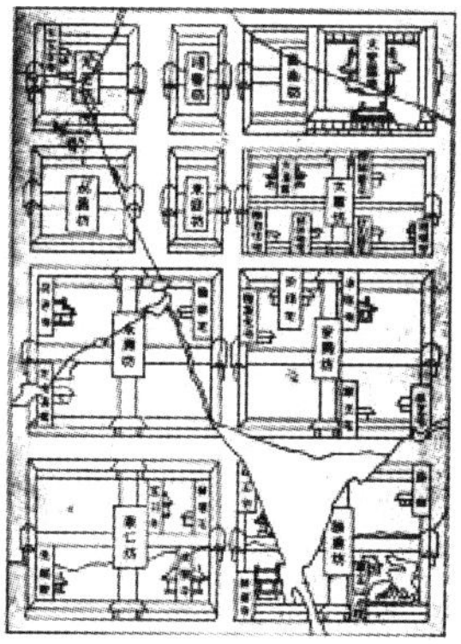

图 4-6　唐长安的“坊”

图片来源：李允钚. 华夏意匠：中国古典建筑设计原理分析［M］. 天津：天津大学出版社，2005.399

[1] 这种说法源自闾里、里坊的发展沿革，按照李允钚对《两京新记》的研究，“坊本身其实就像一个小城市”，由坊墙围合，四出坊门与外界相连，详见：李允钚. 华夏意匠：中国古典建筑设计原理分析［M］. 天津：天津大学出版社，2005. 398.

[2] 以北魏洛阳城为例，在城市西部区域围城之中有十个坊，坊的名称表明了商店的位置和交易内容：财富坊、金店坊、沽酒坊、卖酒坊、贸易坊、运货坊、音乐坊、音律坊、母孝坊、敬逝坊。一些寺庙所占面积也很大，大的寺庙往往会占据1个到2个坊巷。详见：［德］阿尔弗雷德·申茨. 幻方——中国古代的城市［M］. 梅青译. 北京：中国建筑工业出版社，2009. 180—185.

[3] 侯幼彬，李婉贞. 中国古代建筑历史图说［M］. 北京：中国建筑工业出版社，2002. 49.

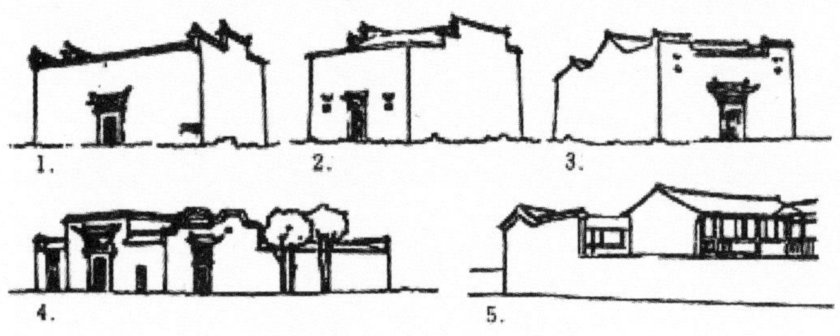

图4-7　明代安徽民居

图片来源：Andrew Boyd.中国古建筑与都市[M].谢敏聪，宋肃懿编译.台北：南天书局，1987.110

中国古代城市空间结构的内向性——使其既无法形成绝对的正负空间对立，也无法实现私有空间与公有空间配比的平衡（图4-7）。因此，可以说是墙的这种“越级”建构使得中国古代城市与其说是城市，不如说是一座巨大的单体建筑。显然，这一特征深刻地影响了古代中国的城市社会性格。

基于此，不难总结出中国古代城市外部空间要素——边围聚合系的析取特征：

1. 析取的原则，内向封闭为主；

2. 析取的效果，严整、均质为主，自由、异质为辅。

总体而言，中国古代城市外部空间的边围既是严苛的规划控制产物，也是中国古代城市哲学最直观的物质诠释。

B　基面

中国古代城市外部空间的基面对面宽及平整度的设计以车辆行驶的便捷为主要依据（图4-8）。以对中国古代城市建设影响最为深远的《周礼·考工记》为例，其中的“九经九纬，经途九轨”便暗含了对基面尺寸及空间使用的要求。按照李允鉌的研究，周制九轨为七十二（周）尺，那么纵街街宽就相当于今天的15米[1]。虽然这种“三道九轨”之制自周始到唐代均无变化，但街宽却由15米逐步改变为20米（西汉长安城）、10～40米（东汉洛阳）、60～176米（隋唐长安），而尺寸跨度的变化也反映出城市空间结构等级是如何通过形而上的量化

图4-8　1920年北京地安门大街

图片来源：华揽洪.重建中国——城市规划三十年（1949—1979）[M].李颖译.华崇民编校.北京：生活·读书·新知三联书店，2006.27

[1] 李允鉌.华夏意匠：中国古典建筑设计原理分析[M].天津：天津大学出版社，2005.403.

手段进行宏观控制的。以隋唐为例，当时长安里坊内的道路宽度为15米，而丹凤门大街之所以达到176米的宽度，按照董鉴泓的研究主要鉴于当时的交通工具是马车，文武百官上朝时需经此街抵大明宫，窄了必然拥堵。除此之外，他还转述日本园仁和尚对长安的记载指出："道路的宽度，并没有完全从经常的交通量出发，朱雀大街那样宽是为了**帝王出行**的特殊需要……南北道路很宽，可能是为了便于位于城北的**统治**机构'捕亡奸伪'，可以使骑兵易于快速到达全城每个角落。"[1]（粗体为作者所加）显然，唐代以前城市外部空间的基本功能是为了满足政治抑或是军事的通行需求，这种类似军事管制的空间建构模式决定了所谓的城市外部空间的非开放性。到了宋以后，道路的宽度又逐渐恢复到30～50米之间，甚至越来越窄，而一些只余通过功能的巷道甚至10米都不到，这在《清明上河图》中均有描绘。可以说这同都城的南迁、交通工具的改变、经济生活的发展有很大关系。自此，"大街小巷"的街巷制开始取代里坊制沿用至清末（图4-9，4-10）。

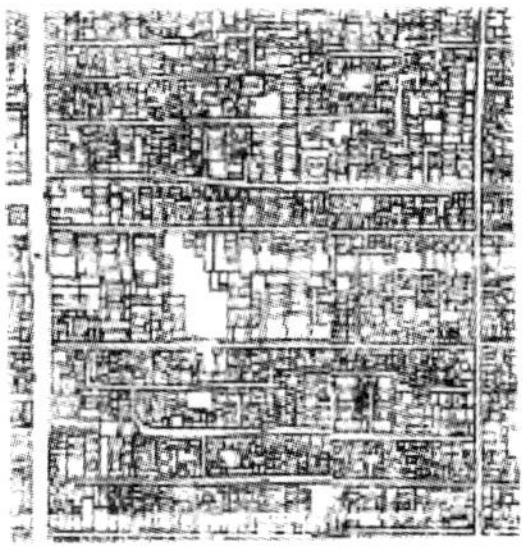

图4-9　北京1740年地图

图片来源：华揽洪．重建中国——城市规划三十年（1949—1979）[M]．李颖译．华崇民编校．北京：生活·读书·新知三联书店，2006.16

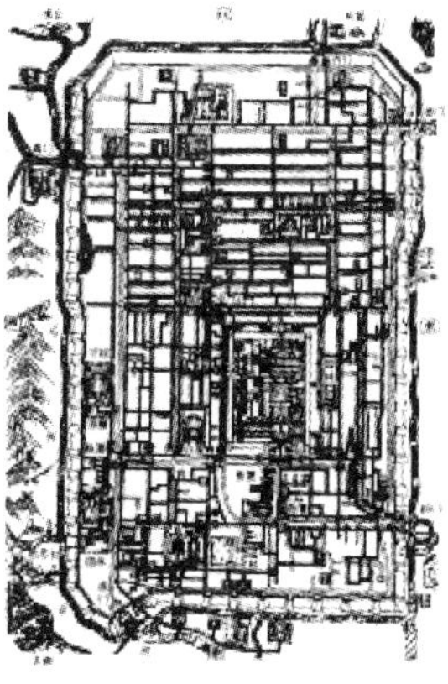

图4-10　宋平江府城图碑拓

图片来源：侯幼彬，李婉贞．中国古代建筑历史图说[M]．北京：中国建筑工业出版社，2002.81

综上，中国古代城市外部空间要素——基面聚合系的析取特征是：

1. 析取的原则，以政治军事需求为主，与居民日常生活联系较弱；

2. 析取的效果，鲜明的结构等级差异。

可以说，中国古代城市外部空间的基面也是严苛的规划控制产物，基于此的组合关系能够直接反映出中国古代城市的社会空间结构。

C　家具

中国古代城市外部空间中极少布置家具，这可能源于宋以前街道更倾向政治、军事功能，添置家具既无实际功用更会直接影响通行的快捷。宋代以后，这种状况发生了些许改变，在保存比较完好的宋代《平江图》上（图4-10），人们依稀可以看到跨街建造的独立于建筑之外的书写坊名的华表，董鉴泓认为这些坊名华表可以被看作是置于街道上的，可以被标注

[1] 董鉴泓．中国城市建设史[M]．北京：中国建筑工业出版社，2009.52.

图4-11 北京成贤街"国子监"牌楼

图片来源：李允鉌. 华夏意匠：中国古典建筑设计原理分析[M]. 天津：天津大学出版社，2005. 66

名称的街头装饰品[1]。张驭寰也持类似的观点，他认为这些通常建于重要街口的写着坊名的华表或曰牌坊是中国古代建筑群中的"小品"[2]，譬如北京的东单牌楼、西单牌楼、"国子监"牌楼（图4-11）分别标志着即将进入东单北大街、西单北大街、"国子监"了，其功能类似于现代的路牌。桥头也有建牌坊的，如北海里的桥便建有两组牌坊，分别叫作"金鳌玉蛛"、"堆云积翠"。牌坊基座旁亦附设石狮子，雕刻精美，堪称中国古代城市外部空间中的街头雕塑。

基于此，不难总结出中国古代城市外部空间要素——家具聚合系的析取特征：

1. 析取的原则，便于城市管理；

2. 析取的效果，促成空间序列的形成，进而成为街道深远处的对景。

总体而言，中国古代城市外部空间的家具无论是种类抑或是数量均很少，这从侧面也集中反映出古代城市居民与城市外部空间之间的疏离——他们没有或仅有较少的城市生活类型。

4.1.2.2 组合段的合取

鉴于家具在中国古代城市外部空间语言结构架构过程中对空间品质的形成影响力很弱，组合段的合取便主要集中在边围及基面两个物理范畴内，因此，此两者之间的关系直接决定中国古代城市外部空间的空间品质（图4-12）。

如上章所述，边围与基面的关系包括边围尺寸、边围形、边围肌理与基面尺寸、基面形、基面相对高程、基面肌理之间的组合关系。而其中，基面尺寸同边围尺寸，或者准确地说——基面的面宽同边围高度的比值，对中国古代城市外部空间品质的塑造影响最大。宋以前楼阁式建筑较少，加之街道宽阔，若以檐口高度4米作为坊墙高度，街道的高宽比必然严重失衡（尤其是唐长安丹凤门大街，其高宽比甚至达到了1:44），再加上边围封闭、肌理乏善可陈，更使得宋以前尤其

图4-12 胡笳十八拍中描绘的唐宋时城市景象

图片来源：李允鉌. 华夏意匠：中国古典建筑设计原理分析[M]. 天津：天津大学出版社，2005. 82

[1] 董鉴泓. 中国城市建设史[M]. 北京：中国建筑工业出版社，2009. 86.
[2] 张驭寰. 中国城池史[M]. 北京：中国友谊出版公司，2008. 298.

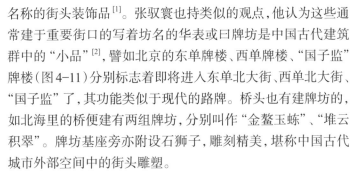

图4-13　清明上河图中的北宋商业街

图片来源：Andrew Boyd. 中国古建筑与都市[M]. 谢敏聪，宋肃懿编译. 台北：南天书局，1987. 44

是唐代的城市外部空间空旷、单调、行人寥寥，“除了偶尔举行的皇帝出巡、郊祭等人数庞大的仪仗队通行的需要外，平常很空旷，完全超出了正常的交通需要，所以在后期经常发生侵街筑屋及在街上种菜的情况”[3]。至宋以后，部分街道的边围被建筑实体所取代，一些“三层相高，五楼相向”的楼阁式建筑甚至令边围的尺寸随之发生改变，依董鉴泓所言按照《清明上河图》(图4-13)所描绘的，北宋东京商业街的宽度不超过15～20米，那么如果楼阁建筑按8～10米高来计，宋时街道局部的高宽比就达到了1∶1.5～1∶2.5，若按普通的4米高度来计，街道的高宽比则为1∶3.75～1∶5。无疑相较宋代以前，城市的外部空间是更加宜人了，只是围合感依旧不强，这既有街道宽度的原因，也是城市棋盘网格式线型空间结构所致。

边围形、边围肌理与基面尺寸、基面形之间的关系，对中国古代城市外部空间性格的形成影响也很大。以“市”为例，宋代以后，原来被围于坊内的“市”其整体格局由面变成线，沿线型街道两侧延伸开来，这一转变的影响是巨大的，它使得边围由封闭的墙转变为开放的建筑实体，边围的尺寸、形及肌理进而也发生了深刻的变化。譬如孟元老《东京梦华录》中所记载的：“三层相高，五楼相向，各用飞桥栏槛，明暗相通”，“凡屋宇非邸店楼阁临街市之处，毋得为四铺作、

[3] 董鉴泓. 中国城市建设史[M]. 北京：中国建筑工业出版社，2009. 229.

图4-14　飞廊亦称飞桥

图片来源：李允鉌. 华夏意匠：中国古典建筑设计原理分析[M]. 天津：天津大学出版社,2005. 118

图4-15　中国古代建筑传统店面形式

图片来源：李允鉌. 华夏意匠：中国古典建筑设计原理分析[M]. 天津：天津大学出版社,2005. 120

闹斗八"[1]……这些都反映出边围的形与肌理在宋以后所发生的改变(图4-14)。另一方面，因为受到基面面宽变窄的影响，街道空间相比唐代也显得更加紧凑了，"开敞式的沿街店铺，多层独立的大酒楼，屋宇雄壮、门面广阔的金银财帛交易所等构成了主要商店大街的景象"[2](图4-15)。显然，相较宋以前的由车马所主导的、宏大的、均质的、闭塞的、连续的、跟坊中生活的人没有关系的城市外部空间，宋以后的空间形态是跨越式的，其半开放性令中国古代城市外部空间开始成为人活动的场所，而边围的形与肌理不但有效地修饰、细化了这个场所，更将城市与人通过这一级尺度紧密联系在一起。然而，即便如此，宋以后的城市空间主体依然还是由棋盘式的路网所定义、由均质连续的墙所限定的严整的线型空间结构，

[1] 侯幼彬，李婉贞. 中国古代建筑历史图说[M]. 北京：中国建筑工业出版社,2002. 78.

[2] 李允鉌. 华夏意匠：中国古典建筑设计原理分析[M]. 天津：天津大学出版社,2005. 117.

它的底色依然是封闭的。

因此，当我们纵观中国古代城市外部空间的发展变化，再从空间语言结构组合段的合取角度来思考时，不难发现中国古代城市外部空间语言结构构成要素之间的关系更倾向于选择型的逻辑关系。这主要源于中国古代城市建设者从未以组合的方式对边围与基面进行过系统研究——没有关于二者比例、尺寸关系的研究，没有关于二者肌理组织关系的研究，更没有关于二者形态关系的研究……无论是边围抑或是基面都各自隶属于不同的规划设计领域，甚至此两者之所以自宋以后相继发生转变，也主要源于社会政治、经济环境的改变，同二者之间的空间美学没有任何直接关系——即便边围与基面就其构成本身而言是互为因果的。基于此，作为中国古代城市外部空间语言结构中的两大构成要素，也就不可能在动态的变化中呈现出具有决定意义的连带型的互为充要的逻辑关系。

综上所述，中国古代城市外部空间语言结构的主要特点是：

1. 边围普遍低矮、连续、均质、局部或有重音，基面只有线形一种类型，家具则类型单一；

2. 边围、基面各子要素之间为选择型逻辑关系，家具位置与边围及基面也呈现出选择型的逻辑关系；

3. 空间品质主要体现为封闭的导向特征。

4.1.3　中国古代城市外部空间语言结构内容

中国古代城市空间有两套内容：官式与世俗。

4.1.3.1　官式内容

官式内容通过强有力的中央集权得到推行。虽然上文所引述的"盖匠人营国，方九里，旁三门，国中九经九纬，经途九轨，左祖右社，面朝后市，市朝一夫"仅仅对都城的规模、格局做了大体的规划，但却暗含了对称、规整、轴线等符合《周礼》礼制的空间组织手法（图4-16，4-17）。这一中国最早的官方城市理想模式呈现出了《周礼》的思想内核——礼乐，即"物质环境的创造要为精神世界（实际是政治制度）的创造服

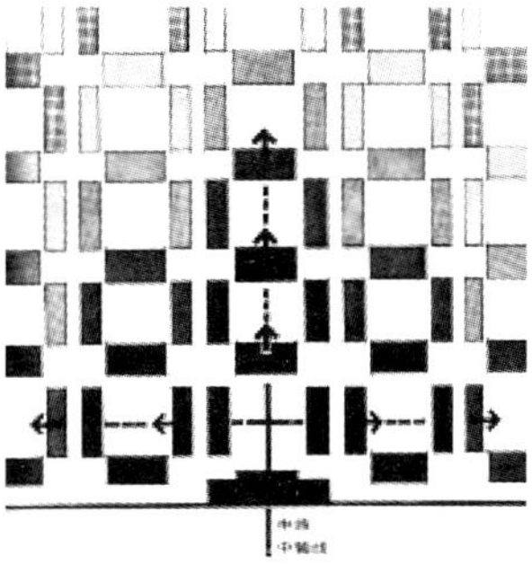

图4-16　中国古典官式建筑群组织发展

图片来源：李允鉌. 华夏意匠：中国古典建筑设计原理分析［M］. 天津：天津大学出版社，2005. 143

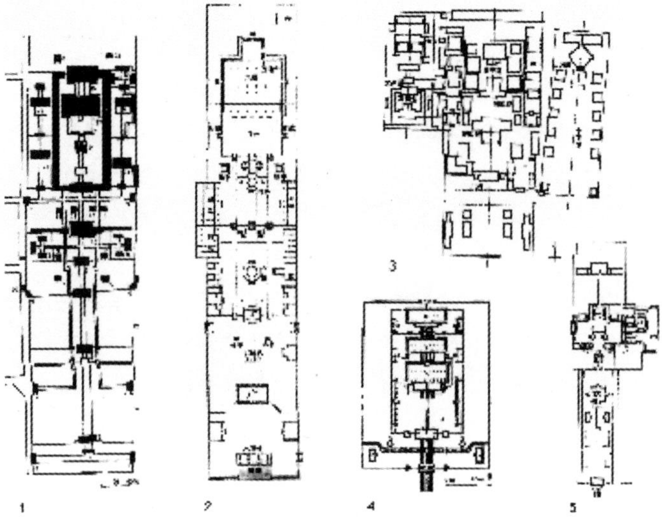

图4-17　中国古典官式建筑群的中轴格局，其中：1. 曲阜孔庙平面；2. 西安化觉巷清真寺平面；3. 沈阳故宫平面；4. 北京太庙平面；5. 正定隆兴寺平面

图片来源：侯幼彬，李婉贞. 中国古代建筑历史图说［M］. 北京：中国建筑工业出版社，2002。作者编制。

务”[1]。因此，即便在物质文明发展相对滞后的情况下，高效的集权制的古代中国依然能够建造出超越实际经济发展水平的恢宏的城市。“它的存在紧紧地依靠政治的背景。这是中国历史的特点，也是中国古代城市发展规律的特色”[2]。

在所有为“精神世界”服务的空间组织手法中，中轴对称以及基于此而形成的线型空间序列等级应用得最为广泛也发展得最为完善：早在周代位于陕西岐山的大型建筑群就已经采用中轴对称布局了；至曹魏邺城，中轴对称的格局被完整地呈现出来；后隋唐长安通过严苛地规定城门数目、位置、路网格局、市的分布以至于里坊的规模尺寸系统地完善了这种空间组织手法；至宋东京则通过将正对宫城的道路修饰为御路

[1] 汪德华. 中国城市设计文化思想［M］. 南京：东南大学出版社，2009. 33.

[2] 他所界定的中世纪时期是唐宋以后，显然与西方的中世纪概念不同，与阿尔弗雷德·申茨的断代也有不同，后者认为唐是中世纪的末期，而宋已经进入了现代，而现代的标志是国家的商业化，详见：李允鉌. 华夏意匠：中国古典建筑设计原理分析［M］. 天津：天津大学出版社，2005. 388.

天街，有力地凸显了都城空间的主轴；元、明、清后，更通过三朝建设将此空间布局模式推上了实践的巅峰。无疑，这种被李允鉌称为“脊柱式”[1]的构图意念，可以通过贯通都城、皇城的城市中轴线高效组织建筑群，进而凸显出皇城的政治、文化中心地位，以至于埃蒙德·N·培根认为集中轴对称思想之大成的北京：“可能是人类在地球上最伟大的单一作品。这座中国城市，设计成帝王的住处，意图标志出宇宙的中心。这座城市十分讲究礼仪程式和宗教思想……以致成为一个现代城市概念的宝库。”[2]（图 4-18）

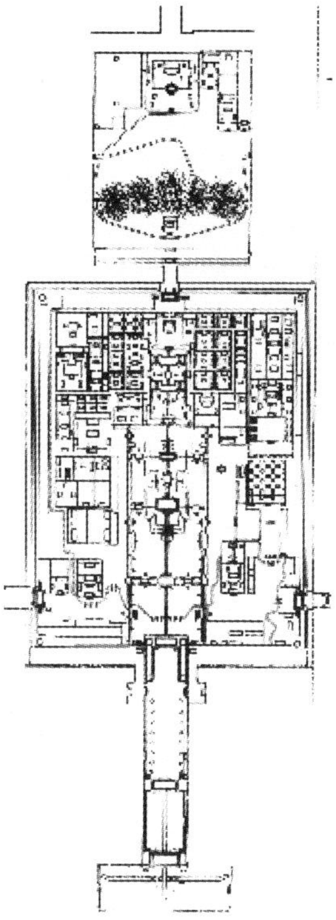

图 4-18　故宫中轴线

图片来源：[美] 埃蒙德·N·培根. 城市设计 [M]. 黄富厢，朱琪译. 北京：中国建筑工业出版社，2003. 250

这其中，对天街或宫前御道的强调往往是凸显中轴线最有效的手法。李允鉌和董鉴泓甚至阿尔弗雷德·申茨都引用了孟元老《东京梦华录》中对御街的描述：“坊巷御街，自宣德门一直南去，约阔二百余步，两边乃御廊，旧须行人买卖其间，自政和间官司禁止，各安立黑漆杈子，路心乃安朱漆杈子两行，中心御道，不得人马行往，行人皆在廊下朱漆杈子以外，杈子里有砖石瓷砌御沟水两道，宣和间尽植莲荷，近岸植桃李梨杏，杂花相间，春夏之间，望之如绣。”[3]显然，在宋代就已经出现通过拓宽重要街道、有效划分交通空间以及对称种植绿化带来强调城市中心干道重要地位的规划方法了。然而真正成就北京城市空间美学的，是基于中轴线而形成的一整套完整的空间序列等级——李允鉌称之为“‘从一个空间到另一个空间’串联起来的组织方式”[4]，埃蒙德·N·培根则谓之“从一种比例到另一种比例的流动”[5]——它不但反映在紫禁城内空间起承转合的变化，同时还延伸到整个城市中轴线上空间节

[1] 李允鉌. 华夏意匠：中国古典建筑设计原理分析 [M]. 天津：天津大学出版社，2005. 409.

[2] [美] 埃蒙德·N·培根. 城市设计 [M]. 黄富厢，朱琪译. 北京：中国建筑工业出版社，2003. 244.

[3] 董鉴泓. 中国城市建设史 [M]. 北京：中国建筑工业出版社，2009. 78；李允鉌. 华夏意匠：中国古典建筑设计原理分析 [M]. 天津：天津大学出版社，2005. 406；[德] 阿尔弗雷德·申茨. 幻方——中国古代的城市 [M]. 梅青译. 北京：中国建筑工业出版社，2009. 246.

[4] 李允鉌. 华夏意匠：中国古典建筑设计原理分析 [M]. 天津：天津大学出版社，2005. 402.

[5] [美] 埃蒙德·N·培根. 城市设计 [M]. 黄富厢，朱琪译. 北京：中国建筑工业出版社，2003. 250.

奏的变化之中，从城门至御道再到宫城甚至越过宫城至景山直至钟鼓楼结束，可以说这种中轴线的大气魄是北魏洛阳的“铜驼大街”、隋唐长安的“朱雀大街”、北宋的宫前御道都无法比拟的。

除了中轴线，“广场”虽未自成体系却作为非正式复合词大量散落于古诗词文献中，通过对它的解读可以为我们提供中国古代城市官式文本的另一种演绎方式，而其之所以为官式，有例为证：

① 临迥望之广场，百戏备万乐张，仙车九九而并骛，楼船两两而相当[1]。
② 王天下清静，朝廷乐康。会冠剑以高宴，戏鱼龙于广场[2]。
③ 谏议大夫马得臣以上好击毬上疏切谏云：……轻万乘之贵，逐广场之娱[3]。
④ 广场百戏林离奏，彩炬千枝不夜陈[4]。
⑤ 居一年，辟广场，罗兵三万，以肆威震北方[5]。
⑥ 广场笔阵数千人，喜汝穿杨箭镞亲。庆绪绵长时幸会，文科兴复事还新[6]。

事实上，对于中国古代城市外部空间结构而言，“广场”仅仅作为一个复合词从未有过明确所指。除了大、开阔、可举行各种官式的仪式、休闲活动之外，唯一能与之紧密相关的就是“王权”二字。以第一句为例，作者刘筠为北宋真宗时人，按北宋史学家刘攽的说法他是“以文章立朝之人”[7]，而本句所引自的《大酺赋》，则是有关朝廷礼仪盛典，如祈雨、祷晴、祈雪、谢雪、祷湫、谒庙、祠祭、祈请、告谢之类的官式类型文。因此，其所写之事必多围绕朝廷礼仪公务展开，而礼仪盛典举办之地也必多为太庙、社稷坛等祭天祭祖之所，绝非寻常百姓可随意出入之地（如图4-19所示）。第二句引自由令狐楚所做的《唐宪宗章武皇帝哀册》，因哀册是封建时

[1] （宋）刘子仪．大酺赋，详见：傅崇兰，白晨曦，曹文明等．中国城市发展史［M］．北京：社会科学文献出版社，2009. 670.
[2] （唐）令狐楚．唐宪宗章武皇帝哀册文．古今事文类聚（前集），卷四十九，详见：傅崇兰，白晨曦，曹文明等．中国城市发展史［M］．北京：社会科学文献出版社，2009. 670.
[3] （元）脱脱等撰．辽史，卷十二．圣宗本纪，详见：傅崇兰，白晨曦，曹文明等．中国城市发展史［M］．北京：社会科学文献出版社，2009. 670.
[4] （清）乾隆帝．上元前夕恭奉皇太后观灯火．御制诗三集，卷五十四，详见：傅崇兰，白晨曦，曹文明等．中国城市发展史［M］．北京：社会科学文献出版社，2009. 670.
[5] （宋）欧阳修等撰．新唐书，卷一百五十五．马燧传，详见：傅崇兰，白晨曦，曹文明等．中国城市发展史［M］．北京：社会科学文献出版社，2009. 670.
[6] （宋）葛书思．喜子胜仲登第，见：（清）厉鹗撰．宋诗纪事，卷二十五，详见：傅崇兰，白晨曦，曹文明等．中国城市发展史［M］．北京：社会科学文献出版社，2009. 670.
[7] 刘筠（971—1031），字子仪，应为北宋真宗祥符（1008—1016）天禧（1017—1021）年间之人，而非曹文明所引的唐代文人，刘攽《中山诗话》云：“祥符天禧中，杨大年、钱文僖、晏元献、刘子仪以文章立朝，号西昆体”（为诗皆崇尚李义山，《历代诗话》上册，中华书局本），指出了该派的形成、代表作家、创作旨趣和师承渊源。详见：杨庆存．论北宋前期散文的流派与发展．［J］．文学遗产，1995(2)：65—67.

代书于玉、石、木、竹之上颂扬帝王、后妃生前功德的韵文，且在举行葬礼的时候经由太史令宣读后随棺椁埋于陵中，因此相较上篇《大酺赋》更加正式隆重。至于其文所言的“会冠剑以高宴，戏鱼龙于广场”则是在赞颂宪宗在位期间四海升平的景象，王公贵族、各级官吏可以一边参加盛宴一边观赏内庭的百戏杂耍表演。而“高”与“广”二字，则是借助对仗的修辞手法来强调宴会以及表演的规格待遇非比寻常。第三句的广场指的是打马球的场地[1]，因为大辽国的皇帝很喜欢这项运动，所以大臣会上书进谏修建与王权相匹配的大一些的球场。第四句为乾隆所写，写的是元宵节内庭赏灯的热闹景象，曹文明认为明清时期的宫廷娱乐活动观众为朝廷官员，“演奏者多限于官方的教坊艺人，地点在封闭的午门广场”[2]（图 4-20），只是这个演出地点的说法并无依据。一般而言，恭奉皇太后观灯的活动必然在内庭举办，更何况还有远郊苑囿，是不会在午门这样一个政治气氛肃杀的地方举办的。至于第四句、第五句中的广场又成为练兵场以及考场（图 4-21），功能性质虽变，但无论是出于军事目的抑或是举贤纳廉的科举目的……同“王权”的从属关系始终未变。因此，当我们回到汉语的词源再来审视“广场”的内核时不难发现，“广”所强调的尺度究其实质是在暗示其与“王权”之间的内在联系——“普天之下，莫非王土；率土之滨，莫非王臣”，而“场”之所以“广”，没有其他的原因，只因为土地掌握在“王”的手中。

图 4-19　天坛鸟瞰

图片来源：[德] 阿尔弗雷德 · 申茨. 幻方——中国古代的城市[M]. 梅青译. 北京：中国建筑工业出版社，2009. 362

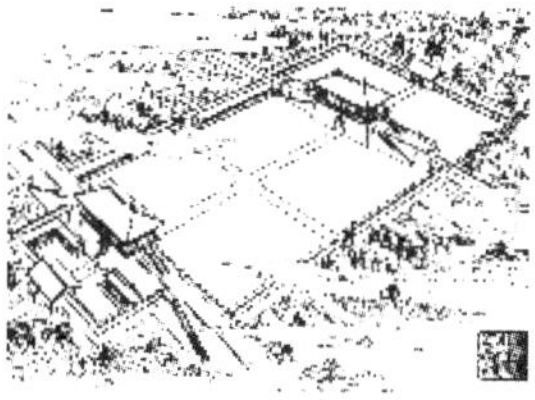

图 4-20　被古汉语描述为“广场”的大明宫玄武门及重玄门复原鸟瞰图

图片来源：李允鉌. 华夏意匠：中国古典建筑设计原理分析[M]. 天津：天津大学出版社，2005. 438

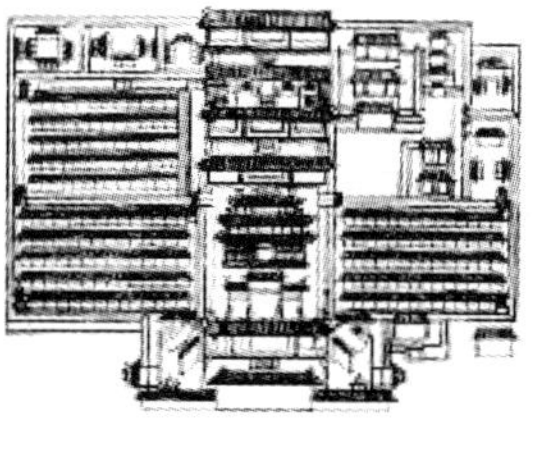

图 4-21　1817 年长沙府为省级科举而设的贡院

图片来源：[德] 阿尔弗雷德 · 申茨. 幻方——中国古代的城市[M]. 梅青译. 北京：中国建筑工业出版社，2009. 256

4.1.3.2　世俗内容

同官式内容的在恪守中大开大阖相比，市井更像是一种浅尝辄止的调和，一种中国古代城市生活中不经意间产生的世俗内容。李允鉌引《史记》张守节“正义”云：“古人未有市，若朝聚井汲水，便将货物于井边货卖，故言市井也”（图 4-22），他认为中国的市井本来也应该是一个放大的隶属于交通

[1] 毬是中空充气的皮球，是用杖来击的，因此，打毬又称击毬，击毬运动者是骑在马上挥杖而打的，这种打毬，已具马球的性质，与蹴鞠之为踢球不同。

[2] 傅崇兰，白晨曦，曹文明等. 中国城市发展史[M]. 北京：社会科学文献出版社，2009. 691.

图4-22　源自古旧木刻的街市情境

图片来源：［德］阿尔弗雷德·申茨. 幻方——中国古代的城市［M］. 梅青译. 北京：中国建筑工业出版社，2009. 263

网络的节点型开放空间，之所以没有成型并发展起来，源于"中国很快就把'市'集中管理起来，不让它们自由发展。为了管理方便或者防卫的要求，作为市的广场就用围墙围起来，这一围就破坏了广场的存在和在道路网中作为交通聚合点的性质"[1]。可以说，这种城市空间结构的形成对于中国古代城市社会结构的孕育和发展影响巨大。事实上，正如蔡永洁所言，直至两宋期间市民阶层才首次出现。而在此之前，城市中的居民主要由官吏、家眷连同无人身自由的家奴以及一些无需劳动且不必长期居住在农村的富甲一方的地主共同构成，在这群人中除了皇帝是绝对自由的，其余无一不是王权抑或是官僚阶层的附庸。至宋代后，商品经济发展到一定阶段了，城市中才出现相对独立的主要靠经商谋生的市民阶层。因此，在阿尔弗雷德·申茨看来，宋代城市发展过程中所发生的一切可以用"城市革命"加以概括，因为冲破了宋以前里坊、宵禁的藩篱，市民至少获得了人身自由，于是日益丰富多彩的城市公共生活出现了，而"市场街道这一中国城市中的重要元素在……整个国家变得日益商业化后，首次以不断上升的数字呈现出来"[2]（图4-23）。阿尔弗雷德·申茨随后长篇累牍地引用宋人孟元老的笔记《东京梦华录》中的文字，辅以张择端的《清明上河图》，外加马可波罗的游记片段，对北宋汴梁、南宋临安城市生活进行了大篇幅的白描。显然，始于唐末由下而上的这种变化的力量推动了中国古代城市社会结构的调整，并为从物质层面格式化中国式市井的空间模式——街市奠定了必要的政治、经济条件。

街市与所谓的坊市区别在于，前者是线型的、倾向于自发形成的、店铺直接面对街道、不受时间地点的限制、交易对象也不受限制的商品交易场所；而后者则是面状的、通过统一的规划一次形成、被坊墙围合、经营时间受限、交易对象也受限的商品交易场所。因此，当一系列连续的开放式的商业建筑单体冲破了坊院的限制并取代了封闭的坊墙后，当社会交往活动较少

[1] 李允鉌. 华夏意匠：中国古典建筑设计原理分析［M］. 天津：天津大学出版社，2005. 405.

[2] ［德］阿尔弗雷德·申茨. 幻方——中国古代的城市［M］. 梅青译. 北京：中国建筑工业出版社，2009. 261.

受到管制、约束的时候，各种酒楼、茶肆、浴室、瓦子（图4–24）、妓馆便相继出现，城市功能也开始混杂，真正意义的市民公共生活、多样的社会组织模式也便在这时得以孕育。阿尔弗雷德·申茨所引用的E.A.Kracke的一段话几乎点破这种充满动态的市井文化对于整个社会发展所起到的巨大的推动作用："对于相对自由的商业者，对于个体的经营者，对于革新和成就斐然者（和他们那直接或间接的社会的、政治的和知识的获益者）来说，居住在开封的人一直处于竞争状态，目标冲突状态，功利主义的平庸状态，对于社会公德准则和生活模式忽视，而且从毫无经验的城市之道中滋生出不平等……城市仅仅在其高度的紧张或无序状态对于创造力来说是必不可少时，才看起来有机或有效的。"[1]然而，E.A.Kracke所谓的有机或有效的时间对于中国古代漫长的集权专制历史而言毕竟短暂，它所衍生出来的充满创造力的科学理念、自由观念也无力撼动上千年的文化传统，于是，街市的发展仅仅止步于此，即便在明代市井生活又获得了一次新的发展契机，但仍旧未能从真正意义上孕育出可以同官式文本相抗衡的社会力量，而仅仅作为官式空间形态的补充，借助行政命令利用已经存在的条件，为帝国的利益服务。因此可以说，市井的发展总体而言依旧是被动的、依旧不能摆脱庞大的皇权及官僚体系的影响，也正因如此不能形成真正意义的城市生活并孕育出现代文明所必需的公共精神与公共意识。就像台湾学者李孝悌引用张佛泉、胡适等人对中国传统价值体系下"自由观"的论述——相较中国传统中一直未能形成的讲究人权的政治自由，国人更倾向于寻找道德或精神上的自由[2]。而这种状况恰如托克维尔所言："每个人都只顾自己的事情，其他所有人的命运都和他无关。……在这种情况之下，他的脑海里就算还有家庭的观念，也肯定已经不再有社会的观念。"[3]

图4–23　元代山西壁画卖鱼图

图片来源：李泽厚. 美的历程. 天津：天津社会科学院出版社，2001. 309

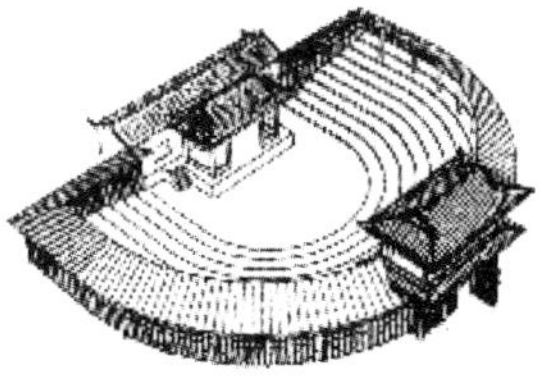

图4–24　宋代的瓦子

图片来源：蔡永洁. 城市广场——历史脉络·发展动力·空间品质［M］. 南京：东南大学出版社，2006. 176

[1] 宋代文化与科学技术蓬勃发展，纺织业、采矿业的机械化，活字印刷术的发明等均大大推动了社会经济发展。详见：同上，263.

[2] 李孝悌. 恋恋红尘：中国的城市、欲望和生活［M］. 上海：上海人民出版社，2007. 166.

[3] ［美］理查德·桑内特. 公共人的衰落［M］. 李继宏译. 上海：上海译文出版社，2008. 扉页.

4.1.4 空间语言的转变

4.1.4.1 结构表达的“变”与“不变”

如果忽略中国古代城市外部空间结构及文本自身的复杂性，而仅将其抽象简化为一个逻辑结构，并尝试与当代中国城市广场的逻辑结构进行并置比较，结构的“变”与“不变”便会清晰可见。

A “变”

结构表达中的“变”包括：

1. 空间语言子要素/聚合系的类型及数量发生改变，由6组演变为16组；

2. 组合方式的种类发生改变，由8组演变为上千组；

3. 要素间及组合模式的逻辑关系发生改变，由选择型发展为连带型、选择型以及结合型。

而表达发生改变的空间效果包括：

1. 空间形态由单一线型发展变化为圆形、四边形、三角形、异形等多种类型，基面的几何图案开始影响空间性格；

2. 空间品质由单一的封闭导向型空间发展变化为封闭围合型空间、开放导向型空间，并以开放导向型空间为主流，边围的空间影响力随之减弱；

3. 空间细节由单一发展变化为多元、复合，家具的空间影响力得到前所未有的加强。

B “不变”

结构表达中的“不变”包括：

1. 基面尺寸宏大与适宜之间的对比关系；

2. 家具的线型布置模式。

而表达中“不变”的原因是：

1. 蕴含等级差异的功能需求依然存在；

2. 蕴含象征意味的线型空间序列依然存在。

4.1.4.2 结构内容的“不变”与“变”

综上不难看出，从清末民国初至今的100余年间，中国城市外部空间结构的确出现了近乎彻底的转变，可以说无论是空间语言要素抑或是各要素之间的逻辑关系方面都发生了翻天覆地的改变。费孝通先生在其1948年所著的《乡土重建》一书中曾谈道：“中国社会变迁，重要的还是被社会的和技术的要素所引起的。社会的要素是指人和人的关系，技术的要素是指人和自然关系中人的一方面。”[1]在他看来社

[1] 费孝通.乡土中国[M].上海：上海人民出版社，2008. 242.

会的要素与技术的要素就像体与用的关系，彼此相互关联共同构成一套文化。如此以来，中国城市外部空间结构的变化必然需要借助空间语言结构内容的变迁来进一步阐释。

A　“不变”

中国城市外部空间语言结构内容的“不变”具体体现在两个方面，其一是官方政令的主导性，其二是乡土文化的顽固性。

官方政令的主导性意味着城市的发展始终受来自政府职权部门的总体规划的制约。即便这种由政府主导的自上而下的发展模式相较过去已经越来越科学理性，但政治因素依然在当前城市建设中发挥着决定性的作用，譬如政府官员经常直接干预城市建设的具体措施，而建筑师、规划师们也会在重大工程项目中主动选择展示权利的空间造型。蔡永洁、黄林琳《当代中国城市广场的发展动力与角色危机——基于社会学视角的观察》一文中曾明确指出，对“政绩”的趋之若鹜是这种状况发生的原动力[1]，而“政绩”无疑作为一种独特的文化现象与中国传统的官僚体系以及政治文化价值观有着紧密的内在联系。费孝通认为“传统是社会所累积的经验”[2]，在儒家长达2 000余年的教化下，礼制、君权至上、尊卑有序、上下有别这些传统价值取向早已通过等级严格的官僚体系、以“官”的利益和意志为根本出发点的公共权力的行使方式……渗透入国人政治、经济生活的方方面面。因此，中国当代城市官式文本必然以一种惯性地趋同模式，通过突出轴线、择中而立、严格划分城市空间结构等典型设计手法的传承，来彰显政治权力的绝对排他性以及不可动摇性。

而绝大多数的脱胎于乡土文化的当代中国城市新兴市民阶层则依然保持着中国人传统的质朴的家国观。因为从未真正地跨越血缘以及地缘的藩篱，人和人之间就像费孝通先生所言是孤立和隔膜的，这使得“他们活动范围有地域上的限制，在区域间接触少，生活隔离，各自保持着孤立的社会圈子”[3]。这种“各人自扫门前雪，莫管他人瓦上霜”的传统直接阻碍了市民社会的形成，因此它在与“官式内容”并存的近千年的历史过程中，从未改变其从属的地位，以至于这种对话的不平等甚至进一步为“官本位”的传统思维惯性推波助澜，进而不断助长着民族心理深处的“权力崇拜”——他们敬官、畏官，并以是否为官、官职大小、官阶高低来衡量人们的社会地位和人生价值。可以说，正因为这种延续了两千余年的民族习性，以及“官本位”的行政管理积习，使得中国市民阶层从未真正意义地摆脱乡土文化的羁绊，形成完整而独立的社会人格。

[1] 蔡永洁，黄林琳. 当代中国城市广场的发展动力与角色危机——基于社会学视角的观察［J］. 理想空间，2009（35）：5.
[2] 费孝通. 乡土中国［M］. 上海：上海人民出版社，2008. 48.
[3] 同上，9.

B “变”

中国城市外部空间语言结构内容的“变”具体也体现在两个方面，其一是作为主流的功能主义规划理念，其二是改变中的城市居民生活方式。

对于前者而言，城市成为一个各部分之间存在着不同的组织等级、层次以及组织功能的系统。这种看似合理的理念虽然早在20世纪70年代便因其唯科学主义、忽视社会的复杂性、无法兼顾社会公平而备受抨击，然而时至今日，以所谓的效率为先的这套思维模式却仍然在深刻地影响着中国的城市规划建设，这其中既包括受到城市空间区位影响而形成的广场区位分级——如城市中心、城区中心、街道、社区，同时也包括受到功能分区理念影响而形成的广场功能分类——如上文所提及的交通型、商业型、仪式型、文化型等，以及基于级差地租所导致的市井空间的阶层化——譬如新天地广场、大拇指广场等已经同传统意义的市井概念截然不同了。可以说，这种变化体现出当代中国城市规划建设中经济力量，或者准确地说是以经济发展为基本出发点的思维模式的主流化，它同政治因素一起“成为主导城市发展的主要动因，也是当代中国城市广场建设的核心推手”[1]。

除此之外，近30年来，城市居民生活方式因城市产业结构的改变——逐渐由生产型城市演变为消费型城市——而发生了根本的改变。这使得市民休闲生活方式随即成为城市经济发展的新的增长点，并进一步推动了城市空间结构性调整。愈来愈多的绿地、公园、广场伴随着内城改造、外城拓展嵌入城市肌理中，致使曾经完全封闭的边围被打破，城市空间尺度被放大，城市外部空间愈加开放。尤其是在80年代以后，沿袭了近40年的“大院文化”遭到全面解体，至此不但中国当前的政治环境不再固守对所谓无产阶级民主专政的经典理解，就连物质空间的建设也体现出城市向自由、平等、多元化方向转变的大趋势。

4.1.5 本节结语

正如本维尼斯特所明确指出的那样，基于连续结构及相互关系的历时性分析，能够清晰地呈现出结构之间的变化以及变化产生的根源。显然，相较中国古代城市外部空间数千年缓慢、稳定、单一的发展历程，近代以来的中国城市空间无疑经历了一场巨变。在这场巨变中，传统的城市空间格局被打破，一些新的城市空间造型元素突然出现在古老的城市空间肌理中，并一步一步将原有的肌理蚕食，所有的一切似乎开始了持续的变化——街道由窄变宽再由宽变高；四合院的院墙被推倒了，取而代之的是行列式的住宅小区、鳞次栉比的商务大楼；某些幸存下来的历史建筑

[1] 蔡永洁，黄林琳. 当代中国城市广场的发展动力与角色危机——基于社会学视角的观察［J］. 理想空间，2009（35）: 5.

片区则被改造成雅皮的乐园，五光十色的霓虹灯彻夜不停地渲染着它巨大的商业价值；行政办公区置换到郊区，偌大的广场横亘在广阔无垠的农田边，而那里被城市规划者和管理者预言为未来的中心区……一切的一切看似矛盾地结合在一起，既有中轴对称的空间序列、天圆地方的几何构图，又有看似随意实则刻意的"有机"构图，甚至还有千篇一律的广场庆典、扭捏作态的广场狂欢……

无疑，曾经的均质已经被一种"崭新"的更为被动的均质类型所替代，即便两者语言结构的外在表达不尽相同，但仔细探究其实质内容却又似乎一脉相承。于是，中国城市广场总体上陷入了"体、用"分离的尴尬境地，它非但没有成为本维尼斯特所谓的两个系统在交替过程中因改变而形成的解决之道，甚至还因再一次陷入形式主义的怪圈，令其逐渐演变为科学理性、持续发展的名副其实的绊脚石。

4.2　共时维度之研究

同历时维度研究不同，共时维度研究忽略时间向度，而将关注点放在不同地理或社会空间领域下，同一类型研究对象之间的差异。因此，对当代中国城市广场空间进行共时维度的研究便存在着以下几个预设前提：

1. 以2010年作为时间节点；
2. 以东西文化差异为依托，进行中欧比较；
3. 假定中国城市广场与欧洲城市广场隶属同一种城市空间类型；
4. 忽略时间纵向维度上研究对象的内在变化，假定被比较双方均以静态结构呈现。

4.2.1　欧洲城市广场空间概述

对欧洲城市广场也应从研究欧洲城市开始。欧洲城市的原型是古希腊的polis（中文译作城邦）。让-皮埃尔·韦尔南在《希腊思想的起源》一书中说道："在希腊思想史上，城邦的出现是一个具有决定性的事件……标志着一个开端，一个真正的创举；它使社会生活和人际关系呈现出新的形态"，他随后指出"新"具体体现在三个方面：话语的权威、社会活动的公开性以及公民的平等[1]。显然，这三个方面得以

[1] 可以说这三个方面既相异又相关，话语的权威指的并非是国王或宗教仪式上的"警句格言"，而是"针锋相对的讨论、争论、辩论。它要求说话者像面对法官一样面对听众，最后由听众以举手表决的方式在论辩双方提出的论点之间做出选择"；对于涉及公共利益的问题先争论再表决则意味着整个过程必须在一个公共领域内公开进行；而一旦论辩之人以话语的方式相互对峙，在演讲过程中相互对立也便意味着他们在政治上是平等的。详见：[法] 韦尔南（Vernan, J. P.）. 希腊思想的起源[M]. 秦海鹰译. 北京：生活·读书·新知三联书店，1996. 37—38.

图4-25　希腊化时期雅典agora

图片来源：［美］埃蒙德·N·培根. 城市设计［M］. 黄富厢，朱琪译. 北京：中国建筑工业出版社，2003. 69

图4-26　伯利克里斯时期雅典示意图

图片来源：［意］贝纳沃罗. 世界城市史［M］. 薛钟灵等译. 北京：科学出版社，2000. 130

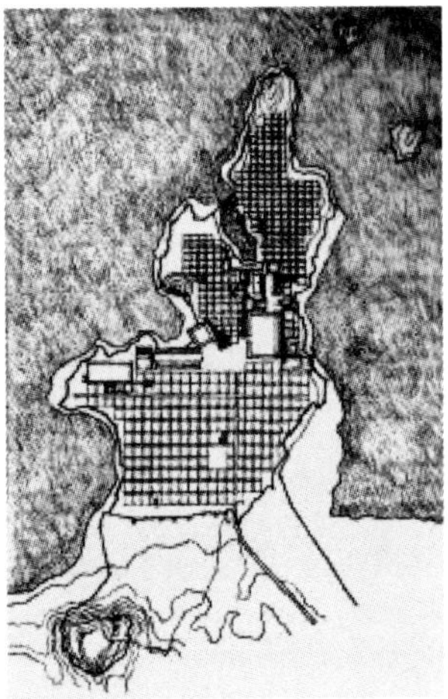

图4-27　古希腊时期的米利都

图片来源：程大锦. 建筑：形式、空间和秩序［M］. 天津：天津大学出版社，2005. 349

实现必须具备一个先决条件——一个可供公众集会"对赛"（希腊语Agon）的公共空间，而这个空间就是位于古希腊城市中心的欧洲城市广场之雏形——Agora。让-皮埃尔·韦尔南认为："只有当一个公共领域出现时，城邦才能存在。"[1]换言之，只有Agora出现polis才可能存在，而西方文明也才有可能被孕育（图4-25）。

因此，当Agora——城市广场以一种共同生活的见证，成为城市空间结构性要素和社会生活的核心之时，它也便成为城市生活的缩影、城市发展的动力以及城市精神的内核。而作为不同历史时期各种社会力量共同作用的结果，城市广场自始至终都延续并展示着欧洲城市生活中的公共精神，它也因此经久不衰，直到今天还生机勃勃。

4.2.2　欧洲城市广场空间语言结构表达

欧洲是广场这一城市外部空间类型孕育、形成、发展、成熟的地方，虽然历史悠久、类型丰富、数量众多，但从物理范畴进行考量，莫不是由保罗·祖克尔所总结的建筑物、地面与天空（顶面）三要素，或依照蔡永洁的研究由基面、边围、家具三种实体类型相互组合共同作用而成。只是从物质范畴角度来看，这种组合以及彼此相互作用是建立在更为深厚的欧洲城市空间美学以及视觉心理学研究基础之上。

古希腊时期的雅典（图4-26）和米利都（Miletus，图4-27）代表了两种不同的城市外部空间发展倾向，前者按照斯皮罗·科斯托夫所言是"不受任何总体规划的制约，只是随着时间的推移，根据土地与地形条件，在人们日常生活的影响下逐步产生和形成的。其形式是不规则的、非几何性的、'有机'的，它们表现为任意弯曲的街道和随意形状的开放空间"[2]，而后者则是"在某个片刻被决定下来，其结构模式由某个主导权力一次性确立……这类模式无一例外地表现为某种规则的几

[1]［法］韦尔南（Vernan, J. P.）. 希腊思想的起源［M］. 秦海鹰译. 北京：生活·读书·新知三联书店，1996. 38.

[2]［美］斯皮罗·科斯托夫. 城市的形成，历史进程中的城市模式和城市意义［M］. 单皓译. 北京：中国建筑工业出版社，2005. 43.

何性的图形”[1]。事实上，有机型与几何型几乎囊括了欧洲城市广场的所有结构类型[2]，而下文对欧洲城市广场空间语言结构的研究也将基于此展开。

4.2.2.1　有机型的广场空间语言结构表达

有机型广场多随时间的变化不断发生变化，它的完整形态是在持续的建设过程中逐步形成的，因与环境的关系十分紧密，也便具备独一无二、不易复制的特征。通过卡米洛·西特的研究，这些特征主要包括：1. 广场的不规则源于那时的设计者“并不是在图板上进行建筑设计……他们自然就依靠现实中目力所及的东西来控制建造过程”[3]，这个过程决定广场的建设不是形而上的，而是基于场地的具体情况以及公共生活的现实需求；2. 通过建筑及连拱廊、柱子等形成连续、整体、多样的界面，并借助“风车形”的平面布局围合广场空间，从而“避免广场边缘上过大的缺口，以便主要建筑物前的广场能够保持很好的封闭”[4]；3. 广场的形式与大小，取决于广场空间中最重要的那座建筑物以及“广场与周边建筑之间良好的大小比例关系”[5]；4. 广场的中心是开敞的，纪念物、喷泉根据视觉的审美需求设置在广场边缘并避开交通，而“每一座城市和每一个广场的纪念物的坐落位置之所以不同，是因为在各自的情况下街道通进广场的方式不同，交通流向不同”[6]，因而供纪念物、喷泉设置的可能位置也就不同……因此，有机型城市广场即因地制宜的、封闭的、中心开敞的城市公共空间（图4–28）。

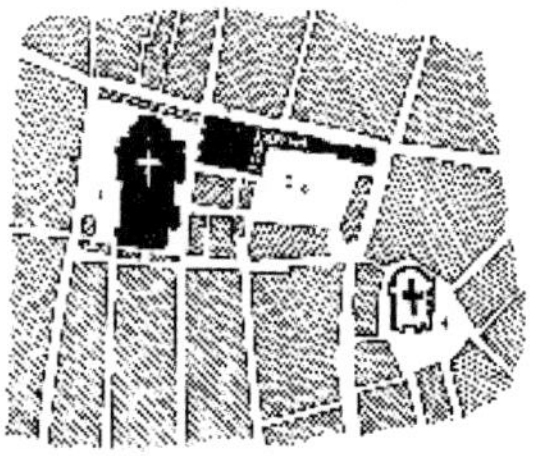

图4–28　中世纪吕贝克的市中心广场群

图片来源：［意］贝纳沃罗. 世界城市史［M］. 薛钟灵等译. 北京：科学出版社，2000. 353

[1]［美］斯皮罗·科斯托夫. 城市的形成，历史进程中的城市模式和城市意义［M］. 单皓译. 北京：中国建筑工业出版社，2005. 43.

[2] 按照穆勒（WolfgangMüller）及蔡永洁的研究，古希腊时期、罗马风时期、中世纪时期，城市外部空间倾向于有机型；而罗马帝国时期、卡洛林王朝时期、文艺复兴、巴洛克及古典主义时期，城市外部空间则倾向于几何型，详见：蔡永洁. 城市广场——历史脉络·发展动力·空间品质［M］. 南京：东南大学出版社，2006. 78.

[3]［奥］卡米诺·西特. 城市建设艺术——遵循艺术原则进行城市建设［M］. 仲德崑译. 南京：东南大学出版社，1990. 32.

[4] 同上，21.

[5] 同上，28.

[6] 同上，14.

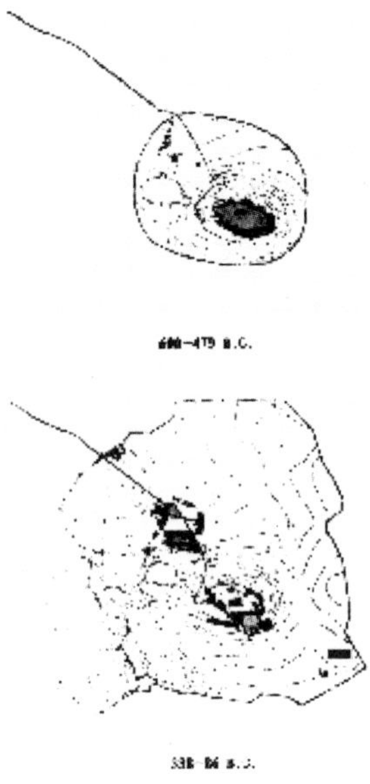

图4-29　雅典agora演变

图片来源:[美]埃蒙德·N·培根.城市设计.黄富厢,朱琪译.北京:中国建筑工业出版社,2003.66

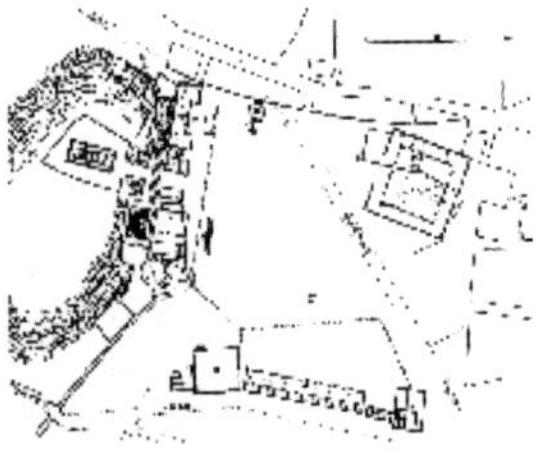

图4-30　公元前3世纪雅典集会广场的平面图

图片来源:[意]贝纳沃罗.世界城市史[M].薛钟灵等译.北京:科学出版社,2000.126

古希腊时期希腊本土的Agora多属这种类型,此类Agora基于成熟的城市交通路线,通过适度地调整外部空间同周边持续变更的建筑物、敞廊的关系[1],形成适合不同活动类型的聚合型开放空间,这其中比较典型的案例是雅典的Agora。在800余年的持续建设过程中,雅典的Agora历经了从孕育到成熟最终毁灭的一段戏剧性的历史:从公元前500年的不规则半围合市场到公元前420年的略显规整的半围合空间,再到希腊化时期得以完整呈现的封闭形态,直至公元2世纪后有机布局的彻底毁灭(图4-29,4-30)……在此过程中,无论是基面、边围抑或是家具无不随着时间的推移而发生着持续的变化。基面轮廓由模糊到清晰再到破碎,边围由断裂到疏松再到几乎完全封闭,家具由无到有再到泛滥,每一步都在重塑和改写广场的空间品质。唯一不变的是由西北至东南斜向穿越广场空间的祭奠大道(Panathenaic Way),这条始自希腊农村Eleusis洞穴、经过Daphnae关卡、穿越城市广场最后到达雅典Dipylon城门的大道,不但促成广场空间结构逐渐演变为以其为对角线的类四边形,同时作为广场空间内各构成要素组织、布局的参照系,最终还成为雅典广场空间得以形成的精神内核[2]。

另一个典型的有机型城市广场案例是威尼斯的圣马可广场(图4-31)。作为一个由多个村镇聚合而成的城市,威尼斯的聚合点恰位于圣马可广场这个“一系列不规则小型岛屿的核心部位,之后这些岛屿联合成为一体——这一特殊的过

[1] 理查德·桑内特认为古希腊的Agora是说话的空间,“市集里同时进行着许多散乱的和不同的活动,但场面并不混乱……人们从一个群体走进另一个群体,可以发现城里最近发生了什么事,并且可以拿出来跟大家讨论一番”,详见:[美]理查德·桑内特.肉体与石头——西方文明中的身体与城市[M].黄煜文译.上海:上海译文出版社,2006.28—30.

[2] 埃蒙德·N·培根在分析这条大道之时,将其作为空间内的动线来思考,他指出这条动线不但是一条圣道,更代表着“一条对一切将与之有关的形体的设计和定位的要求的戒律,同时推动一股强大的力,冲击着那些在它的范围内或它所影响的空间中往来的人们的情感”,详见:[美]埃蒙德·N·培根.城市设计[M].黄富厢,朱琪译.北京:中国建筑工业出版社,2003.69.

程造就了威尼斯迷宫似的城市形式”[1]。同雅典的Agora相类似，面向港口的倒梯形小广场及其所暗含的导向性及转折的力量是广场自始至终都未改变的控制因素。不同的是在漫长的近千年间，无论是基面的尺寸、形、肌理，还是边围的形、尺寸、肌理抑或是家具的种类、形及布置……无不是紧紧围绕着这个动线发生着改变，譬如大钟塔的落成、圣马可教堂形制的改变、两根大理石石柱的矗立、总督府的建成，到为这个广场赋予独一无二空间性格的关键人物——尚若威诺（Jacopo Sansovino）的出现——“他在1536—1553年的图书馆（原造币厂）的建设中革命性地后退建筑边界，将大钟塔与图书馆分离开来，从而把圣马可广场的大小两个广场（Piazza和Piazzetta）有机地统一起来”[2]，直至1810年，圣马可广场的形式才真正稳定下来（图4-32—图4-34）。可以说，漫长的建设周期令这个广场既没有严苛的形式，又没有相一致的建筑风格，更没有统一的色彩和材料，然而所有这些空间构成要素却能够紧密结合在一起，“一部分联接着另一部分”且“每一个空间只有与其他的空间关联才能被理解”[3]。埃德蒙·N·培根将这个过程称为“半自觉的过程”，因为相较于雅典，威尼斯城市空间内在的组合逻辑已经通过人们对美的强烈感受而有意识地贯穿于整个设计、建设过程之中了，正如卡米洛·西特所说的那样：“这一奇妙的群体组合卓越的效果大部分来自巧妙纯熟的经营布局。”[4]而所谓的“巧妙纯熟”显然绝非头脑所想、图纸所画的抽象概念，而是步移景异的空间感受在广场与周边环境之间所建立起来的视觉平衡所致。这可谓是有机型城市广场最为显著的特点。

除了雅典的Agora和威尼斯的圣马可广场，有机型广场

图4-31　威尼斯圣马可广场

图片来源：程大锦. 建筑：形式、空间和秩序［M］. 天津：天津大学出版社，2005. 22

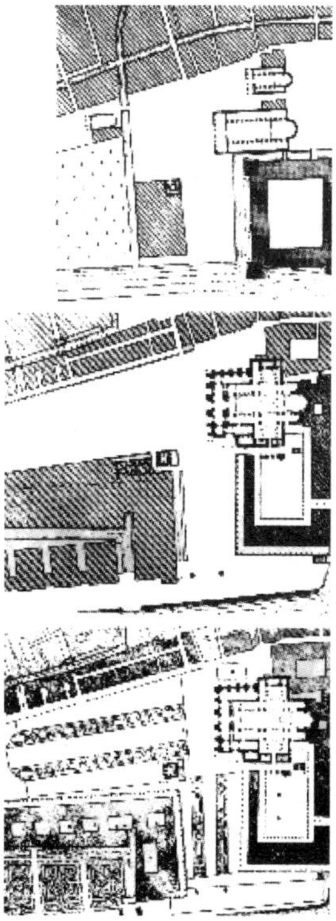

图4-32　威尼斯圣马可广场的发展演变

图片来源：［美］埃蒙德·N·培根. 城市设计［M］. 黄富厢，朱琪译. 北京：中国建筑工业出版社，2003. 104

---

[1] 斯皮罗·科斯托夫指出雅典、锡耶纳、维泰博（Viterbo）以及基辅（Kiev）都是城镇聚合的实例，详见：［美］斯皮罗·科斯托夫. 城市的形成，历史进程中的城市模式和城市意义［M］. 单皓译. 北京：中国建筑工业出版社，2005. 60.

[2] 蔡永洁. 城市广场——历史脉络·发展动力·空间品质［M］. 南京：东南大学出版社，2006. 43.

[3] ［美］埃蒙德·N·培根. 城市设计［M］. 黄富厢，朱琪译. 北京：中国建筑工业出版社，2003. 104—105.

[4] ［奥］卡米诺·西特. 城市建设艺术——遵循艺术原则进行城市建设［M］. 仲德崑译. 南京：东南大学出版社，1990. 40.

图4-33　威尼斯圣马可广场Piazza实景

图片来源：作者摄，2008年。

图4-34　威尼斯从总督府望向圣马可Piazzetta实景

图片来源：作者摄，2008年。

图4-35　锡耶纳坎坡广场

图片来源：作者摄，2008年。

图4-36　圣吉米利亚诺市集广场

图片来源：作者摄，2008年。

的案例还包括意大利锡耶纳（图4-35）、佛罗伦萨、圣吉米利亚诺（图4-36，4-37）、卢卡等城市的广场，以及遍布于北欧的中世纪小城如魁德林堡（Quedlinburg，如图4-38所示）、慕尼黑、乌尔姆、弗赖堡、伯尔尼以及吕贝克等城市的广场，可谓不胜枚举。虽然这些广场的空间形态无一例外都颇为自由，但其空间品质却始终倾向于明确的围合性：对于基面而言，基面的形受周边建筑物影响多为随意形集中式，相对高程受原始地形地貌及广场活动类型的影响变化不大，尺寸虽受制于广场上的活动方式以及周边建筑但总体上很宜人；对于边围而言，其尺寸同基面大小达成适宜的比例关系，其形及肌理多样、连续、均质，而“风车型”的平面布局则令其开口较少，使广场围合性进一步得到加强；对于家具而言，多为纪念性雕塑及喷泉，尺寸适宜，且基于视觉效果普遍巧妙地置于公共广场边缘以及“避开交通的位置上”，这种处理手法使得无论是纪念物、喷泉、拱门抑或是连拱廊甚至是建筑物都能在广场的空间性格塑造中起到画龙点睛的作用。显然，有机型城市广场空间

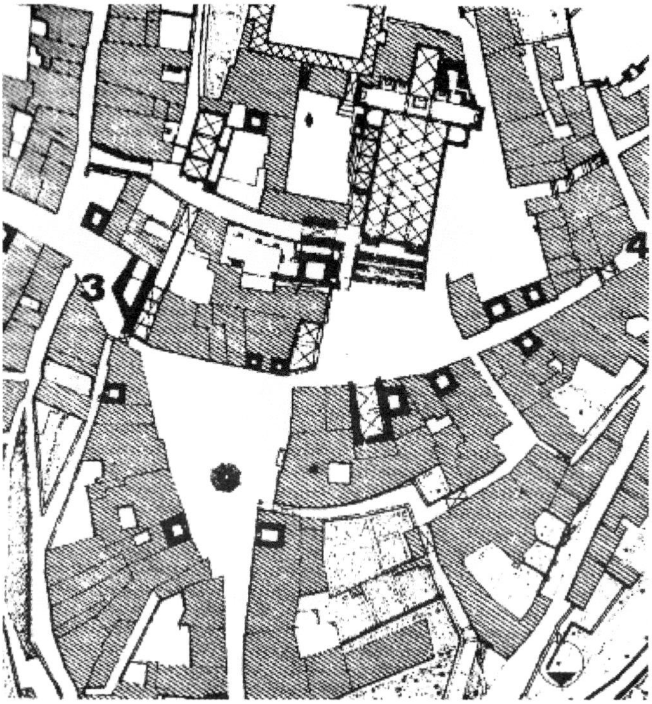

图 4-37　圣吉米利亚诺市集广场平面

图片来源：[意] 贝纳沃罗 . 世界城市史 [M]. 薛钟灵等译 . 北京：科学出版社，2000. 347

语言构成要素之间形成了一系列环环相套的连带型关系，正是这些紧密的逻辑关系令有机型广场的空间形态灵动有致、有条不紊、拥有极高的辨识度。

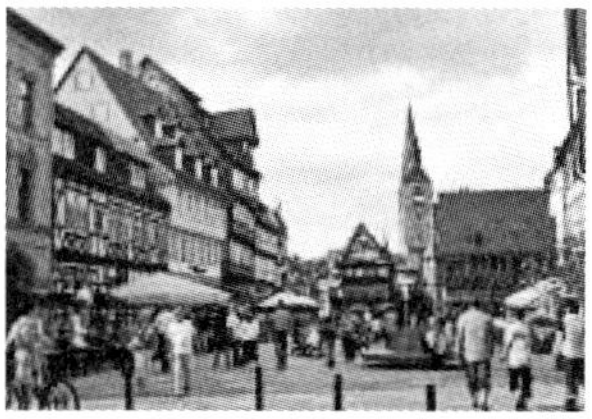

图 4-38　德国中世纪城市魁德林堡市政广场

图片来源：作者摄，2008 年。

4.2.2.2　几何型的广场空间语言结构表达

几何型则与有机型截然不同。几何型产生于人类对宇宙的抽象概括与认知，包括纯净的网格、圆形、方形抑或是多边形的向心集中式以及放射型的巴洛克式。总体规划对于几何型城市空间来说至关重要，这是因为“最原始的权力形式就是对城市土地的控制”[1]，而城市规划无疑是这种权力得以行使

[1] [美] 斯皮罗・科斯托夫 . 城市的形成，历史进程中的城市模式和城市意义 [M]. 单皓译 . 北京：中国建筑工业出版社，2005. 52.

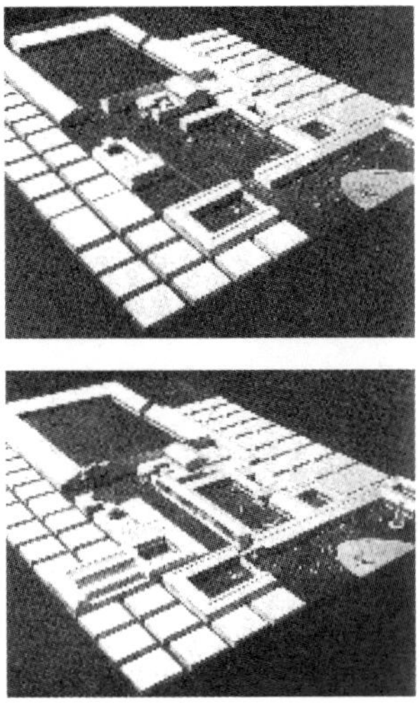

图4-39　米利都城市广场的发展演变

图片来源：[美]埃蒙德·N·培根.城市设计[M].黄富厢，朱琪译.北京：中国建筑工业出版社，2003.75

图4-40　普安城空间结构中清晰的方形城市广场

图片来源：蔡永洁.城市广场——历史脉络·发展动力·空间品质[M].南京：东南大学出版社，2006.15

的最佳工具。

A　网格

受毕达哥拉斯（Pythagoras）以及泰勒斯（Thales）的影响，古希腊最伟大的规划师希波丹姆斯（Hippodamus）"创造"了希波丹姆斯网格——即刘易斯·芒福德所谓的"米利都式规划"[1]。自此，"城市开始有了新型的广场：一个整齐的长方形，至少3个周边都围着成排的店铺"[2]。因为希波丹姆斯的操作模式"对几何学理论公式的依赖超过它对土地测量员纯粹技术性（和经验性）操作方法的依赖"[3]，致使其规划方法非常形而上学——最先形成的是有关城市空间的抽象的形态概念，譬如宽度一致的街道、尺度一致的街坊等，在这个建造逻辑基础上首先完成城市空间基底，即造好街坊，并与此同时预留好公共区域，最后再建设公共建筑。希波丹姆斯运用这种方法规划了很多位于小亚细亚的殖民城邦，譬如比雷埃夫斯、罗得岛以及米利都……，其中最为典型的案例便是米利都的城市广场（图4-39）。这个基于严整的网格所形成的公共区域整齐划一，其边围由于在希腊化时期被统一建设为柱廊而呈现出前所未有的秩序感及视觉连贯性，以至于这种形式化的连续性最终拓展到整个城市外部空间的设计中，并酝酿出自希腊化以降在城市空间设计中屡试不爽的"透视和长轴"系统。这种有别于雅典Agora的广场设计方法最终使城市广场"变成了一个陈列场，统治者的权力，无论是朝政的还是商业的，都可以在这里陈列出来，用以震慑和愉悦自己的臣民"[4]（图4-40）。而"透视和长轴"系统在古罗马时期、文艺复兴与巴洛克时期、古典主义时期乃至现代均被相当广泛地

[1] 这是因为早在公元前7世纪，希腊殖民地就已经出现网格规划，按照斯皮罗·科斯托的观点，早在埃及的古王国时期，吉萨就已经有原始的网格系统了，因为"网格是组织相同类型人群的最好也是最快捷的方式"。详见：[美]刘易斯·芒福德.城市发展史——起源、演变和前景[M].宋俊岭，倪文彦译.北京：中国建筑工业出版社，2004.204.

[2] [美]刘易斯·芒福德.城市发展史——起源、演变和前景[M].宋俊岭，倪文彦译.北京：中国建筑工业出版社，2004.204.

[3] [美]斯皮罗·科斯托夫.城市的形成，历史进程中的城市模式和城市意义[M].单皓译.北京：中国建筑工业出版社，2005.127.

[4] [美]刘易斯·芒福德.城市发展史——起源、演变和前景[M].宋俊岭，倪文彦译.北京：中国建筑工业出版社，2004.210.

图4-41　公元前100年的提姆加德城

图片来源：[美]斯皮罗·科斯托夫. 城市的形成，历史进程中的城市模式和城市意义[M]. 单皓译. 北京：中国建筑工业出版社，2005. 106

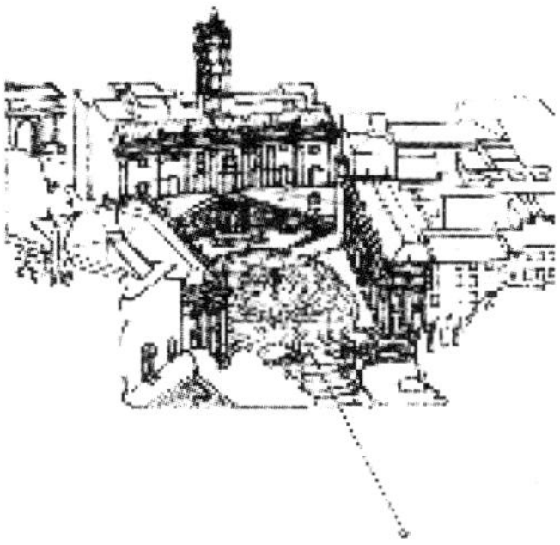

图4-42　罗马市政广场

图片来源：程大锦. 建筑：形式、空间和秩序[M]. 天津：天津大学出版社，2005. 148

图4-43　米开朗基罗为罗马市政广场设计的椭圆形铺地

图片来源：[美]柯林·罗，弗瑞德·科特. 拼贴城市[M]. 童明译. 北京：中国建筑工业出版社，2003. 150

运用，以至于衍生出两种同宗不同形的几何型空间形态——向心集中式以及放射型的巴洛克式。

B　向心集中式

无论是古罗马时期的帝王广场群、提姆加德集市广场（图4-41）还是文艺复兴与巴洛克时期的罗马市政广场（图4-42，4-43）、罗马圣彼得广场（图4-44，4-45），抑或是古典主义时期的巴黎孚日广场、旺多姆广场（图4-49），都是向心集中式的典型案例。同基于简洁的网格型空间结构而形成的城市广场相类似，向心集中式城市广场的基面通常也比较规整、几何特征明确、轴线清晰。譬如古罗马时期的帝王广场群，每一个广场都围绕着各自的轴线依中轴对称模式形成严整、内向的空间形态；而广场与广场之间又通过彼此轴线的正交，实现广场群轴线的起承转合、空间的有序转换。到了文艺复兴、巴洛克时期以降，向心集中式的城市广场更借助图案化的基面肌理，连续、均质的边围，乃至雕塑、喷泉的布置，进一步强化了轴线及广场空间的几何特征。譬如文艺复兴、巴洛克时期的罗马市政广场、罗马圣彼得教堂前广场，前者首先通过在马库斯奥雷柳斯雕像（Marcus Aurelius）与老议院之间建立轴线实现对整个空间形态的全局性控制，随后借助椭圆形以及二维星形的基面铺砌强化了彼此对称又互成夹角的广场左右侧翼，从而“产生

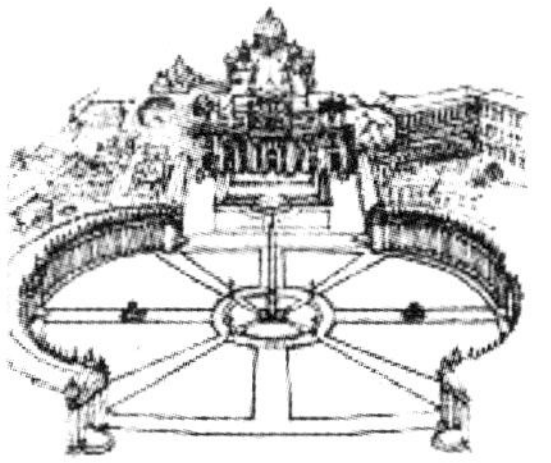

图4-44　罗马圣彼得教堂广场

图片来源：程大锦. 建筑：形式、空间和秩序[M]. 天津：天津大学出版社，2005. 124

图4-45　罗马圣彼得教堂广场实景

图片来源：作者摄，2008年

一个空间，这个空间除去自身的美以外，还作为罗马象征性的心脏"[1]。罗马圣彼得广场则采用与古罗马时期相类似的"轴式规划法"将圣彼得教堂及其前端倒梯形的列塔广场、近似椭圆形的博利卡广场（Piazza Obliqua）统一于一个正交轴线系统之中，并借助椭圆形广场放射形的基面铺砌、巨大的椭圆形柱廊、对称设置于椭圆形长轴两侧的喷泉以及位于两条轴线交汇点的方尖碑，实现了如保罗·祖克尔所言的"以后用巴洛克主义的眼光看来非常令人满意的空间张力"[2]。自此，向心集中式广场由封闭性转变为开放性，而伯尼尼在圣彼得广场上所运用的手法也进一步影响了后世的广场设计，尤其是古典主义时期建设的旺多姆广场、残废军人广场以及协和广场（图4-50）等。对于这些广场案例来说，其基面的肌理处理手法基本同前两者相近，均采用暗含几何图案的铺地；雕塑的位置也与前两者相似，均位于规整几何形空间的几何中心或中轴线上；在边围的处理上，则主要通过对尺寸、风格、色彩的整体掌控，实现广场空间的完整性，但广场空间的封闭性却因基面尺寸逐渐变大而被破坏，最后竟凸显出空旷之感。

---

[1] ［美］埃蒙德·N·培根．城市设计［M］．黄富厢，朱琪译．北京：中国建筑工业出版社，2003．118—119．

[2] 原文为：Actually this very arrangement arrests the movement toward the church, thus creating the spatial tension so desirable from the viewpoint of the late baroque, 见：Paul Zucker. Town and Square: from the Agora to the Village green［M］. New York: Columbia University Press,1959.151，笔者译．

C　放射型的巴洛克式

相较而言，放射型的巴洛克式如罗马波波洛广场（图4-46）以及巴黎星形广场、协和广场、凡尔赛宫前广场等，其基面则往往被呈放射状的街道轴线所控制，几何中心虽然也能通过基面图案化的肌理、巨大的置于其上的雕塑抑或是单体构筑物得到强化，但空间内聚的力量却因边围的断裂以及由长轴线所衍生出来的消失在远方的灭点而“向毫无边际的地平线延伸开去”，以至于像刘易斯·芒福德所言的那样：“一点不留内部空间”[1]。这其中最为典型的案例就是罗马波波洛广场以及巴黎星形广场。作为曾经的罗马城北部入口，三条主要街道——从波波洛港通向市场、罗马市政广场的古老的弗拉米尼安大道（Flaminia，如今的科索Corso）、通向河边的里皮塔大街（Ripetta）以及费利切街西北延伸段的巴比埃诺大街（Babuino）全部交汇于此，西克斯图斯五世方尖碑作为空间视觉中心强化了三条街道的轴线与主体广场的几何中心的叠合，而沿Flaminia大街主轴对称布置的双子教堂（圣玛丽亚Miracoli、圣玛丽亚Monte Santo）则像要塞一样强化了这三条街道的放射性。作为西克斯图斯五世“运动系统网络”、罗马“基本设计结构”的重要组成部分，作为巴洛克式“三支道系统”[2]最经典的案例，波波洛广场成为一系列空间序列的起点，并造成从北门通向全罗马的印象。也正因如此使得波波洛广场的空间价值不在于其空间内部，而体现在它与城市空间结构的关系上（这种空间结构关系在意大利的帕玛诺瓦城也有体现，如图4-47所示）。相较前者，巴黎星形广场（图4-48）则通过从圆心向四面八方放射十二条轴线而将巴洛克式对角线的设计手法推向了极致，以至于最终借助巴黎这个17世纪以降欧洲第一大国首都的平台，成为世界各国竞相模仿的对象。

图4-46　西克斯图斯五世的始自罗马波波洛广场的三支道系统

图片来源：［美］斯皮罗·科斯托夫．城市的形成，历史进程中的城市模式和城市意义［M］．单皓译．北京：中国建筑工业出版社，2005. 237

图4-47　建于1593—1623年的意大利帕玛诺瓦

图片来源：［美］斯皮罗·科斯托夫．城市的形成，历史进程中的城市模式和城市意义［M］．单皓译．北京：中国建筑工业出版社，2005. 19

[1] ［美］刘易斯·芒福德．城市发展史——起源、演变和前景［M］．宋俊岭，倪文彦译．北京：中国建筑工业出版社，2004. 405.

[2] 三支道系统是巴洛克式城市空间结构中最简单的对角线街道系统：“在人为设计的三支道系统中，中央的那条支道是轴线，旁边两条支道与它的关系是均等或近乎均等，同时总有一个广场作为这3条路的空间起源”，除此之外还有详见：［美］斯皮罗·科斯托夫．城市的形成，历史进程中的城市模式和城市意义［M］．单皓译．北京：中国建筑工业出版社，2005. 235.

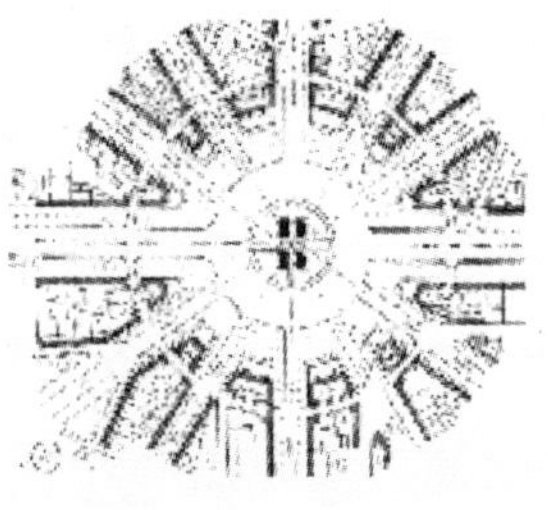

图4-48　巴黎星形广场

图片来源：[意]贝纳沃罗.世界城市史[M].薛钟灵等译.北京：科学出版社，2000. 856—857

图4-49　巴黎旺多姆广场实景

图片来源：作者摄，2008年。

图4-50　巴黎协和广场实景

图片来源：作者摄，2008年。

显然，无论是网格、向心集中式抑或是放射型的巴洛克式，抽象的几何构图都是几何型城市广场空间语言结构得以形成的基础，而其空间品质也因此既有围合性的特点，又有导向性的特征：对于基面而言，基面的形多为严整的几何原型，相对高程通常变化不大，尺寸并不单纯受制于广场上的活动方式以及周边建筑，主要受到来自设计者抑或是城市管理者有关城市空间的抽象的形态概念的影响，基面肌理通常为与基面形相呼应的几何图案硬质铺装；对于边围而言，内向集中式的边围尺寸通常同基面大小能达成适宜的比例关系、其形及肌理连续均质致使围合性尚能得到满足，而放射型巴洛克式边围的尺寸则同基面大小不存在直接关系、其形及肌理通常因不连续、开口较多致使空间品质围合性弱导向性强，网格式的边围尺寸受街块尺寸影响较大，其形及肌理通常能够保持连续均质，但鉴于开口处理过于直白而使广场空间品质围合性不强；对于家具而言，多为纪念性雕塑及喷泉，尺寸多样，因多布置于基面的几何中心而成为广场空间控制性元素，甚至深刻影响到广场空间性格的塑造。

综上所述，欧洲城市广场空间语言结构表达的主要特点是：

1. 边围普遍连续、均质、局部或有重音，基面类型多样，家具类型多样；

2. 无论是有机型抑或是几何型其边围、基面各子要素之间均多为连带型逻辑关系，家具位置与边围及基面也多呈现连带型的逻辑关系（图4-49，4-50）；

3. 空间品质主要体现为封闭的围合特征，少部分为开放的导向特征。

4.2.3　欧洲城市广场空间语言结构内容

欧洲城市广场空间语言结构有机型表达与几何型表达的呼应与对立恰是其精神内核外化过程中的两种不同的表现形式。

4.2.3.1　有机型城市广场空间语言结构内容

有机型的城市广场空间如上文所述诞生于古希腊约公元前800年城邦兴起之时，迪特·哈森普鲁格（Hassenpflug,

Dieter）认为这种类型的广场空间的形成与希腊式的聚居模式“Synoikismos”有关，他谈道：“根据亚里士多德（Aristoteles 1984）以及适用于整个欧洲史的马克斯 · 韦伯的观点，这种聚居意味着庄宅（Oikos），也就是说土地所有者、村社、家族，在中世纪时期还有僧侣、商人、手工艺者等聚集到一处，组成联盟、行会和互助会等各种协作组织，以共同管理宗教、社会、经济、技术和法律事物，创造‘理想的生活’。”[1]显然，这种“理想的生活”是以平等、公开、公正为基础的，它意味着参加社会公共事务的个人或团体彼此之间都是平等的，而其进行的各种公共活动也都是没有任何等级差别的，基于此才能出现理查德 · 桑内特（Sennett, Richard）所描述的城邦公共生活景象：“能够参加市集的人，会发现在市集里同时进行着许多散乱的和不同的活动，但场面并不混乱。……宗教舞蹈……赌桌……宗教仪式……饮食、交易、聊天与宗教祭奠……人们从一个群体走进另一个群体，可以发现城里最近发生了什么事，并且可以拿出来跟大家讨论一番……雅典最主要的人民法庭（Heliaia）应该是位于市集的西南角……每个人都可以从外头看到里面的情形，路过的人甚至还可以跟陪审员讨论案情。”[2]（图4–51）

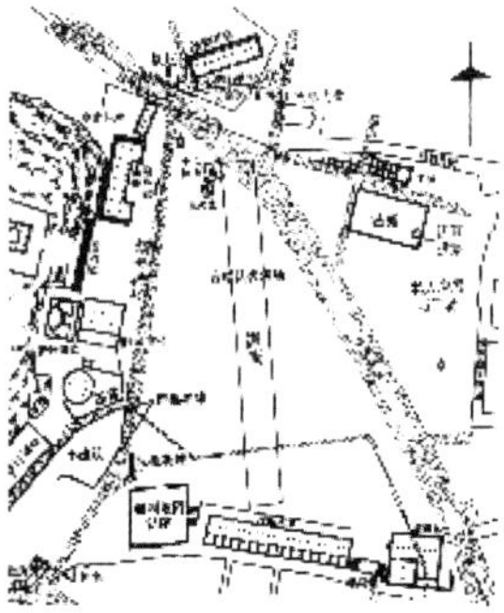

图4–51　公元前400年雅典的集市活动

图片来源：［美］理查德 · 桑内特. 肉体与石头——西方文明中的身体与城市［M］. 黄煜文译. 上海：上海译文出版社，2006. 28

这个场景是意味深长的，它呈现出公共活动是如何看似松散却高效地组织在一起，而人们又是如何随意自由地往来穿梭于所有的公共活动之间的。显然，基于平等观念的彼此尊重不但存在于人与人的互动过程中，也存在于空间构成要素之间的配比平衡之中，以至于司法、行政、贸易、生产、宗教、社会等名目繁多的公共活动类型与看似无序、实则有条不紊的空间布局之间竟形成了稳固的内在关联，并在一个较长的时期内“缓慢而复杂地相互影响，通过尝试和选择，耐心地调整修正”[3]以确保无论哪一支力量都不能占主导地位。一时

[1]［德］迪特 · 哈森普鲁格. 当代中国公共空间的发展——一个欧洲视角的观察［M］. 见：走向开放的中国城市空间. 迪特 · 哈森普鲁格编. 上海：同济大学出版社，2005. 16—17.

[2]［美］理查德 · 桑内特. 肉体与石头——西方文明中的身体与城市［M］. 黄煜文译. 上海：上海译文出版社，2006. 28—30.

[3]［美］刘易斯 · 芒福德. 城市发展史——起源、演变和前景［M］. 宋俊岭，倪文彦译. 北京：中国建筑工业出版社，2004. 369.

图4-52　西方绘画中描述的城市广场的多种用途

图片来源：[美] 刘易斯·芒福德. 城市发展史——起源、演变和前景[M]. 宋俊岭，倪文彦译. 北京：中国建筑工业出版社，2004. 插图26

间，“城市和市民合而为一，生活的每一部分似乎都处在自身的造形的、自我塑造的活动中”[1]（图4-52）。而这个过程被迪特·哈森普鲁格称为社会发明，抽象、复杂的社会关系首次通过具体的物质形态得到生动的呈现，而代表这种社会关系内核的精神实质——公民意识以及公共精神也被永久地凝结在这个专属名词——Agora中，并因此获得了绝无仅有的旺盛生命力——据刘易斯·芒福德所述，因为开放场所的这种社会功能在拉丁民族诸国中仍然保持着，伴随着欧洲各民族的融合、纷乱的战争以及宗教文化的扩张，plaza, campo, piazza, grand place, Platea, Placo，德语的 Platz等便注定同宗同祖——共同源于Agora一词[2]。基于此，广场从其诞生之日起也便注定如尤根·哈贝马斯所谓，是个“Total Institution”，意即：一个“广泛地容纳众多功能的、完整而**有机的**社会空间体系”[3]

[1] [美] 刘易斯·芒福德. 城市发展史——起源、演变和前景[M]. 宋俊岭，倪文彦译. 北京：中国建筑工业出版社，2004. 180.

[2] 同上，160.

[3] [德] 迪特·哈森普鲁格. 当代中国公共空间的发展——一个欧洲视角的观察[M]. 见：走向开放的中国城市空间. 迪特·哈森普鲁格编. 上海：同济大学出版社，2005. 15.

（粗体为笔者所加，图4–53，4–54）。

有机型广场的发展成熟期出现在中世纪至文艺复兴前期。在这段历史时期，市民“受到筑有防御工事的城墙的保护，靠工商业维持生存，享有特别的法律、行政和司法……成为一个享有特权的集体法人”[1]，并作为一支独立的经济、政治力量，在与教会、贵族的斗争、妥协中推动着城市的发展。亨利·皮雷纳（Pirenne, Henri）长篇累牍地叙述了中世纪的城市制度是如何在这三者之间尖锐的矛盾斗争中逐步形成、完善，并通过以公社为单位的参政议政使城市作为一个社会系统最终成熟并稳固发展起来的历程，而这段历程甚至可以被直接解析为从农奴到真正意义的市民的成长过程——从准许到城市生活的农民脱离封建劳动契约所代表的世袭制成为自由的市民[2]（图4–55，4–56），到拥有土地的自由租用、使用权；从由公社市民参与选举地方长官到通过艰苦的斗争逐步减免不合理的赋税……整个过程是异常艰辛的。但历史事实却不断证明，市民一旦从拥有经济上的独立逐渐发展为政治上的自主，他们也便拥有了对社会以及城市天然的归属感——“他们对于城市有一种近乎热爱的感激之情……如果没有市民们的欣然捐献，13世纪时修建起来的那些令人赞叹的大教堂则是不可想象的。它们不仅是上帝的神殿，它们还为城市争光，是城市最美丽的装饰品。”[3]显然，在这个艰难的发展、演进过程中无论是城市也罢，甚至是教会、贵族都收获了来自市民阶层的丰厚的回馈——宏伟的教堂、美丽的广场、日益繁华的商业贸易……于是，当蔡永洁阐述这种三角形的社会结构对城市广场建设的影响时，他这样说道：“这三种势

图4–53　德国魏玛市集广场实景，一侧市政厅在办理一对新人的婚姻登记，一侧市民们在市场上交易

图片来源：作者摄，2008年。

图4–54　法国贝尔福特市广场实景，人们在悠闲地举行室外音乐会

图片来源：作者摄，2008年。

图4–55　汉撒同盟商人的印章

图片来源：［意］贝纳沃罗. 世界城市史［M］. 薛钟灵等译. 北京：科学出版社，2000. 337

[1]［比利时］亨利·皮雷纳. 中世纪的城市［M］. 陈国樑译. 北京：商务印书馆，2006. 133.

[2] 理查德·桑内特在描述经济活动对中世纪时期的城市市民阶层发展的作用时，引用中古贸易网络，即汉撒同盟（Hanseatic League）所属城市城门上的铭言——“‘城市的空气使人自由’（Die Stadtluft macht frei）”——来意指中世纪时期的城市已经通过经济承诺，准许到城市生活的农民脱离封建劳动契约所代表的世袭制成为自由的市民。详见：［美］理查德·桑内特. 肉体与石头——西方文明中的身体与城市［M］. 黄煜文译. 上海：上海译文出版社，2006. 143.

[3]［比利时］亨利·皮雷纳. 中世纪的城市［M］. 陈国樑译. 北京：商务印书馆，2006. 132.

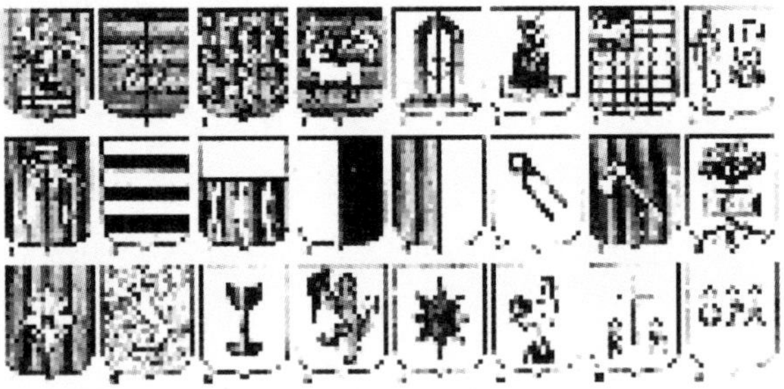

图 4-56　佛罗伦萨各行会的会徽

图片来源：[意]贝纳沃罗. 世界城市史[M]. 薛钟灵等译. 北京：科学出版社，2000. 486

力在城市空间里如同三个圆环，内紧外松，核心相互独立，边沿相互重叠；三个圆环的中心点，即三个圆环的重叠区域则是城市的市集广场”[1]。

4.2.3.2　几何型城市广场空间语言结构内容

斯皮罗·科斯托夫曾说过：“权力设计着城市”[2]。如果古希腊人没有高高在上的文化优越感，没有假借理性、秩序之手高效管理他人的强烈意愿，就不会出现希波丹姆斯以及可复制的米利都模式；如果罗马不是历时太久，或以军事霸权结束了古代世界的持久战乱，以至于如罗素（Russell, Bertrand）所言：“使人习惯于与一个单一的政府相联系的单一的文明这一概念”[3]，也就不会出现每篇必颂扬一遍凯撒大帝的《建筑十书》（*The Ten Books on Architecture*），以及试图通过所谓永恒不变的几何逻辑标榜自己丰功伟业的帝王广场群。事实上，对理性秩序及合理系统的无限向往可谓充满着欧罗巴各民族的权力之途，无论是柏拉图的理想国抑或是维特鲁威的“理想城市”，不论其出于政治抑或是军事的考量，还是与人的尺度发生某些所谓的“天然”关联，闭合完满

[1] 蔡永洁. 城市广场——历史脉络·发展动力·空间品质[M]. 南京：东南大学出版社，2006. 38.

[2] [美]斯皮罗·科斯托夫. 城市的形成，历史进程中的城市模式和城市意义[M]. 单皓译. 北京：中国建筑工业出版社，2005. 52.

[3] [英]罗素. 西方哲学史（上卷）[M]. 何兆武，李约瑟译. 北京：商务印书馆，2005. 344.

的圆形、清晰的几何中心以及始自圆点向外放射的轴线……无不是“假想”的理性主义与出于王权目的的神秘主义的密切交织(图4–57)。而这一切作为古典时期的常情[1]，连同柏拉图、亚里士多德、维特鲁威，连同古典纪念性建筑的发掘和丈量，甚至连同古罗马那不可一世的王权一起被所谓的人文主义者们当作挑战神权的武器。这个被无数学者视为欧洲文明发展历程中重要的转折点的文艺复兴，这个被平添了人性以及自由光辉的时代，在刘易斯・芒福德看来却隐藏着某些真实的欲望，只是这欲望被文艺复兴时期的艺术家们隐藏起来，特别是被譬如著名的梅狄奇家族以及那些热衷人文主义的教皇们所隐藏起来：“像希普利多维特莱斯哥(Hippolito Vitellesco)那样的鉴赏家，也许会拥抱古典的人像并同它们讲话[据约翰伊夫林(John Evelyn)报道]，把它们当作活生生的真人一样，然而，活着的人却被变成机器，没有自己的思想，只对外来的命令服从，这是早期以皇帝为中心的城市那种做法的死灰复燃。”[2](图4–58)

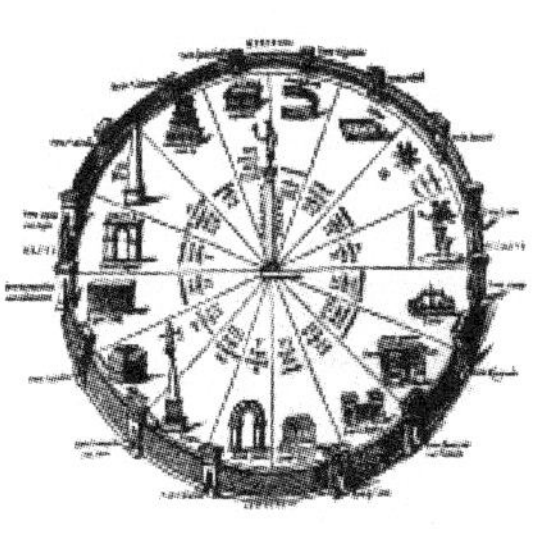

图4–57　奥古斯都时代的罗马

图片来源：[意]贝纳沃罗. 世界城市史[M]. 薛钟灵等译. 北京：科学出版社，2000. 180

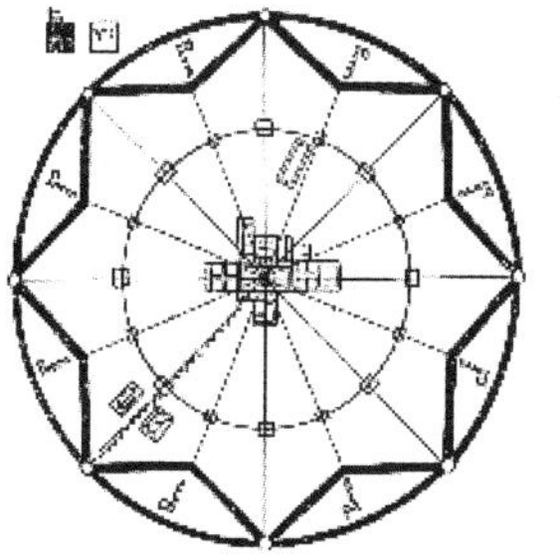

图4–58　文艺复兴前期的理想城市福尔津达(Forzinda)，出自费拉尔特(Filarete)写于1465年的论文

图片来源：[美]斯皮罗・科斯托夫. 城市的形成，历史进程中的城市模式和城市意义[M]. 单皓译. 北京：中国建筑工业出版社，2005. 186

可以说，几何型广场正是这一城市发展模式的集中体现，那些看似理性、科学的比例、透视、几何“将尺度及秩序强加给人类活动的每一个领域”[3]，即便人性的大旗举得再高，即便宗教已一步步走下神坛，即便没落贵族逐一被市民的“代表”——新兴资产阶级所取代，曾经稳定的市民阶层内部最终还是历经了阶层错位，并在这个过程中通过消解传统的社会阶层重新定义着自身以及城市的社会结构[4]。由工具理性所主导的主流价值取向还是直接影响了几何型城市广场在古典主义时期乃至20世纪初的大发展(图4–59)。它一方面将理性

[1] 政治力量的与星象之间的联系被认为是一种常情，所以天界中的圆形与王权从中心向外辐射的情形没有冲突，详见：[美]斯皮罗・科斯托夫. 城市的形成，历史进程中的城市模式和城市意义[M]. 单皓译. 北京：中国建筑工业出版社，2005. 183.

[2] [美]刘易斯・芒福德. 城市发展史——起源、演变和前景[M]. 宋俊岭，倪文彦译. 北京：中国建筑工业出版社，2004. 366.

[3] 同上，183.

[4] 理查德・桑内特基于对18世纪公共生活改变的研究，指出城市自由贸易的发展以及商业布尔乔亚的出现是市民阶层逐步丧失公共交往需求的本质原因，本书在此不加赘述，详见：[美]理查德・桑内特. 公共人的衰落[M]. 李继宏译. 上海：上海译文出版社，2008. 69.

图4-59　凡尔赛宫的三支道系统连接着王权与城市

图片来源：[美]斯皮罗·科斯托夫.城市的形成，历史进程中的城市模式和城市意义[M].单皓译.北京：中国建筑工业出版社，2005. 237

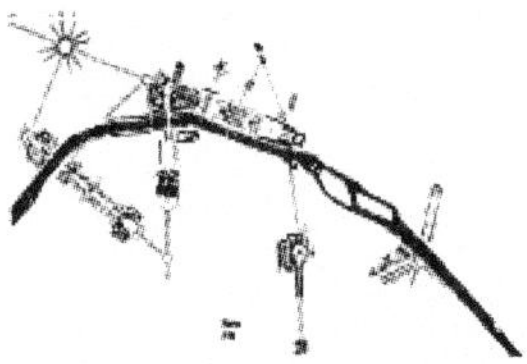

图4-60　奥斯曼巴黎改建后的空间轴线

图片来源：程大锦.建筑：形式、空间和秩序[M].天津：天津大学出版社，2005. 124

赋予城市发展、将秩序赋予人类社会，同时也重新埋下了人类妄自尊大的种子。这一趋势在19世纪中叶的巴黎改造中得到了充分的呈现（图4-60—图4-62），尤其是“星形广场”空间形态的最终定格——“每条笔直的大街都通向这里，向这个中心汇聚，好像汇向一个星辰，这个星辰……向四面八方以直线射出光华”[1]——这个柏拉图的理想国、维特鲁威的理想城市、阿尔伯蒂的理想城市形态，最终在2 000年后作为几何型广场发展的极致将文艺复兴时期被艺术修饰、掩盖的真实欲望通过权力的不断膨胀完整地展现出来。这就像瓦尔特·本雅明（Benjamin, W）所言的，所有的一切都是在用伪造的艺术目标来鼓吹技术的必要性，于是城市的发展滑向了工具理性/唯技术至上的深渊。而广场这一典型的欧洲城市公共空间也因为人与人之间疏离的加剧，再加上集权政体对公共领域的刻意控制——“这些空旷的市区广场将不会容纳临近街道的各种活动，街道将不会成为广场生活的入口……广场本身不承载社会意义，它只是限制在其内部发生的活动，这些活动主要是人流和车流的通过”[2]——而逐渐衰落，基于此所导致的社会问题也是深刻、复杂的。正因如此，20世纪60年代后，城市公共空间的安全问题被提上议事日程、社会公平成为城市生活的主题、多元价值取向的交融成为城市社会生活得以有机运转的必要前提、技术不再是唯一的标准、效率也不再是唯一的目的、公共参与甚至成为城市规划的新尝试……这一切就像汉娜·阿伦特在为本雅明文选（Illuminations: Essays and Reflections）所做的序中说：“希腊词‘城邦’（polis）将继续蛰伏于我们政治存在的根基，只要我们还用‘政治’（politics）这个词。”[3]同样，只要人们还继续用城市广场（plaza, campo……）这些词，还继续在这样的空间中活动，Agora及其所蕴含的城市公共精神就会一直存在于人们的日常生活中，

[1] [美]刘易斯·芒福德.城市发展史——起源、演变和前景[M].宋俊岭，倪文彦译.北京：中国建筑工业出版社，2004. 184.

[2] [美]理查德·桑内特.公共人的衰落[M].李继宏译.上海：上海译文出版社，2008. 66.

[3] [德]汉娜·阿伦特.瓦尔特·本雅明：1892—1940.见：启迪：本雅明文选[M].汉娜·阿伦特编.张旭东，王斑译.北京：生活·读书·新知三联书店，2008. 67.

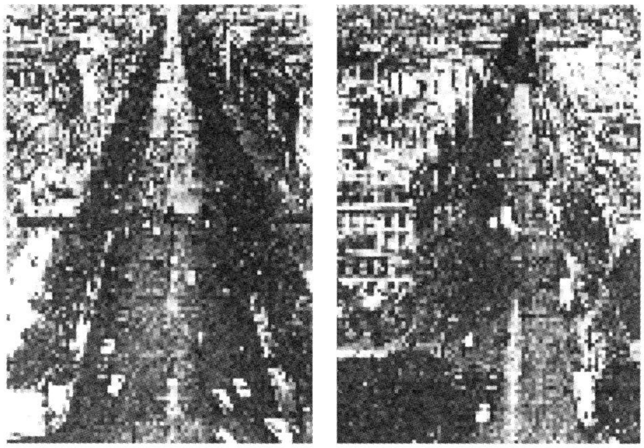

图4-61　奥斯曼改造后巴黎的林荫大道，左香榭丽舍大街，右瓦格拉姆(Wagram)大街

图片来源：[意]贝纳沃罗. 世界城市史. 薛钟灵等译. 北京：科学出版社，2000. 858

图4-62　杜米埃1862年绘制的新巴黎

图片来源：[美]大卫・哈维. 巴黎城记：现代性之都的诞生. 黄煜文译. 桂林：广西师范大学出版社，2010. 104

并像刘易斯・芒福德、斯皮罗・科斯托夫、理查德・桑内特所做的那样，不断地被提及、回溯并在反思中推动对“现实”的修正与改良。

4.2.4　空间语言结构的相近与相异

4.2.4.1　表达的“相近”与“相异”

如果忽略欧洲城市广场历史根源、地域特征的复杂性，而仅将其抽象简化为一套逻辑关系，并尝试与当代中国城市广场的逻辑关系进行并置比较，表达的“相近”与“相异”便会清晰可见。

A　“相近”

表达的“相近”包括：

1. 空间语言要素、子要素及其聚合系的类型相近，均为三大类、10组一级聚合系、6组二级聚合系；

2. 几何型范式的组合段逻辑关系类型相近。

表达“相近”进而所导致的空间效果“相似”：

1. 对城市总体空间结构的作用相似——均成为城市中必不可少的开放空间；

2. 空间形态相似——尤其是对于几何型城市广场来说，轴线关系、几何中心突出……特征鲜明；

3. 细节相似——尤其是在对家具的选择与布置方面、甚至边围肌理的组织方面均有其相似之处。

B "相异"

表达的"相异"包括：

1. 欧洲城市广场空间结构还包括有机型这一范式，而当代中国城市广场则无；

2. 欧洲城市广场空间结构逻辑关系主要为连带型及选择型，而当代中国城市广场则主要为选择型、甚至结合型，较少连带型；

3. 相较当代中国城市广场，欧洲城市广场空间结构同人的活动关系更为紧密。

表达的"相异"进而所导致的空间效果"相异"：

1. 相较当代中国城市广场，欧洲城市广场空间形态更加多元、生动；

2. 相较当代中国城市广场，欧洲城市广场各构成要素之间的逻辑关系更紧密，致使其空间整体性更强、空间性格更鲜明；

3. 相较当代中国城市广场，欧洲城市广场边围的作用更清晰，空间围合感更强，对行为的支撑效果更好；

4. 相较当代中国城市广场，欧洲城市广场规模、尺度更适宜人的复合型活动。

4.2.4.2 内容的"相异"与"相近"

A "相异"

显然，"有机型"成为欧洲城市广场与当代中国城市广场在空间语言结构层面上最突出的差异，而这种差异从本质上讲恰恰影射出洪堡所言的可以超越时间界限的"民族世界观"的差异。这就如同笔者在本书第2章第3节空间语言的转译中所论述的那样——因为原始朴素的宇宙观、天命崇拜、祖先崇拜的宗教观、现世生存价值的推崇、政治上的初始早熟、严苛的社会等级制度等，既从形式上又从实质上拘束了国家的发展、限制了个体意识的蒙醒[1]，而这其中，尤以始自公元前的"政治上的初始早熟"影响最为深远（图4-63）。相较

图4-63 孔子行教图拓片

图片来源：李泽厚.美的历程[M].天津：天津社会科学院出版社，2001. 81

[1] 详见：本书第2章2.3.2空间语言的转译.

而言，欧洲直至中世纪瓦解之后，或确切地说在中国实行中央集权的2 000余年后才真正逐步进入中央集权时期，而在此之前，无论是个体与个体之间抑或是群体与群体之间始终处在一个动态的多方平衡之中。尤其是在漫长的中世纪时期，基于自由贸易所孕育出的市民阶层不但逾越了古希腊时期基于血缘、地缘而形成的传统的社会结构，建立了公社，甚至还逐渐成长为一支独立的政治、经济力量，直接参与到城市的管理、运作中（图4-64，4-65圣米歇尔山的建设恰体现出市民阶层所拥有的对城市以及社区天然的归属感）。这同中国古代政治结构发展历程是迥异的，因为“政治上的初始早熟”，由官方主导的宇宙观、宗教观、价值观便成为上行下效的规则，这种相较其他地区更加成熟、系统化的教化模式再加上血缘、地缘等因素的共同作用，致使个体与个体之间抑或是群体与群体之间始终处在一个静态的平衡之中，直至近代才被西方的坚船利炮所打破。可以说，正是这种静态的平衡，或确切地说是过度依赖集权体制的静态的文化平衡，令古代中国既没有出现独立于集权体制之外的诸如宗教、政治、经济的社会制衡机制，更无法出现超越宗法制、君主制、官僚制而逐步自发形成的城市空间类型。也正因如此，当这种封闭的自足型的城市生活被打破，人们便只能被动地去接受这一突然发生改变的社会现实，而一旦我们再借助“民族世界观”的视角来审视这个转变过程，我们便会发现代表真实城市生活的人们同这个物质现实之间的关系几乎是断裂的，即内容物与容器之间的关系是断裂的，借用语言学的术语，亦可转述为——空间内容项与表达项之间的逻辑关系是互为不充分必要条件的并列型关系。基于此，我们便不难理解在“相近”的几何型空间语言表达中所呈现出来的“相异”，譬如相较当代中国城市广场，欧洲城市广场空间形态更加多元、生动；其各构成要素之间的逻辑关系更紧密，致使空间整体性更强、空间性格更鲜明；其空间围合感更强，对行为的支撑效果更好；以及其规模、尺度更适宜人的复合型活动……

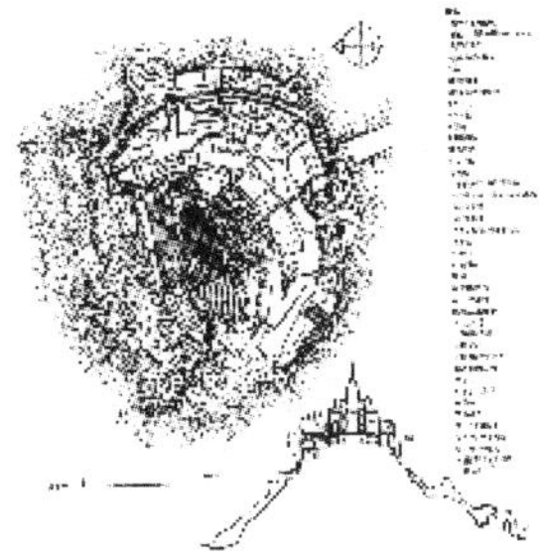

图4-64　圣米歇尔山的平面横剖面

图片来源：[意] 贝纳沃罗. 世界城市史[M]. 薛钟灵等译. 北京：科学出版社，2000. 364

图4-65　圣米歇尔山的18世纪的模型

图片来源：[意] 贝纳沃罗. 世界城市史[M]. 薛钟灵等译. 北京：科学出版社，2000. 365

B　“相近”

相较有机型城市在一个较长的历史阶段内“缓慢而复杂”的形成、发展历程，几何型模式因其放之四海而皆准的可复制性，具备更多的可比较内容。以网格模式为例，它的出现基本服务于两种目的——“第一种是帮助建立有条理的聚居区和殖民地，这是一种广泛意义的作用……另一种是将网格作为一种促进现代化的措施，以改造已有的、不够有条理的现状”[1]。显然，对于当代中国的城市化进程而言，以交通系统为骨架的城市空间网格系统已经俨然成为城市现代化发展的标志，它的实用主义倾向及其巨大的尺度已使其大大迥异于中国传统的网格系统。从这个意义上说，此两者之间无论从空间语言结构抑或是空间语言文本的角度均不具备应有的承继关系，前者更倾向于沿袭发源于欧洲的现代机械理性规划思想以及基于此所衍生的功能主义规划思想。

巴洛克的空间美学是另一种被广泛复制的模式，斯皮罗·科斯托夫将之揶揄为“壮丽风格”。针对这种宏大的、自17世纪以降便一直被广泛效仿的空间类型，他一针见血地指出：“一般来说，在壮丽风格设计的背后都有一个强大的、集权式的政府，它广泛的资源和不容置疑的权力使得笔直的大道、巨大的规整广场，以及与之相辅相成的纪念性公共建筑组成的铺张的城市意象得以实现。”[2]事实上，诸如仪式性的轴线、直的街道、街道深远处的对景、统一性和连续的界面、统一中的变化这些“巴洛克”式的典型要素，对于中国人而言并不会感到陌生，因为绝大多数的中国古代城市都拥有这些空间特征（图4-66），究其原因也如斯皮罗·科斯托夫所言是因为这些设计背后“有一个强大的、集权式的政府”，更何况这个政府又是一个相当“早熟”的政府，这就使得所有的这些空间设计手法不但日臻成熟地成为古代中国特有的政治象征，更丝丝入扣地渗透入中国人的城市空间审美习惯中，并反过来塑造着民族的性格。也正因如此，当巴洛克式的对角线、多支道系统、林荫大道、标志物与纪念性建筑以至于巨大、严整的广场（图4-67，4-68）在近代突然出现在中国古老的城市空间肌理中时，它内在的一部分审美象征竟暗合

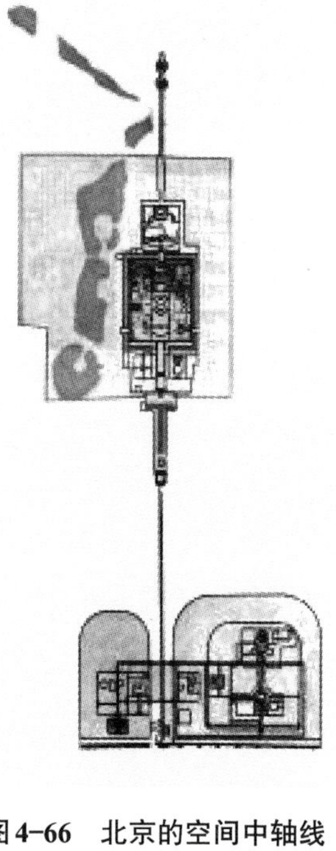

图4-66　北京的空间中轴线

图片来源：［美］埃蒙德·N·培根．城市设计［M］．黄富厢，朱琪译．北京：中国建筑工业出版社，2003. 248

[1]［美］斯皮罗·科斯托夫．城市的形成，历史进程中的城市模式和城市意义［M］．单皓译．北京：中国建筑工业出版社，2005. 101—102.

[2] 同上．

了中国文化传统中古老的价值取向，并推动着这种模式在当代中国城市化进程中以一种“崭新”的腔调与所谓的功能主义融合在一起，成为中国现代文明的标志。而它所脱胎的那一部分潜在的、“有机”的社会文化内涵则因没有寻找到可以彼此对应的阐释通道，在当代中国新的城市空间语言结构中渐渐模糊。

4.2.5　本节结语

洪堡说：“每一种语言都包含着一种独特的世界观。正如个别的音处在事物和人之间，整个语言也处在人与那一从内部和外部向人施加影响的自然之间。”[1]斯皮罗·科斯托夫在分析网格规划模式时谈道：“相似的形态在不同的文化中不一定有相似的意义；同样，相似的功能可能会产生很不同的形态。”[2]如果套用语言学的术语，斯皮罗的这句话似乎还可以转译为——相似的发音在不同的语境内不一定有相似的含义（≥一词多义），而相似的含义也可以由完全不同的发音方式表达出来（≥同义词）。

显然，共时维度下中欧城市广场的空间语言结构具有一定的相似性，譬如相似的空间语言要素、子要素及其聚合系的类型，以及相似的几何型组合段逻辑关系。但这种相似却是不彻底的，以至于在相似的语言结构中会出现很多无法回避的相异，譬如某一特定范式的缺失，同一范式内具体析取、合取原则的迥异，甚至基于此出现同一空间语言结构内容项与表达项之间的逻辑关系既可能是互依型也可能是结合型的这种截然相反的现象。而这无疑成为我们深入中欧城市广场文本层进行研究的契机。事实上，正如洪堡所言的语言与世界观的一致性，这个论断成立的充要条件是每种语言必定有其得以孕育和成长的文化土壤，脱离了这个特定的文化土壤，也便等同于没了适宜的气候条件与肥料的滋养，无论是语言抑或是空间语言，其表达项与内容项之间都可能出

图 4-67　凡尔赛宫花园总平面

图片来源：[美] 柯林·罗，弗瑞德·科特. 拼贴城市[M]. 童明译. 北京：中国建筑工业出版社，2003. 89

图 4-68　朗方设计的华盛顿

图片来源：程大锦. 建筑：形式、空间和秩序[M]. 天津：天津大学出版社，2005. 261

[1] 姚小平. 洪堡特：人文研究和语言研究[M]. 北京：外语教学与研究出版社，1995. 136.

[2] [美] 斯皮罗·科斯托夫. 城市的形成，历史进程中的城市模式和城市意义[M]. 单皓译. 北京：中国建筑工业出版社，2005. 16.

现断裂。因此，所谓的“共同管理宗教、社会、经济、技术和法律事物，创造‘理想的生活’”[1]这一充满社会学意味的欧陆模式，无疑是与林语堂所言的中国情景大相径庭的，对后者来说，“‘社会’一词所代表的观念在中国人的思想中并不存在。在儒家的社会与政治哲学中，我们看到了从‘家’向‘国’的直接过渡。……‘公共精神’是一个新名词，正如‘公民意识’、‘社会服务’等”[2]。也正因如此，相近的形态并不等同于意义相同。

4.3 本章结语

对当代中国城市广场进行历时、共时研究的目的一方面如上章所述是在试图揭示出其空间语言社会属性与物质属性/内容项与表达项的历史渊源，进而深化对当代中国城市广场空间语言逻辑关系断裂现象的认知；另一方面则是试图全景呈现出当代中国城市广场，其之于中国古代城市外部空间发展、之于欧洲悠久的城市广场建设历程独特的理论研究地位及其社会学的研究价值。具体而言，通过历时研究，不难发现中国城市外部空间在20世纪的100年间所出现的近乎彻底的转变，可以说无论是空间语言要素抑或是各要素之间的逻辑关系都发生了翻天覆地的改变。这个发现将当代中国城市广场的建设放在了一个更加广阔的时间背景内去思考，甚至不由得要将当前这种建设现状上溯到20世纪初的那场东西方文化大碰撞的历史时期进行更加客观的审视。与此同时，通过共时研究，亦不难发现上述所有这些改变均脱胎于另外一种与中国传统社会迥异的文化背景，似乎无论是空间语言要素抑或是各要素之间的逻辑关系都在努力顺应另一种文化表达方式。这个发现无疑将当代中国城市广场的建设置于一个更普遍的全球语境下来思考，并通过空间语言背后文化的比对，尝试对当前这种建设现状进行深层的反思。

显然，纵跨时间维度的审视以及横跨空间维度的反思，为解析当代中国城市广场的建设建构起了一个多维的平台。通过共时的研究可以明确地回答历时维度中的突变为何出现，反过来，通过历时的研究则可以清晰地回答共时维度中相似又相异的问题究竟源于何处。蔡永洁曾借用鲁迅先生所造的“拿来主义”一词描述中国近代的城市建设[3]。事实上，这个词也可以用来形容当代中国城市广场的空间语言结

[1] [德] 迪特·哈森普鲁格. 当代中国公共空间的发展——一个欧洲视角的观察. 见：走向开放的中国城市空间[M]. 迪特·哈森普鲁格编. 上海：同济大学出版社，2005. 16—17.
[2] 林语堂. 中国人[M]. 2版. 郝志东，沈益洪译. 上海：学林出版社，2000. 177.
[3] 蔡永洁，黄林琳. 现代化、国际化、商业化背景下的地域特色——当代上海城市公共空间的非自觉选择[J]. 时代建筑，2009(6)：32.

构的衍生、发展过程，只是意思略有改变——因为“拿来”，中国城市外部空间的演变历程发生了突变；因为“拿来”，空间语言徒留其表，内容项遭遇本土化，中国传统的价值体系通过另一种迥异的表达方式获得了生命的延续。

基于此，下文将着力分析“拿来”——这一空间语言转译过程是如何为当代中国城市广场的建设埋下伏笔，并进而构建出广场与现代性之间这似是而非的决定型逻辑关系。

第5章

中国城市广场的跨语际实践

翻译过程本质上包含了人类理解世界和社会交往的全部秘密。[1]

——汉斯-格奥尔格·伽达默尔

根据刘禾对汉语外来词的整理,“广场”一词被划归为“回归的书写形式借贷词”[2]范畴,具体指的是“一些古汉语复合词,它们被日语用来翻译欧洲的现代词语,又被重新引入现代汉语”[3]。在具体解释这一词条的时候,她引用了两则古汉语用法的例子,其一为汉代张衡的《西京赋》:“临迥望之广场,程角牴之妙戏”,她将之解释为“广阔的场地”;其二为宋王禹偁的《赠别鲍秀才序》:“其为学也,依道而据德,其为才也,通古而达变,其为识也,利物而务成。求之广场,未易多得”,她将之解释为“人多的场合”[4]。这两个例子显然同笔者在上文中对六段古汉语所作的释义相近(详见4.1.3.1以及5.2.3)。在刘禾看来,“广场”作为一个典型的汉字复合词是在日本明治维新大量翻译欧洲文化著作时,被日本人用来翻译Square和Plaza的,随后再通过中日之间的文本交流重新被引入现代汉语之中。在这个过程中,被借用的词在特定的语言环境中是怎样发音或使用并不重要,“广场”仅仅作为一个“表意字符”[5]在亚洲的语言圈中流转后

[1] [德] H-G·伽达默尔. 语言在多大程度上规范思想[M]. 曾小平译. 见:伽达默尔集. 严平选编. 上海:上海远东出版社,2003. 182.

[2] 除此之外还包括:源自早期传教士汉语文本的新词及其流传途径、现代汉语的中—日—欧借贷词、现代汉语的中——日借贷词、源自现代日语的后缀前缀复合词、源自英语、法语、德语的汉语音译词以及源自俄语的汉语音译词。其中,“现代汉语的中—日—欧借贷词”意指“来自现代日语的外来词”,“它由‘汉字’词语组成,乃由日语使用汉字来翻译欧洲词语(特别是英语词语)时所创造”;“现代汉语的中—日借贷词”则意指“前现代的日语创造的新词”,即“抵达现代汉语而不必直接翻译欧洲语言的‘汉字’外来词”。详见:[美] 刘禾. 跨语际实践:文学,民族文化与被译介的现代性(中国,1900—1937)(修订译本)[M]. 宋伟杰等译. 北京:生活·读书·新知三联书店,2008. 365—454.

[3] 同上,395.

[4] 同上,418.

[5] 刘禾在编撰汉语外来词附录时,采用了“表意符合”(ideographic coincidence),而不是通常的“语义等同”(semanticequation),她指出“表意符合”指的是“翻译过程中对**已有的汉字复合词**的使用,而**不管**这个词在所谓的**词义**层面发生了什么”(黑体为笔者所加),详见:同上,361—362.

重新回归现代汉语。因此，一旦如上文通过历时研究对“广场”一词进行语言学的溯源，必然会发现这个由两个字所组成的复合词在现代汉语中所呈现的词义与其在古汉语中对应的词的词义截然不同：前者指代城市外部空间中与Square、Plaza相类似的空间类型；而后者则如上文所述指代含混（详见4.1.3.1）。刘禾对这种发生在新旧语言系统中的词形不变而词义转变——譬如封建、社会、文化、文明、国民等——的现象非常重视，她认为这种不同的诠释模式“深刻地影响了这些社会认识自己过去的方式”[1]。

因此，当“广场”借助具体的物质载体，通过转译回归汉文化系统的时候，这个复合词便不可避免地出现全新的本土化诠释，而它所承载的某些误读内容甚至已经成为中国社会20世纪的巨变缩影。

5.1　“广场”的跨语际历程

作为城市外部空间语言结构中重要构成要素——“广场”，其表达项的转译可上推至1866年由日本政府委托德国建筑师Willelem Bockmann所做的日比谷官厅集中规划。作为近代第一次东西方城市空间理念的对话，广场、林荫道路、公园、纪念碑以及大型的公共建筑事实上是以客方空间语言的身份，被当作“现代国家的印象”直接植入日本城市的主方空间语言想象中[2]。显然，这种状况与中国近代城市发展轨迹截然不同，前者是以一种更为主动的方式通过所谓的“文明开化，富国强兵，殖产兴业”令客方空间语言获得“合法性”以期“摆脱半殖民地的危机，形成独立自主的资本主义国家”[3]，并基于此跻身他们所认为的“先进”及“文明”国家行列。相反，后者则一直纠结于“体用之争”，直至“广场”这一被近代日本人认为体现着“现代国家的印象”的空间语言要素，伴随着西方殖民者的坚船利炮在19世纪末强行介入中国古老、凝滞的城市空间肌理之中，中国的城市空间才开始发生改变[4]。整个改变包括两个阶段：起兴期以及合法期。

5.1.1　起兴期：19世纪末—1949年

从19世纪末至新中国成立前，中国城市外部空间语言结构所发生的跨语际转译

[1]［美］刘禾．跨语际实践：文学，民族文化与被译介的现代性（中国，1900—1937）（修订译本）［M］．宋伟杰等译．北京：生活·读书·新知三联书店，2008. 363.

[2] 1868—1887年被石田赖房定义为欧化的城市改造时期，详见：李百浩．1945年前日本近代城市规划发展过程与特点［J］．城市规划汇刊，1994（5）：31.

[3] 尉迟坚松编译．日本近代城市规划的演变［J］．国外城市规划，1983（2）：28.

[4] 中日近代化比较可详见：［日］依田熹家．中日近代化比较研究［M］．孙志民，翟新编译．上海：生活·读书·新知三联书店，1988.

图5-1　德国于1901年所做的青岛规划图

图片来源：华揽洪. 重建中国——城市规划三十年(1949—1979)[M]. 李颖译. 华崇民编校. 北京：生活·读书·新知三联书店,2006. 44

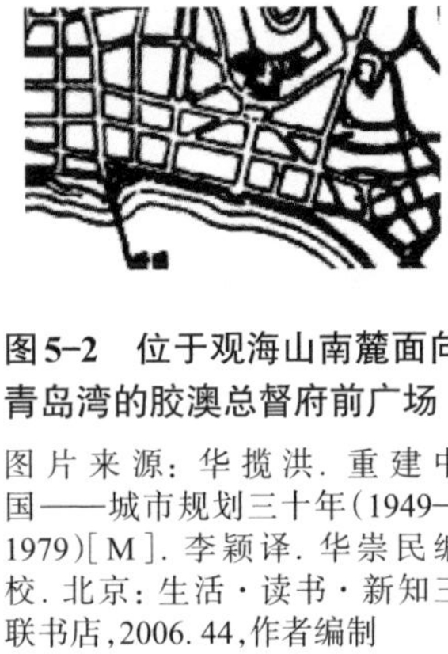

图5-2　位于观海山南麓面向青岛湾的胶澳总督府前广场

图片来源：华揽洪. 重建中国——城市规划三十年(1949—1979)[M]. 李颖译. 华崇民编校. 北京：生活·读书·新知三联书店,2006. 44,作者编制

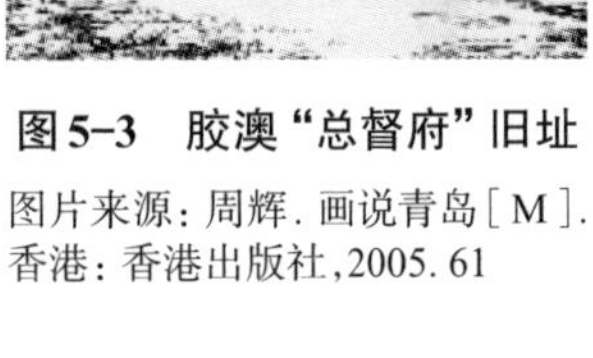

图5-3　胶澳"总督府"旧址

图片来源：周辉. 画说青岛[M]. 香港：香港出版社,2005. 61

活动可被细化为"移植"型与"阐释"型两大类。其中,前者多发生在由外国势力侵占的新建城市中,如青岛、大连、哈尔滨、香港、台湾等。"移植"一词暗指在脱离了原有语境的情况下,在完全不同的空间语言环境中所进行的再现式建设,"这些城市的规划多从当时侵占者的意图出发,有长远的打算,**运用了该国已盛行的城市规划的方法**"[1](粗体为笔者所加)。后者则具体体现在国民政府的城市规划方案中,如1927—1929年制定的"大上海都市计划"、1929年颁布的南京"首都规划"、1946年的重庆"陪都计划"等。"阐释"意味着这些规划理念中已出现"体现空间特征的、空间要素**重组式解释**"[2](粗体为笔者所加),通常被称作折衷式。下文将对此两种跨语际转译类型进行详细解读。

5.1.1.1　"移植"型

A　*历程*

"移植"型肇始于1898年德国人所做的"青岛湾畔的新城规划"(Die Neu Anzulegende Stadt an Der Tsintau Bucht,较日本的首例"现代"规划实践晚32年),该规划于次年在德国《插图报》(*Illustrirte Zeitung*)上公示,并于7年后实施完成(如图5-1所示)。这个新城的建成使青岛成为"中国近代完全按规划建设发展起来的现代城市的典型代表……现代城市规划在中国的移植与实验过程中最具代表性的个案"[3],同时也使得青岛成为"广场"这一欧洲城市空间语言要素空降中国本土的第一站——在观海山南麓,面向青岛湾的位置,中国的土地上第一次出现"城市中心广场"这一线性封闭型空间以外的空间形态(图5-2)。这个位于德国胶澳总督府前(图5-3)、周边环绕总督楼、警察署等公共建筑、并向左右各放射六条道路的广场,成为德国侵占者在青岛的

[1] 董鉴泓. 中国城市建设史[M]. 北京：中国建筑工业出版社,2009. 379.

[2] 改编自李河语："一切文字性的、语词重组式解释都是翻译",详见：李河. 巴别塔的重建与解构：解释学视野中的翻译问题[M]. 昆明：云南大学出版社,2005. 54—57.

[3] 李东泉,周一星. 青岛的历史地位及其城市规划史研究的意义[J]. 城市规划,2006(4)：56—57.

政治统治中心。

相较青岛，沙俄在1900年为大连所制订的第一个城市规划并未能完整实施，但由环状广场以及放射性道路所形成的城市空间骨架却已颇具规模（如图5-4所示）。尤其是作为城市中心的直径为213米向外辐射出10条放射线道路的“尼古拉广场”，更是将大尺度的广场类型以及巴洛克式的欧洲城市空间语言植入中国。这种模式在1904年后被日本侵占者继承，并在其后40年的占领过程中不断完善和补充，譬如在对大广场（前尼古拉广场，如图5-5，5-6所示）、西广场（现友好广场）、朝日广场（现三八广场）改造的同时，还陆续修建了敷岛广场（现民主广场）、长者广场（现人民广场）等。这些举措影响了大连城市空间格局的发展，使其逐步从沙俄时期的放射形集中式演变为网格与放射线相结合的功能主义空间格局。

同样由沙俄肇始的城市规划案例还有哈尔滨（图5-7）。同大连相类似，其于1900年为南岗区所做的规划，也是由环形广场、放射路以及方格网道路共同建构城市空间骨架。

1932年后，东三省被日本占领，新京（长春）、奉天（沈阳）以及哈尔滨成为伪满洲国重点规划建设的三座城市。这其中尤以新京（长春）的规划设计规模最大、完成度最高（图5-8）。在这个被命名为“新京规划”的规划项目中，不但采用了与

图5-4　俄国于1901年所做的大连规划图

图片来源：华揽洪. 重建中国——城市规划三十年（1949—1979）[M]. 李颖译. 华崇民编校. 北京：生活·读书·新知三联书店，2006. 44

图5-5　日本占领东北时期大连大广场（原尼古拉广场）

图片来源：老大连

图5-6　日本占领东北时期大连大广场（原尼古拉广场）上矗立的侵华将领大岛义昌铜像

图片来源：老大连

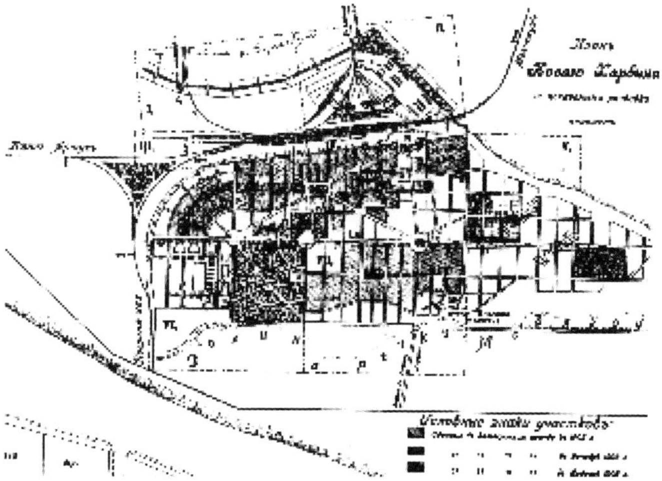

图5-7　俄国于1900年所做的哈尔滨规划图

图片来源：徐苏宁. 城市设计美学[M]. 北京：中国建筑工业出版社，2006. 63

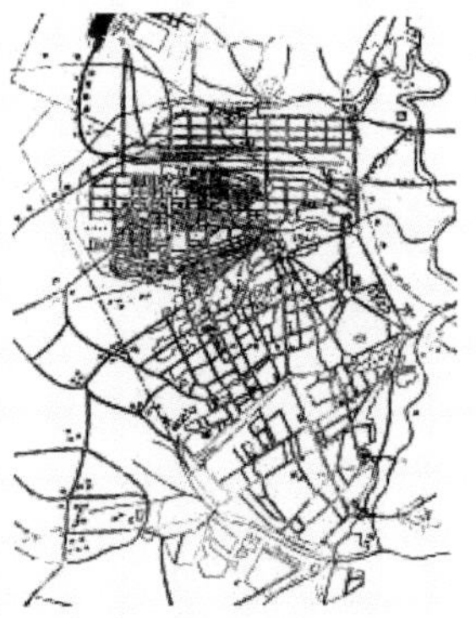

图5-8 长春1932年市区图

图片来源：董鉴泓. 中国城市建设史［M］. 北京：中国建筑工业出版社，2009. 350

图5-9 长春人民广场俯瞰（原大同广场）

图片来源：nipic.com

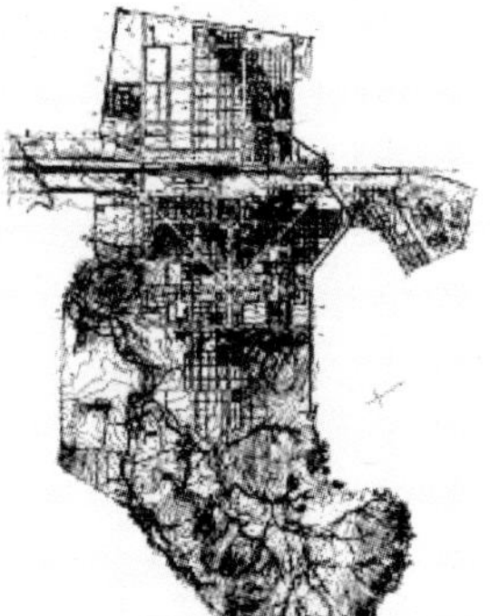

图5-10 鞍山1939年市区图

图片来源：董鉴泓. 中国城市建设史［M］. 北京：中国建筑工业出版社，2009. 358

同时期澳大利亚堪培拉、印度新德里首都规划一样的多焦点放射型的巴洛克规划手法——譬如始自顺天广场（又名皇宫广场，今文化广场）经顺天大街（今新民大街）终止安民广场（今新民广场）的新京政治、行政中心，向外辐射出六条道路、直径为300米的作为经济中心的大同广场（今人民广场，图5-9）等——还运用了许多当时欧美最新潮的城市规划理论，如区域规划、绿化带、卫星城、邻里单位等。这使得"新京规划"成为日本占领东北时期伪满洲国所谓规划的典范。在这一典范的影响下，牡丹江、鞍山（图5-10）、抚顺、佳木斯、吉林、四平、锦州、辽阳、承德等20余个东北城市先后进行了系统的规划设计，近40个城市实施了城市基本建设。李白浩引用当时的日本规划师佐藤武夫的话："现在在大陆实行的城市规划才**是真正的即西方的城市规划**。"（黑体为笔者所加）显然，对西方规划理念的推崇使得"当时的'满洲'成为日本进行欧美近代城市规划理论的实验场所"[1]，不仅仅巴洛克规划模式，就连1898年的霍华德田园城市理论、1924年阿姆斯特丹国际城市规划会议、20年代末柯布西耶CIAM的城市规划理论以及1929年美国C.A.佩里的邻里单位等欧美近代城市规划理论[2]，几乎全部通过日本的对华侵略，在其侵占地被强行推广和实施。而后，随着中日战争的愈演愈烈，直至1945年日本投降，日本对华北、华中的几乎所有的城市都进行了规划，其中最有代表性的是大同、上海以及北京的规划。虽然这些规划绝大多数仅是一纸空文，且在抗战胜利后一直作为日军侵华的罪证饱受质疑，但其对于西方城市规划学科在中国的引进和传播却起到了不可低估的作用，对于近当代中国城市空间格局的形成也产生了潜移默化的影响。而广场这一典型的西方城市空间形态也因日中长达半个世纪的拉锯逐渐被引入中国凝重、严整的线性城市空间结构中，这一名词亦被引入现代汉语中，并在半个世纪后的今天左右着中国当代城市未来的发展走向。

---

[1] 李百浩，郭建. 近代中国日本侵占地城市规划范型的历史研究［J］. 城市规划汇刊，2003（4）：46.

[2] 详见：李百浩. 1945年前日本近代城市规划发展过程与特点［J］. 城市规划汇刊，1994（5）：32.

B　空间语言结构表达的改变

表 5–1　起兴期“移植”型广场对中国城市外部空间语言子要素的扩充简表，作者整理、绘制

<table>
<tr><th></th><th>1900年前I级聚合系</th><th colspan="2">1900—1949年“移植”型I级、II级聚合系</th><th>典　型　案　例</th></tr>
<tr><td rowspan="6">基面</td><td>基面尺寸(宏大/适宜)</td><td colspan="2">基面尺寸(宏大/适宜)</td><td></td></tr>
<tr><td>基面形(线型)</td><td rowspan="2">基面形</td><td>圆形</td><td>1900 年大连尼古拉广场(1904年后日本侵占东北时期的大广场，现中山广场)，1904 年后日本侵占东北时期的大连西广场(现友好广场)、朝日广场(现三八广场)，1932 年后长春大同广场(现人民广场)等</td></tr>
<tr><td rowspan="4"></td><td>四边</td><td>1900 年青岛“总督府”广场，1904 年后日本侵占东北时期的大连长者广场(现人民广场)，1932 年后长春顺天广场(现文化广场)等</td></tr>
<tr><td colspan="2">基面相对高程(▁ ▬ █)</td><td>1900 年青岛“总督府”广场</td></tr>
<tr><td rowspan="2">基面肌理</td><td>基面肌理素材(硬/软)</td><td>1904 年后日据大连长者广场(现人民广场)，1932 年后长春顺天广场(现文化广场)等</td></tr>
<tr><td>基面肌理拼合(几何)</td><td>1900 年青岛“总督府”广场、大连尼古拉广场(1904 年后大广场，现中山广场)，1904后日本侵占东北时期的大连长者广场(现人民广场)，1932年后长春顺天广场(现文化广场)、长春大同广场(现人民广场)等</td></tr>
<tr><td rowspan="5">边围</td><td></td><td colspan="2">边围尺寸(宏大/适宜)</td><td></td></tr>
<tr><td>基面交接</td><td rowspan="2">边围形</td><td>基面交接</td><td>1900年大连尼古拉广场(1904年后日本侵占东北时期的大广场，现中山广场)，1904年后日本侵占东北时期的大连长者广场(现人民广场)等</td></tr>
<tr><td rowspan="2"></td><td>天际交接</td><td>1900年青岛“总督府”广场，1900年大连尼古拉广场(1904 年后日本侵占东北时期的大广场，现中山广场)等</td></tr>
<tr><td rowspan="2">边围肌理</td><td>边围肌理素材(硬/软)</td><td>1932 年后长春顺天广场(现文化广场)</td></tr>
<tr><td>边围肌理拼合</td><td>边围肌理拼合</td><td>1900年青岛“总督府”广场，1900年大连尼古拉广场(1904年后日本侵占东北时期的大广场，现中山广场)</td></tr>
<tr><td rowspan="2">家具</td><td rowspan="2"></td><td colspan="2">家具尺寸(宜人)</td><td></td></tr>
<tr><td>家具形</td><td>独立形家具</td><td>1900 年大连尼古拉广场(1904 年后日本侵占东北时期的大广场，现中山广场)，1932年后长春大同广场(现人民广场)等</td></tr>
</table>

续 表

	1900年前I级聚合系	1900—1949年“移植”型I级、II级聚合系			典型案例
家具		家具形	组合形家具	向心	1900年大连尼古拉广场（1904年后日本占领东北时期的大广场，现中山广场），1932年后长春大同广场（现人民广场）等
	组合型家具（有/无）			条形	1904年后日据大连长者广场（现人民广场），1932年后长春顺天广场（现文化广场）等
		家具位置	几何中心		1900年大连尼古拉广场（1904年后日本占领东北时期的大广场，现中山广场），1932年后长春大同广场（现人民广场）等
	家具位置（平行线性）		平行线性		1904年后日本占领东北时期的大连长者广场（现人民广场），1932年后长春顺天广场（现文化广场）等

综上，不难看出“移植”型广场的空间语言结构表达有以下两个特征：

1. 组合段合取逻辑受制于抽象的“网格+放射的巴洛克式”几何构图，目的是突出轴线关系及几何中心。这使得空间结构内部部分子要素，譬如边围的尺寸同基面尺寸、边围形同基面形之间构成非紧密的选择型逻辑关系。而这也决定了“移植”型广场的空间品质在总体上是围合性弱而导向性强，世俗性弱而仪式感强。

2. 聚合系的析取同样受制于几何型构图的需要。譬如基面形虽类型多样，但皆为几何原形；基面肌理拼合也以几何形为主；边围形虽受制于轴线及几何中心，但肌理拼合风格统一；置于广场的几何中心的独立型家具成为主流。

基于此，因“移植”型广场的出现所导致的中国城市外部空间结构表达的改变跃然纸上。如表5.1.1.1所示，一级聚合系由1900年前（基于中国古代城市外部空间语言结构[1]）的六组拓展为十组，二级聚合系则由1900年前的零组拓展为六组，很明显，当代中国城市广场空间形态的雏形在这一历史阶段已经形成。同时，聚合系内的备析取要素也日益多样，譬如基面形由1900年以前的单一线型拓展到圆形、方形；基面肌理出现了结合基面肌理拼合所做的软硬对比处理；家具的类型日益丰富，设置的位置也日益多元……

显然，围绕“移植”型广场对中国城市外部空间语言结构近现代演变所做的分析，我们可以得出以下两个结论：

1. “移植”型广场对中国城市空间语言结构表达方式的影响巨大；

2. “移植”型广场建构了当代中国城市广场的空间语言结构雏形。

[1] 详见本书第4章第1节表4.1.4.1.

5.1.1.2 “阐释”型

A 历程

相较建筑，城市外部空间的“阐释”理念始于1927年的“上海市市中心区域计划”以及在此基础上提出的“大上海计划”(如图5-13，5-14所示)。其之所以被称为“阐释”，源于在该规划设计中已经体现出“西学为体，中学为用”的设计倾向，即借助东方文化传统中所耳熟能详的空间语言要素来重新解释源自西方的城市空间格局。所谓的“西”即欧美功能主义规划理论、巴洛克的审美模式(图5-11，5-12)，具体体现在：① 将上海新的市中心设置在远离传统租界的江湾一带；② 用“当时最时髦的”小方格+放射路的路网模式对新区进行功能划分；③ 借助十字形的广场群突出行政区的空间控制性地位。所谓的“中”即中国传统的中轴对称手法以及建筑单体的“民族形式”，具体体现在：① 市府大厦居中；② 八局——财政、公安、卫生、公用、教育、土地、社会建筑分列左右，中山大礼堂、图书馆、博物馆等公共建筑散布于广场群内；③ 以“中国固有形式”——大屋顶的折衷风格作为总体建筑设计原则(图5-15，5-18)。显然，借助西方的空间组合逻辑、中国古典建筑语言，“广场”以一种看似相近实则迥异的空间存在方式，反映出当时国人对城市空间的总体认知。

另一个与“大上海计划”相类似的民国时期的规划案例是制订、公布于1929年的国民政府南京“首都计划”(图5-16)。作

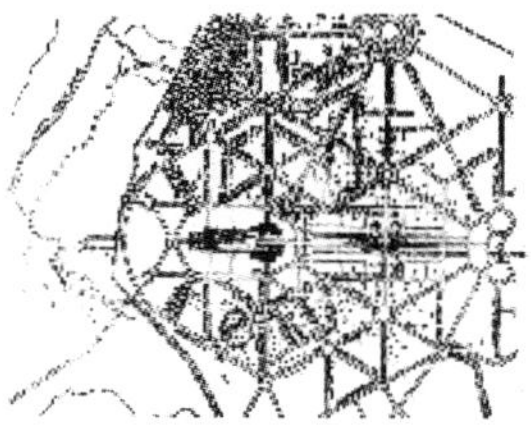

图5-11 勒琴斯贝克1913年所做的新德里规划，Peter Hall称之为“令人敬畏的统治力量与当地城市的有机生命没有任何关联”，该规划展示出20世纪初最时髦的路网模式

图片来源：[英] 霍尔. 明日之城：一部关于20世纪城市规划与设计的思想史[M]. 童明译. 上海：同济大学出版社，2009. 209

图5-12 20世纪初最时髦的空间形式，新德里国王大道“胜利周”游行

图片来源：[美] 斯皮罗·科斯托夫. 城市的形成，历史进程中的城市模式和城市意义[M]. 单皓译. 北京：中国建筑工业出版社，2005. 177

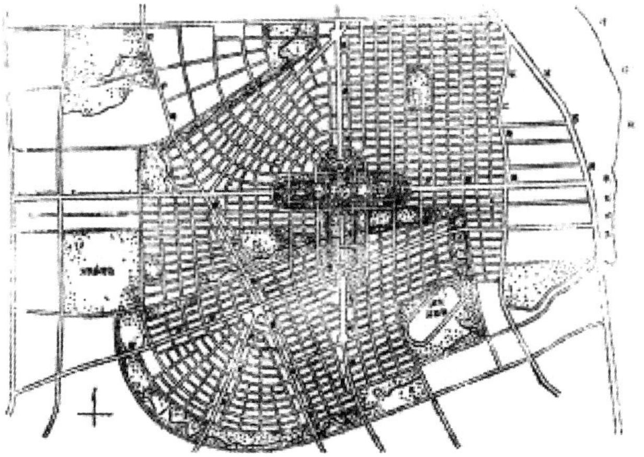

图5-13 1927年上海市市中心区规划道路系统

图片来源：董鉴泓. 中国城市建设史[M]. 北京：中国建筑工业出版社，2009. 271

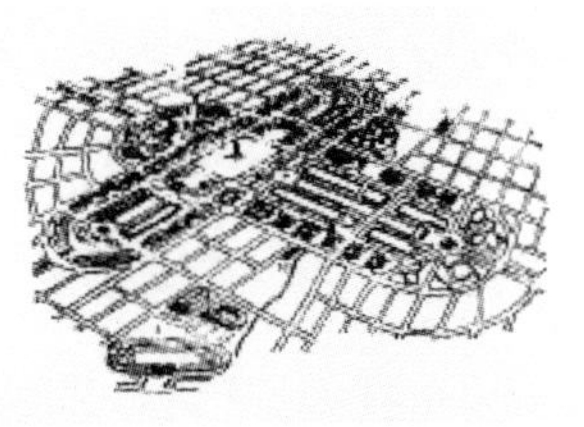

图5-14　1927年上海市中心区规划中行政区鸟瞰示意图

图片来源：董鉴泓. 中国城市建设史［M］. 北京：中国建筑工业出版社，2009. 271

图5-15　建于1933年的上海市政府大厦

图片来源：伍江. 上海百年建筑史（1840—1949）［M］. 上海：同济大学出版社，1997. 161

图5-16　首都计划林荫大道系统

图片来源：董鉴泓. 中国城市建设史［M］. 北京：中国建筑工业出版社，2009. 381

为国民政府的首都，“首都计划”以欧美功能主义规划理论为基础，采用小方格+放射路的路网模式，将南京城划分为中央政治区、市行政区、工业区、商业区、文教区及住宅区六部分，并在新街口及鼓楼广场建成两个交通型广场。事实上，鉴于当时特定的历史、社会、政治、经济原因，南京“首都计划”除了修建道路、遍植绿化及兴建部分行政办公、纪念性建筑，基本上没有完整实施，然而留存的规划设计档案却充分体现出当时国民政府相关职权部门“中西合璧”的总体价值取向。譬如在中央政治区的选址问题上，计划中谈道其之所以设于中山门外、紫金山南麓源于：“该区处紫金山南麓山谷之间，在二陵之南，北峻而南广，有顺序开展之观，形式天然，是神圣尊严之象”，同时亦“因查世界新建之国都多在城外荒郊之处”，“于国民思想都有除旧更新之影响，有鼎新革故之意”[1]。显见，该方案除了在表面上附和所谓现代的欧美城市规划理论外，还在尝试遵从中国传统的堪舆学说以期为国民政府正名。而位于鼓楼附近傅厚岗的市行政区（图5-17）亦是如此，只是手法更简单、直白，即将放射式环形广场与中式古典复兴建筑相结合，以呈现出一个既传承历史又展望未来的新的城市意向。

遗憾的是，以上规划皆因社会动荡以及经济条件的制约，未能实现。也正因如此，国民政府虽然也在不少城市进行过规划，但是直至1949年国内有规模、有影响力的广场仍屈指可数，而通过“阐释”方式建设的“中国式广场”则更仅流于

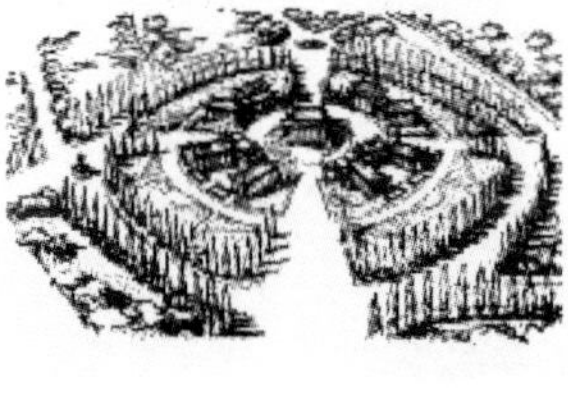

图5-17　首都计划博厚岗行政中心鸟瞰

图片来源：董鉴泓. 中国城市建设史［M］. 北京：中国建筑工业出版社，2009. 381

图5-18　19世纪30年代吕彦直设计的南京中山陵

图片来源：李允鉌. 华夏意匠：中国古典建筑设计原理分析［M］. 天津：天津大学出版社，2005. 445

[1] 董鉴泓. 中国城市建设史［M］. 北京：中国建筑工业出版社，2009. 329.

概念。基于此，不难看出自19世纪末至1949年，中国近代城市外部空间语言的改变基本上仍旧是“移植”型，然而“广场”这一空间语言要素虽未从实质上获得本土阐释，但已经从认知的角度逐渐改变了国人的城市观念。

B　空间语言结构表达的改变

显然，因“阐释”型广场流于概念、尚不完善，加之案例不多，相较“移植”型而言其空间语言结构表达的特征并不鲜明，其组合段合取原则基本近似“移植”型广场，唯一区别是聚合系的备析取要素增加了中国传统文化元素，这使得“阐释”型成为有别于“移植”型的“体现空间特征的、空间要素重组式解释”（详见表5-2）。

表5-2　起兴期“阐释”型广场对中国城市外部空间语言子要素的扩充简表，作者整理绘制

<table>
<tr><th></th><th>1900年前I级聚合系</th><th>1900—1949年“移植”型I级、II级聚合系</th><th colspan="2">1900—1949年“阐释”型I级、II级聚合系</th><th>典　型　案　例</th></tr>
<tr><td rowspan="6">基面</td><td>基面尺寸（宏大/适宜）</td><td colspan="3">基面尺寸（宏大/适宜）</td><td>1927年“大上海计划”，1929年“首都计划”</td></tr>
<tr><td rowspan="5">基面形（线型）</td><td rowspan="2">基面形</td><td colspan="2">圆形</td><td>1929年“首都计划”</td></tr>
<tr><td colspan="2">四边</td><td>1927年“大上海计划”</td></tr>
<tr><td colspan="3">基面相对高程（▁ ▄ █）</td><td>1929年“首都计划”</td></tr>
<tr><td rowspan="2">基面肌理</td><td colspan="2">基面肌理素材（硬/软）</td><td rowspan="2">1927年“大上海计划”，1929年“首都计划”</td></tr>
<tr><td colspan="2">基面肌理拼合（几何）</td></tr>
<tr><td rowspan="5">边围</td><td></td><td colspan="3">边围尺寸（宏大/适宜）</td><td rowspan="5">1927年“大上海计划”，1929年“首都计划”</td></tr>
<tr><td>基面交接</td><td rowspan="2">边围形</td><td colspan="2">基面交接</td></tr>
<tr><td rowspan="2"></td><td colspan="2">边围天际交接</td></tr>
<tr><td rowspan="2">边围肌理</td><td colspan="2">肌理素材（硬/软）</td></tr>
<tr><td>边围肌理拼合</td><td colspan="2">肌理拼合</td></tr>
<tr><td rowspan="7">家具</td><td rowspan="5">组合型家具（有/无）</td><td rowspan="2">家具尺寸</td><td colspan="2">宏大</td><td rowspan="7">1927年“大上海计划”，1929年“首都计划”</td></tr>
<tr><td colspan="2">宜人</td></tr>
<tr><td rowspan="3">家具形</td><td colspan="2">独立形家具</td></tr>
<tr><td rowspan="2">组合形家具</td><td>向心</td></tr>
<tr><td>条形</td></tr>
<tr><td></td><td rowspan="2">家具位置</td><td colspan="2">几何中心</td></tr>
<tr><td>家具位置（平行线性）</td><td colspan="2">平行线性</td></tr>
</table>

围绕“阐释”型广场对中国城市外部空间语言结构近现代演变所做的分析，我们可以得出以下两个结论：

1.“阐释”型广场体现出典型的“西学为体，中学为用”的设计思路；

2.“阐释”型广场对中国城市空间语言结构表达方式的影响较小，仅进行了局部词汇扩充。

5.1.1.3 起兴期空间语言结构的变与不变

综上可知，起兴期中国城市外部空间语言结构所发生的变化并非循序渐进的。在这段时间跨度内，基于西方大工业生产方式所衍生出来的“现代”城市空间组织原则，借助政治、军事以及文化外力，突然出现在国人的城市空间认知中。它所带来的变化是显著且影响深远的，具体表现在：

1. 以功能为依据的中国“现代”城市空间格局之形态雏形得以呈现；

2. 以形式为主导的中国城市广场之空间意象得以成形。

而这些变化显然是以一些不变的因素为基础的：

1. 政治权力始终在中国城市空间格局中占据核心地位，这使得轴线的空间价值获得延续；

2. 形式始终被看作是“奇技淫巧”之一，没有获得超越其表的理性探究。

5.1.2 合法期：1949—至今

相较20世纪上半叶，自1949年至今，中国城市外部空间的发展建设可谓跌宕起伏，总体而言包括两大历史阶段：1949—1978年以及1978年至今。若细分则如董鉴泓所言，包括4个阶段：城市建设的恢复与城市规划的起步（1949—1952）、城市规划的引入与发展（1952—1957）、城市规划的动荡与中断（1958—1978）、城市规划及其建设的迅速发展（1978年至今）。这其中，与当代中国城市广场之形成直接发生相互关系的历史阶段是“一五”时期及“文革”后至今这段大发展时期。

5.1.2.1 “一五”时期

A 历程

“一五”时期的中国城市广场建设有两大主要特征：① 苏联模式化；② 政治主导型。根据华揽洪的回述，在新中国成立初期，我国负责城市规划的机构数量很少，不但工作人员多为工程师、建筑师，城市规划的建设经验也几乎为零，“所以后来苏联顾问的建议才那么受欢迎”[1]。因此，当国家政治局面逐步稳定、经济逐渐复苏，第

[1] 华揽洪. 重建中国——城市规划三十年(1949—1979)[M]. 李颖译. 华崇民编校. 北京：生活·读书·新知三联书店，2006. 29.

一个五年计划正式启动之时，面对“几乎每一个重要城市都有一个建设计划”[1]的“一五”目标，数以千计的苏联顾问和专家便带着他们二十几年的城市规划经验以及战后重建的经验，以“老大哥”（图 5-19）的姿态开始影响中国城市发展的方方面面。而苏联专家援助的这几年恰为当代中国的城市建设尤其是城市公共空间的建设发展埋下了伏笔。

图 5-19　莫斯科 1950 年的重建构想

图片来源：[美] 斯皮罗·科斯托夫. 城市的形成，历史进程中的城市模式和城市意义. 单皓译. 北京：中国建筑工业出版社，2005. 316

与此同时，在苏联所谓的“社会主义条件下的现实主义”口号的带动下，建筑设计领域则形成了“社会主义内容加民族形式”这一指导方针。具体而言正如赖德霖所述即：“利用西方学院派古典主义的建筑构图，表现社会主义的雄伟壮丽，同时加入中国传统建筑的造型要素，体现民族特色”[2]。显然，这同 19 世纪末 20 世纪初我国文化领域兴起的“西学为体，中学为用”的思潮看似相近实则不同。在这一时期，社会主义作为一支旗帜鲜明的意识形态力量已然超越民族、种族、地域，取代所谓“中学”成为新的“内容”，代表这一“内容”的正是来自苏联的政治文化力量。于是乎，在国人眼中当时的苏联已经俨然成为“进步观念”的代名词，成为全世界科学、医疗、艺术、文学等各个领域先进程度的标准，成为国人集体努力的方向。而“中学”彼时则早已黯然褪去，仅余的飞檐椽斗既非“体”亦非“用”。自然，在这种政治气氛的影响下，这一阶段的城市规划、建筑设计在总体上呈现的是移植痕迹颇为明显的“苏联模式”。

董鉴洪指出，因为全面向苏联学习与计划经济体制相适应的城市规划理论和方法，使得 1949 年以后的中国城市“具有严格的计划经济体制特征，也带有一些‘古典形式主义’的色彩。在城市规划中强调平面构图、立体轮廓，讲究轴线、对称、放射路、对景、双周边街坊街景等古典形式主义手法”[3]。这其中最典型的案例既包括苏联专家穆欣所参与的沈阳总体规划（1952）、兰州总体规划（1953—1954，图 5-20）、郑州总体规划（1953），也包括苏联专家巴拉金参与的包头、郑州、乌鲁木

[1] 华揽洪. 重建中国——城市规划三十年（1949—1979）[M]. 李颖译. 华崇民编校. 北京：生活・读书・新知三联书店，2006. 39.

[2] 赖德霖. 梁思成“建筑可译论”之前的建筑实践[J]. 建筑师. 2009(2)：27—28.

[3] 董鉴泓. 中国城市建设史[M]. 北京：中国建筑工业出版社，2009. 390.

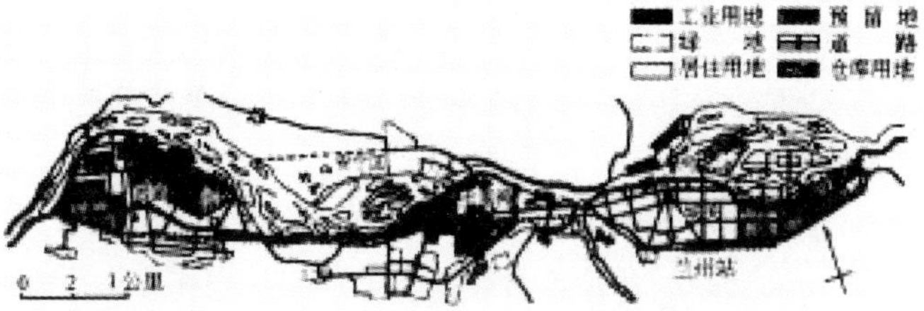

图5-20　苏联专家穆欣参与的兰州一五规划

图片来源：董鉴泓．中国城市建设史［M］．北京：中国建筑工业出版社，2009. 390

齐、武汉总体规划，除此之外还有南宁、桂林、洛阳、湘潭、湛江等城市的规划。据董鉴洪统计，截至1957年，全国共计150多个城市编制了规划，而这些规划无一例外都带有鲜明的“苏联模式”特征。以武汉总体规划为例，在苏联专家巴拉金主导下的武汉城市总体规划中，巴拉金根据苏联城市建设的原则，譬如强调城市中的主干道、广场、滨河路、公园等空间造型要素在形式上的协调统一，要求用当时苏联盛行的城市规划手法——巴洛克式的城市轴线、多支道系统、林荫大道、标志物与纪念性建筑以及巨大、严整的广场系统……来统一武汉三镇，从而形成整体的城市空间形态。在他的倡导下，整个武汉城区共规划有大小城市广场近20处，形成了城市广场群和城市轴线体系。虽然该规划最终仅余洪山广场、红楼广场和武汉展览馆广场等几个为数不多的广场，但建国初期城市规划中的巴洛克形式主义倾向已透过此案初现端倪。同样的例子还包括沈阳城市初步规划，在这个规划项目中，初步计划建设的广场数目竟多达60个。

在那个“为了‘迅速改变城市面貌’……片面讲美观、讲构图，以为搞些大马路、大广场和雄伟的建筑群，才能体现社会主义城市的‘气魄’”[1]的政治氛围下，一大批纪念性广场落成，这其中既包括对新中国成立后新建广场影响最为深远的首都天安门广场，也包括诸如郑州二七广场（图5-21）、南昌八一广场、遵义纪念广场、重庆解放广场、长沙五一广场、太原

图5-21　50年代郑州二七纪念广场

图片来源：nipic.com

[1] 赵光谦．城市建设要讲求实效［N］．人民日报，1965-6-28，详见：傅崇兰等．中国城市发展史［M］．北京：社会科学文献出版社，2009. 736.

五一广场、广州海珠广场（图 5-22）、大连沙河口区的五四广场等在内的新建城市广场，以及一些改建广场，如由上海跑马场改建而成的上海人民广场，由青岛跑马场改建的青岛人民广场（今汇泉广场）等。

图5-22　50年代建成的广州海珠广场

图片来源：lvyou114.com

虽然在随后的二十年间，伴随着国内外对所谓的“具有进步观念的‘内容’”的争论不休、中苏关系的恶化、国际政治局势的动荡……国内舆论开始广泛声讨在城市建设方面因为学习苏联所导致的城市建设“规模过大、占地过多、求新过急、标准过高”的“四过”现象[1]，并逐渐将建设重心向乡村、三线转移，以致自1958年至1978年中国城市规划进入了全面的动荡和中断期。但一五时期大量引入的苏联城市规划理论，尤其是基于此于1956年颁布的《城市规划编制暂行办法》中的部分内容却一直影响至今，而这些内容不但包括规划的程序也包括业已形成的对于城市的审美习惯。因此可以说，自1949—1958年，是“社会主义内容”——也包括广场，在主、客接触过程中逐步奠定其合法地位的9年。

B　空间语言结构表达的改变

事实上，由苏联提出的所谓的“社会主义条件下的现实主义”指导方针，决定了“一五”时期的城市以及广场建设很难用起兴期的“移植”型抑或是“阐释”型来简单界定。就其空间语言结构的表达而言，这一时期的城市广场建设可以被看作为“阐释”型予以论述；但就其空间结构的内容而言，这一时期的广场建设则依然应被看作为“移植”型来予以探讨，即便部分聚合系中的备析取要素与20年前的“阐释”型有些相似。

显然，同“阐释”型广场相类似，“一五”时期城市广场建设对中国城市外部空间语言结构表达的影响仅仅体现在局部语汇的扩充层面。组合段合取逻辑依然受制于抽象的几何构图，目的是突出轴线关系及几何中心，而聚合系的析取也同样受制于几何型构图的需要。从空间语言结构层面来看，这些同20世纪初的“移植”型并没有本质性的改变（详见表5-3）。

[1] 董鉴泓. 中国城市建设史［M］. 北京：中国建筑工业出版社，2009. 390.

表5-3　“一五”时期中国城市广场空间语言子要素的扩充简表

<table>
<tr><th></th><th>1900年前I级
聚合系</th><th>1900—1949年
起兴期</th><th colspan="2">1952—1957年
“一五”时期</th><th>典　型　案　例</th></tr>
<tr><td rowspan="7">基面</td><td>基面尺寸</td><td colspan="3">基面尺寸</td><td></td></tr>
<tr><td rowspan="3">基面形
（线型）</td><td rowspan="3">基面形</td><td colspan="2">圆形</td><td>大连沙河口区五四广场</td></tr>
<tr><td colspan="2">四边</td><td>郑州二七广场、长沙五一广场、太原五一广场、遵义纪念广场、南昌八一广场等</td></tr>
<tr><td colspan="2">异形</td><td>广州海珠广场</td></tr>
<tr><td rowspan="3"></td><td colspan="3">基面相对高程（▁▬■）</td><td></td></tr>
<tr><td rowspan="2">基面肌理</td><td colspan="2">基面肌理素材（硬/软）</td><td rowspan="2">郑州二七广场、太原五一广场、南昌八一广场等</td></tr>
<tr><td colspan="2">基面肌理拼合（几何）</td></tr>
<tr><td rowspan="5">边围</td><td></td><td colspan="3">边围尺寸（宏大/适宜）</td><td></td></tr>
<tr><td>基面交接</td><td rowspan="2">边围形</td><td colspan="2">基面交接</td><td rowspan="4">郑州二七广场、太原五一广场、南昌八一广场等</td></tr>
<tr><td rowspan="2"></td><td colspan="2">边围天际交接</td></tr>
<tr><td rowspan="2">边围肌理</td><td colspan="2">肌理素材（硬/软）</td></tr>
<tr><td>边围肌理拼合</td><td colspan="2">肌理拼合</td></tr>
<tr><td rowspan="6">家具</td><td rowspan="3"></td><td colspan="3">家具尺寸（宏大/宜人）</td><td rowspan="6">南昌八一广场、遵义纪念广场、重庆解放广场、广州海珠广场等</td></tr>
<tr><td rowspan="3">家具形</td><td colspan="2">独立形家具</td></tr>
<tr><td rowspan="2">组合形
家具</td><td>向心</td></tr>
<tr><td>组合型家具</td><td>条形</td></tr>
<tr><td></td><td rowspan="2">家具位置</td><td colspan="2">几何中心</td></tr>
<tr><td>家具位置</td><td colspan="2">平行线性</td></tr>
</table>

5.1.2.2　迅速发展期

A　历程

迥异于短暂的第一个五年计划时期，1978年至今的城市规划及建设进入了一个全新的历史发展阶段。这三十余年间，中国城市空间格局发生了翻天覆地的变化，城市的角色由“生产型”逐步转变为“生产消费型”、城市社会结构逐步由单一走向多元、城市外部空间也逐步由封闭、集权走向自由、开放。不同于建国初期城市广场建设同城市规划之间密切相关的物质空间规划模式，1978年后的中国当代城市广场建设总体上历经了同规划结合较弱的1978—1990年代中期的酝酿期，以及结合紧密的自90年代中期至今的高速发展期。这一阶段中国城市广场建设的主要特征是：① 模式合法化；② 经济、政治双管主导型。

杨宇振在回溯中国城市化百年历程的文章中指出1978年以来中国城市经历了三次极为重要的改制：“1994年开始的中央与地方之间的分税制财政管理体制；1998年的住房制度改革；以及2005年底2006年初提出的‘新农村建设’。”[1]其中与城市广场建设直接发生因果关联的是1994年开始的中央与地方之间的分税制财政管理体制以及1998年的住房制度改革。而1994年前，中国社会还处在一方面竭尽全力摆脱计划经济的束缚，一方面在实践过程中摸索学习市场经济的艰难转型阶段。显然随着大型政治性集会的减少以及社会政治环境的进一步宽松，曾经被赋予了过多政治内涵和过重政治功能的城市广场已经逐渐卸下了沉重的主流意识形态的包袱，但与80年代蓬勃发展的市民文化形成鲜明对比的却正是偃旗息鼓的新广场建设，究其原因，既包括紧迫的经济发展需求，也包括当政者对多年政治活动的心有余悸。

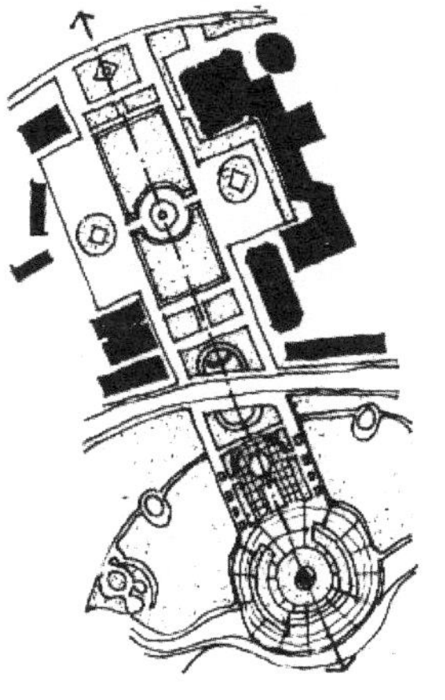

图5-23　青岛五四广场平面图，

图片来源：作者根据实景绘制。

1994年后上述状况发生了改变。中央与地方之间的分税制财政管理体制令地方政府拥有了更大的自主权，在这种经济发展的紧迫感与城市之间激烈竞争的双重影响下，地方城市政府意识到可以通过刻意塑造城市空间形态以及各种经济、非经济因素的所谓创新活动来增强城市竞争力，而城市广场无疑成为城市营销过程中最直观、最立竿见影的办法。于是，大连的广场建设经验（详见第3章3.1.1）成为这一时期各级政府学习、效仿的对象。而自1996年1月

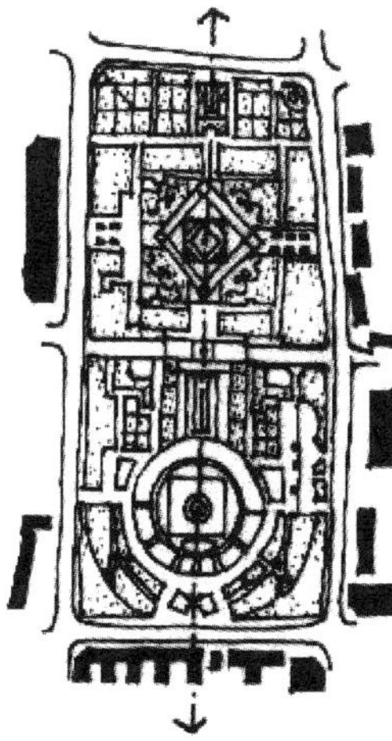

图5-24　临沂人民广场平面图

图片来源：作者根据实景绘制。

[1] 杨宇振．权力，资本与空间：中国城市化1908—2008年——写在《城镇乡地方自治章程》颁布百年[J]．城市规划学刊，2009(1)：68.

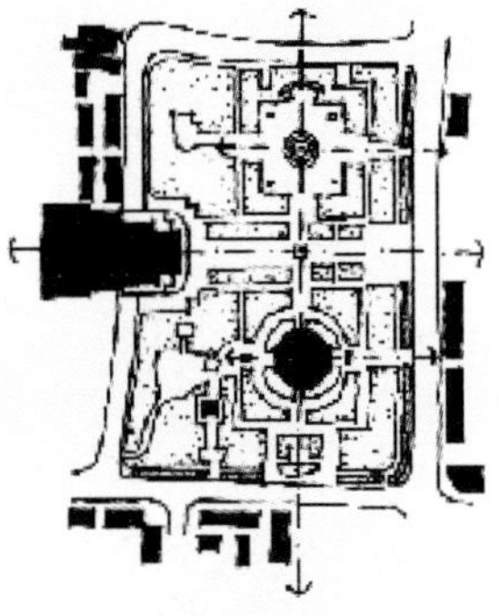
图5-25　绍兴人民广场平面图
图片来源：作者根据实景绘制。

始中央多家媒体对大连城市广场建设经验长篇累牍的集中报道，更是暗示了中央政府对这一发展模式的肯定以及对地方通过“经营城市”谋求自身经济增长的支持。自此，全国范围内的城市广场建设如火如荼地开展了起来，仅以大连为例，自1996年至2003年间便新建广场47个。除此之外，青岛、济南、南京和深圳等大中型城市也陆续进行了大规模的城市广场建设，许多当代中国标志性广场便是在这段历史时期落成的(详见第3章3.1.2)，如青岛五四广场(图5-23)、济南泉城广场、南京山西路广场、广东东莞中心广场、大连星海广场等，不胜枚举。一时间，城市广场俨然成为中国地方政府公共关系的“名片”(图5-24，5-25)，甚至成为其向中央标榜“政绩”的筹码。而此时，城市广场也不复如40年前，是批判苏联专家“教条主义”“形式主义”、“浮夸主义”的铁证，转而成为所谓中国城市化进程的象征、民族豪迈气度的写照。尽管在这个过程中，广场用地规模及选址的不合理性、城郊发展的大跃进倾向已经逐步浮现，由此所造成的土地资源浪费、广场尺度不当、风格雷同、粗制滥造等问题也层出不穷，但这些并未有效指导城市广场的后续建设，进而科学引导地方政府谋求自身发展的意愿和行动，城市广场已悄然成为城市进步、发展的表征，城市现代化水平的风向标。

在经历了漫长的百年主、客体空间语言接触之后，1996年，城市广场真正合法地融入中国城市空间结构中。而中央对大连城市广场建设经验的肯定，也从另一个方面折射出发端自20世纪初殖民地的广场“移植”型再现，是如何借助新中国成立后的“苏联模式”最终通过经济、政治两大杠杆融入本土空间认知，并将“广场”这一拿来主义的社会空间概念消隐在时间洪流中的。

B　空间语言结构表达的改变

对于这一阶段中国城市广场空间语言结构的发展演变，本书已在第3章进行了系统的论述与详细的梳理。回溯这一百年的历程，迅速发展期的广场建设对中国城市外部空间语言的影响主要反映在建设总量的快速增加上，如具体到语言结构的演变则仍旧仅仅局限在语汇的扩充。

表 5-4　迅速发展期中国城市广场空间语言子要素的扩充简表

<table>
<tr><th></th><th>1900年前I级聚合系</th><th>1900—1949 年起兴期</th><th colspan="2">1952—1957年“一五”时期</th><th>1978年至今迅速发展期</th></tr>
<tr><td rowspan="9">基面</td><td>基面尺寸</td><td colspan="4">基面尺寸</td></tr>
<tr><td rowspan="4">基面形（线型）</td><td rowspan="4">基面形</td><td colspan="3">圆形</td></tr>
<tr><td colspan="3">四边</td></tr>
<tr><td colspan="3">异形</td></tr>
<tr><td colspan="3">三角形</td></tr>
<tr><td rowspan="4"></td><td colspan="4">基面相对高程（▁▂█）</td></tr>
<tr><td rowspan="3">基面肌理</td><td colspan="3">基面肌理素材（硬/软）</td></tr>
<tr><td colspan="2" rowspan="2">基面肌理拼合</td><td>几何</td></tr>
<tr><td>有机</td></tr>
<tr><td rowspan="5">边围</td><td></td><td colspan="4">边围尺寸（宏大/适宜）</td></tr>
<tr><td>基面交接</td><td rowspan="2">边围形</td><td colspan="3">基面交接</td></tr>
<tr><td rowspan="2"></td><td colspan="3">边围天际交接</td></tr>
<tr><td rowspan="2">边围肌理</td><td colspan="3">肌理素材（硬/软）</td></tr>
<tr><td>边围肌理拼合</td><td colspan="3">肌理拼合</td></tr>
<tr><td rowspan="8">家具</td><td rowspan="3"></td><td colspan="4">家具尺寸（宏大/宜人）</td></tr>
<tr><td rowspan="4">家具形</td><td colspan="3">独立形家具</td></tr>
<tr><td rowspan="3">组合形家具</td><td colspan="2">向心</td></tr>
<tr><td rowspan="2">组合型家具</td><td colspan="2">条形</td></tr>
<tr><td colspan="2">双维</td></tr>
<tr><td></td><td rowspan="3">家具位置</td><td colspan="3">几何中心</td></tr>
<tr><td rowspan="2">家具位置</td><td colspan="3">平行线性</td></tr>
<tr><td colspan="3">异形</td></tr>
</table>

显然，诸如基面形、基面肌理拼合方式、边围形及肌理、家具形及布置方式等要素的析取范围，在这一过程中都得到了进一步的拓展，这使得广场空间语言相较半个世纪前更加丰富、多样。如表 5-4 所示。

5.1.2.3　合法期空间语言结构的变与不变

综上可知，20 世纪下半叶中国城市广场空间语言结构所发生的变化总体上是循序渐进的。即便在这段时间跨度内，城市建设几经波折，但源于苏联、同时又与欧美功能主义城市规划模式相类似的所谓“现代”规划理念却已经深刻地影响了中国20世纪末的城市建设。对于广场建设而言，它具体表现在：

1. 以功能为依据的中国“现代”城市空间格局之形态获得政府政策支持；

2. 以形式为主导的中国城市广场之空间意象获得广泛认同。

而这些变化显然是以一些不变的因素为基础：

1. 政治权力主导城市规划方向；

2. 空间形态具备同语言一样的教化力量。

综上，通过本节对广场跨语际历程的空间语言结构梳理，我们可以清晰地认识到：当代中国城市广场的建设发展模式从本质上脱胎于20世纪初的那场东、西方文明的剧烈碰撞。可以说从那一刻起，中国城市“广场”的空间语言结构表达就已经被模式化，余后的近一个世纪则是对这一模式的不断复制与微调。从那一刻起，中国城市“广场”开始被动地扮演起“先进”与“文明”的代言者的角色——无论是20世纪上半叶在德、俄、日的规划理念中，抑或是50年代在苏联规划理论的影响下，再或是在80年代后以大连城市建设为标志的全国范围内的广场建设热潮中……“广场”无一例外地成为中国在落后与进步、传统与现代、现实与未来之间搭建的理想之桥，似乎只要以“广场”为核心建构城市空间格局，中国城市就“现代”了，就“进步”了。于是在近百年间，这种对“广场”的盲目推崇伴随着对“现代”的展望，呈现出明显的周期特征，直至20世纪的最后十年，“广场”这一典型的欧洲城市空间类型在中国达到了其前所未有的“革命”高度——无论是规模抑或是数量都令其前辈震惊，即便这其中大部分的城市广场千篇一律、鱼目混珠，即便相当一部分广场不但遗忘了其曾经的立命之所——功能，甚至罔顾历史与现实，致使人性尺度尽失、城市文脉断裂……就如同对GDP的盲目追逐一样，“广场”最后非但无法代表所谓的“现代”，反而还成为中国式“现代”的形象注脚。

正如刘禾所指出的那样，跨语际实践及随后发生的合法化趋势能够“深刻地影响这些社会认识自己过去的方式”，笔者深切以为这一过程除了可能影响对历史的认知，也有可能造成对现实的曲解。20世纪初的东、西方文明碰撞，将“广场”以及“现代”近乎同时地引入国人的视野中，于是“广场”便在一连串误读中被等同于Modern——“现代”，这使得当代中国城市广场所遭遇的所有现实困境都获得了可以进行深度解析的机会，即重新回到一个世纪前，借助东西交流的文化视角来重新审视“广场”以及“现代”的跨语际实践，并基于此尝试回答当代中国城市广场建设现实的历史症结。

5.2 “广场”的跨语际误读

刘禾指出:“没有任何两种语言能够充分相似到可以表述相同的社会现实的地步,而且各个不同的社会分别生活在各有其特色的、由语言所决定的世界中。”[1]因此,当“广场”在20世纪初借助帝国主义的坚船利炮,强行进入中国古老、凝滞的城市社会空间之时,当“广场”一词借助日语又被重新引入现代汉语之时,“广场”便不复其在客方语言中的“对等词”square、plaza……而是通过不断地被引用、被转述、被解说演变成一个本土化的空间概念,代表着一个本土化了的空间价值,从而也促成了其对社会历史变迁的喻说。这使我们充分认识到,无论是语言抑或是空间语言的跨语际转译绝不是孤立事件,而在这个过程中出现的所谓的新词语——譬如“广场”,则既可以被看作是语言跨语际实践的终结,同时也应该被看作是误读的开始,而随之而来的解读方式显然也应与之相适。这种情形,正如刘小枫所说因为是植入而非原生,双重性就成了一个历史的必然,它既体现在传统与现代之间,也体现在东方与西方之间[2]。

5.2.1 何谓Modern, Modernity

对Modern——“现代”的阐释活动在西方跨越了近5个世纪(始自文艺复兴至今),直至今天也没有结束。这本身便意味着modern不应仅仅被看作为一个具体表达当下(present)的时间范畴。这是因为基于时间观念的“现代”和“古代”是相对的动态的,一旦仅仅将“现代”局限在具体的时间节点内,“现代”不但会成为转瞬即逝的片段,主客体在时间维度上不断永恒演变的历程也会被隐没,进而使围绕“现代”与“古代”的探讨苍白浅薄。于是,无论是卡尔·马克思,抑或是马克斯·韦伯等社会学者都尝试超越时间这一静态限定,在人类历史社会发展的宏观叙述内为“现代”定义,将18世纪工业革命作为分水岭,以期区分与中世纪以及古代截然不同的“理性化”以及“世俗化”的人类“现代”社会发展趋势。基于此,应运而生的“现代性”问题也便顺理成章成为用以诠释“现代”本质中超越时间界限同时具有普遍性特征的概念,这种本质用安东尼·吉登斯的话即为“现代社会或工业文明的缩略语”[3]。显然,这一概括反映了“现代”社会相较中世纪及古代社会在生产方式与社会

[1] [美] 刘禾. 跨语际实践: 文学,民族文化与被译介的现代性(中国,1900—1937)(修订译本)[M]. 宋伟杰等译. 北京: 生活·读书·新知三联书店,2008. 18.
[2] 刘小枫. 现代性社会理论绪论——现代性与现代中国[M]. 上海: 上海三联书店,1998. 前言2.
[3] [英] 吉登斯,皮尔森. 现代性: 吉登斯访谈录[M]. 尹宏毅译. 北京: 新华出版社,2000. 69.

交往方式两个方面的转变。具体而言，表现在人与自然的关系上，即在“现代”，人类可以通过理性活动获得科学知识，进而以“合理性”、“可计算性”和“可控制性”作为标准实现对自然的控制，不再受神权束缚；表现在人类社会中人与人之间的关系上，即在“现代”，人们可以通过理性协商达成社会契约，进而逐步向自由、平等与博爱的理想迈进，不再被君权挟持。安东尼·吉登斯曾将之具体概括为：经济基础的工业化、政治领域的民主化、社会组织模式的城市化、文化领域的世俗化、组织结构的科层化以及观念取向的理性化……[1]

然而，以个体解放为初衷的所谓“现代”社会却因为其对具体的社会生活以及组织模式的强行干涉，逐渐演变为一种具有单向度、全球化倾向、在不同地区影响程度不一的片面单一的价值取向，并在20世纪上半叶引发了一连串全球范围内的社会动荡。于是，上世纪五六十年代后，西方学术界展开了对所谓“现代”以及“现代性”的批判与反思，这使得与西方理性主义、启蒙运动一脉相承的“现代”学说面临全面消解。毋庸置疑，五六十年代战后西方针对现代的反思多少有些矫枉过正，不但令“现代”及“现代性”问题陷入了相对主义的庞杂论述中，甚至还令“现代”陷入了合法性的危机之中。正如哈贝马斯（Habermas, Juergen）所说，这种反思不但把现代性从现代欧洲的起源中分离了出来，把现代性描述成一种一般意义上的社会发展模式，甚至“还隔断了现代性与西方理性主义的历史语境之间的内在联系。”[2]在他看来，需要被予以反思的“现代”问题是以工具理性代替启蒙理性，致使手段、目的高于“善”及“正义”的问题。于是乎，现代社会在所谓“技术”、“理性”的引导下被分裂成各自独立的领域，科学技术、民主体制和个体自主之间的和谐关系被打破，启蒙理性所倡导的多样态的自我意识之觉醒被单向度的利益最大化逻辑所取代。因此，哈贝马斯在后期的研究中才会旗帜鲜明地提出“社会交往”（The Theory of Communicative Action）理论，倡导市民公共领域的复苏用以抵制工具理性所带来的文明危机。

事实上，无论从历史起源抑或是现实发展来看，均应该把西方国家/发达国家当作研究“现代”以及“现代性”问题的典型性样本，而被全球化挟持的东方国家/发展中国家则只能被当作是这一样本的可行性补充。两者之间的巨大差异意味着东方国家/发展中国家在“现代”过程中所面临的问题远较上文提及的西方国家/发达国家更加纷繁复杂——譬如早在19世纪，当西方国家内部已经展开对资本原始积累、剩余价值以及阶级矛盾等问题的探讨之时，东方国家尚处在从农业社会晚期，社会发展过程本身决定了东西方对“现代”以及“现代性”认知的迥异。然而，即便如

[1] ［英］吉登斯，皮尔森．现代性：吉登斯访谈录［M］．尹宏毅译．北京：新华出版社，2000. 69.
[2] ［德］哈贝马斯．现代性的哲学话语［M］．曹卫东等译．南京：译林出版社，2004. 2.

此，正如刘小枫所言："并没有与欧美的现代性绝然不同的中国的现代性，尽管中国的现代性具有历史的具体性。"[1]借助下文的比对，我们便可以很直观地看到一种较"先进"却并不完备的文化系统是如何扮演着他者国家崛起之想象，并以一种被误读的方式影响后者近代社会发展的。

5.2.2 误读的肇始——"新旧之争"

对现代与传统关系的误读最早表现为"新旧"之争。侯外庐在其所著的《中国近代启蒙思想史》开篇便引用了康有为的话，用以呈现中日甲午战争后中国知识分子救国心切的状态："积池水而不易则臭腐兴，身面不沐浴则垢秽盈，大地无风之扫荡改易则万物不生"，"观大地诸国，皆以变法而强，守旧而亡。……夫物新则壮，旧则老；新则鲜，旧则腐；新则活，旧则板；新则通，旧则滞，物之理也。"[2]，后他又引用梁启超的话："今日之世界，新世界也，思想新，学问新，政体新，法律新，工艺新，军备新，社会新，人物新，凡全世界有形无形之事物，一一皆辟前古所未有，而别立一新天地。美哉新法！盛哉新法！"[3]显然，对于当时的官方革新派而言，西方可谓没有不"新"，没有不值得我们中国学习的地方。

事实上，上溯至19世纪中叶，这种略有些社会达尔文主义倾向的思考便已初现端倪。魏源[4]是第一个明确提出应向西方学习的国人，他在其所著的《海国图志》中反复强调应"师夷长技"，要学习西方的科学技术。他提出的具体办法是："中国自己首先设厂制造轮船枪炮，然后在这个基础上，发展中国自己的工业。'凡有益民用者皆可于此造之'……'因其所长而用之，即因其所长而制之。风气日开，智慧日出，方见东海之民犹西海之民。'"[5]显然他把当时的东西方差距归结在技术——工业发展问题上，认为只要鼓励发展工业，东西的差距必然会拉近。

与前者不同，王韬[6]因为在1867—1869年间游历欧洲，对中欧之间的不同便有了更感性的认识。他观察入微，不但关注英国的"机器制造之妙"、"格致之精"，还赞叹其市政建设和公共服务设施……从这个意义上说，王韬恐怕是第一个对欧洲"现代"城市的市政设施及社会生活予以关注的国人（图5-26—图5-31）。譬如，他在

[1] 刘小枫．现代性社会理论绪论——现代性与现代中国［M］．上海：上海三联书店，1998．前言3．

[2] 侯外庐．中国近代启蒙思想史［M］．北京：人民出版社，1993．2．

[3] 同上，5．

[4] 魏源是鸦片战争后研究西方国人中的佼佼者，他所编撰的《海国图志》（成书于1842年）一书对鸦片战争后中国思想界产生了极大的震动。

[5] 张海林编著．近代中外文化交流史［M］．南京：南京大学出版社，2003．92．

[6] 王韬是19世纪70年代著名的政论家，在1875年中国正式向外派遣公使以前，亲历西方并对后世产生重大影响的人物，他对西学东渐与"中学西被"都作出了卓越的影响。

图5-26　王韬等人眼中的“新”之1850年普罗沃平版画绘制的巴黎中央果菜市场

图片来源：[美] 大卫·哈维. 巴黎城记：现代性之都的诞生[M]. 黄煜文译. 桂林：广西师范大学出版社，2010. 12

图5-27　王韬等人眼中的“新”之工业博物馆

图片来源：[美] 大卫·哈维. 巴黎城记：现代性之都的诞生[M]. 黄煜文译. 桂林：广西师范大学出版社，2010. 14

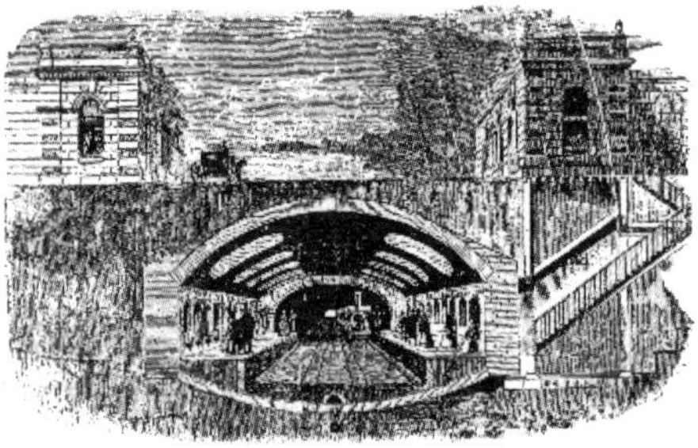

图5-28　王韬等人眼中的“新”之伦敦19世纪地下铁道

图片来源：[意] 贝纳沃罗. 世界城市史[M]. 薛钟灵等译. 北京：科学出版社，2000. 821

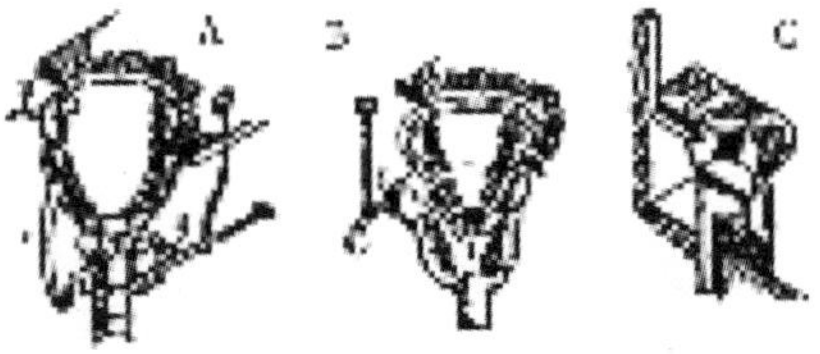

图5-29　王韬等人眼中的“新”之伦敦18—19世纪抽水马桶设计图

图片来源：[意] 贝纳沃罗. 世界城市史[M]. 薛钟灵等译. 北京：科学出版社，2000. 821

图5-30　王韬等人眼中的“新”之巴黎新式大饭店外的熙熙攘攘的大道

图片来源：[美] 大卫·哈维. 巴黎城记：现代性之都的诞生[M]. 黄煜文译. 桂林：广西师范大学出版社，2010. 231

图5-31　王韬等人眼中的“新”之盖拉尔所绘的巴黎的大道生活

图片来源：[美] 大卫·哈维. 巴黎城记：现代性之都的诞生[M]. 黄煜文译. 桂林：广西师范大学出版社，2010. 231

文中描述伦敦街道的井然有序：虽“车马往来，络绎如织”[1]，但无脏乱现象，因为“每日清晨，有水车洒扫沙尘，纤垢不留，杂污务尽。地中亦设长渠，以消污水”[2]。又如，他谈及英国人因为有了自来水、燃气灯而获得便捷的城市日常生活：“各街地中皆范铅铁为筒，长短曲折，远近流通，互相接引。各家壁中咸有泉管，有塞以司启闭，用时喷流如注，不患不足；无穿凿绠汲之劳，亦无泛滥缺乏之虑。每夕灯火，不专假膏烛；亦以铁筒贯于各家壁内，收取煤气，由筒而管，吐达于室。以火引之即燃，朗耀光明，彻霄达曙，较灯烛之光十倍。”[3]这些在他看来无疑是“新”的城市文明的标志。

与此同时，在游历巴黎之时王韬除大篇幅地叙述他的博物馆、万国博览会见闻，还略述他所亲身体验的法国城市。他提及“广场”，但显然此“广场”仍仅为古汉语中“开阔的场所”之意。他写道：“法京中，游玩广场非止一所。一曰‘孛黎士’，一曰‘簪士伊’，别开胜境，可号名区。孛黎士正当要冲，南通巨桥，北接大街，王宫翼其西，圣院峙其北，洵足擅一都之形胜焉。簪士伊地殊宽阔，约四五里许，东狭而西广，由渐恢拓，略如张箕形。有一通衢横亘其中，两旁遍植树木，青苍一色，弥望葱茏。戏馆乐院，悉在其左右。昼则车马殷，夜则笙歌喧沸。……每值良辰令节，国庆民欢，名剧登场，士女云集，人人俱欲争先快睹，娱目赏心，无以过此。”[4]王韬所言的“孛黎士”“簪士伊”似乎应为Place、Champs-Elysées的法语音译。如今，唯有前者通常被现代汉语译作“广场”，而后者则被译为“香榭丽舍大街”。显然，在王韬看来，作为城市广场的“孛黎士”与作为林荫大道的“簪士伊”的相似处便在于“广”、“大”。这种理解同古汉语并无二致，唯一的区别在于，他所谓的“广场”虽各不相同，但前者[5]因“正当要冲”——在很重要的位置，因此“洵足擅一都之形胜焉”——实在能代表这个城市之美；而后者则因“昼则车马殷阗，夜则笙歌喧沸”——白天车马络绎不绝、夜里人声鼎沸，因此“无以过此”——没有比这个地方更好的了。总之，在王韬看来“孛黎士”与“簪士伊”都是巴黎城市独具魅力的地方。

此后，王韬还描述了他所参加的“秋千盛会”，虽不详尽也没有明确指出举办地点，但颇似欧洲各国多举办于城市广场中名目繁多的狂欢节/嘉年华会。王韬写道：“饮半酣，忽有一纸飞入，则期明日往观秋千盛会也。……翌日午后，乘车往观……剧场甚宽广，场中茅草一区，绿缛丰丛，一望平远，地形稍坦，因于此设立秋千诸架。场后有一歌楼，朗敞崇闳，金碧七重，高凌霄汉。……是日天气晴明，惠风

[1] 王韬.漫游随录.见：走向世界丛书[M].钟叔河主编.长沙：岳麓书社出版，1985. 96.

[2] 同上，101.

[3] 同上.

[4] 同上，88.

[5] 根据王韬所述位置——“南通巨桥，北接大街，王宫翼其西，圣院峙其北”，笔者认为该广场竟有些相似于Place Concorde，即“协和广场”，此桥为Pontde la Concorde（协和大桥），此街为Rue de Rivoli（里沃利路），王宫似乎是Grand palais（大王宫），圣院则是Medeleine（马德兰大教堂）。

和畅。剧场四周，宾客毕集，士女如云，簪裾会盍，履舄错交。……一时歌缭绕而舞翩跹，喜暖气之融合，觉凉飔之扇发，洵足乐也。”[1]足见活动的地点多半在市区内某个露天、开阔、平坦的地方，仔细推敲似乎应是在某个广场上举行的，而活动的开放程度之高，参加游乐的市民之多，反响之强烈也跃然纸上（如图5.2.2-5所示）。事实上，王韬旅法之时，巴黎恰经奥斯曼规划设计，面对这个标榜着“现代”价值的巴洛克表现主义城市，王韬不但没有专业背景知识主动去了解他所描述的“昼则车马殷阗，夜则笙歌喧沸”的巴黎是如何被市长奥斯曼本着何种理念大拆大建的，更不会理解为何这场改建近乎直接地在1871年将巴黎再次推入革命的深渊[2]。而那时的他，只是在慨叹中欧差异的同时，深切体会欧洲的“典章制度‘迥异中土’”[3]。

可能在那个年代，唯有马克思、恩格斯才能够对奥斯曼的规划提出些许高屋建瓴的评判。因为自康熙末年禁教始，中华民族自我隔绝、闭关锁国了近两个世纪，而这两个世纪中，正是欧洲各封建诸侯国迈入现代的关键性历史阶段——自然科学在18世纪的长足进展、强调理性的哲学启蒙运动的兴起，以及那场伟大的政治革命——法国大革命……可国人对此一无所知。于是，当鸦片战争爆发，当经过近两个世纪快速发展的“蛮夷”重新回到中华民族的视野时，所有的差异便被晚清的主流精英们潦草概括为新与旧的不同、农与工的不同、乡村与城市的不同，似乎只有以新代旧、以工代农、以城市代乡村，帝国才能挽救于危若累卵之际。然而，恰如芮玛丽（Mary Clabaugh Wright）——这位耶鲁大学的中国近代史学家在《同治中兴：中国保守主义的最后抵抗（1862—1874）》（*The Last Stand of Chinese Conservatism: The T'ung-chih Restoration,* 1862—1874）一书中基于对儒家社会的研究指出：“即使在最有利的形势下，也不存在把一个有效的近代国家移植到儒家社会之上的途径”[4]，这是因为“维持儒家社会秩序的需要同确保中国在近代世界中生存的需要被证明是完全对立的”[5]。显然，在今天看来，所谓新旧、现代与传统之间的关系的确被中国晚清的儒家士大夫们表象解读了，从旧到新、从乡村到城市、从农民到产业工人之间所跨越的时间的、程序繁琐的甚至可能充满着暴力、血腥的过程被简单地解说成一种似乎可以被“移植”的、静止的过程，于是“新”在这个过程中便成为“薄薄的一层皮”。正因如此，在清王朝摇摇欲坠的最后半个多世纪中，虽然新一轮的“西学东

[1] 王韬. 漫游随录. 见：走向世界丛书［M］. 钟叔河主编. 长沙：岳麓书社出版，1985. 94.

[2] 王军语：“持续十七年的巴黎大改造，将贫苦的老巴黎人驱赶至郊区，换来一个光鲜的‘现代性之都’，随后巴黎公社革命爆发，二者有何内在联系？”见：［美］大卫·哈维. 巴黎城记：现代性之都的诞生［M］. 黄煜文译. 桂林：广西师范大学出版社，2010. 封底.

[3] 详见：张海林编著. 近代中外文化交流史［M］. 南京：南京大学出版社，2003. 282—284.

[4] ［美］芮玛丽. 同治中兴：中国保守主义的最后抵抗（1862—1874）［M］. 房德邻等译. 北京：中国社会科学出版社，2002. 377.

[5] 同上，378.

渐”逐一在中国社会的主流阶层展开，却不但未能扭转旧体制的溃败，反倒“因为改革而加速了自己的灭亡”[1]，以至于到19世纪末、20世纪初，中欧的差距竟因甲午战争的失败而愈加突出、直接且鲜明得近乎静态。

5.2.3　误读的加剧——传统与现代的“对峙”

这场“新旧之争”因中日甲午战争的失败而愈加凸显。自此，中国主流阶层将学习的对象投向了其昔日嗤之以鼻的弹丸之地——日本，中日文化地位旋即发生逆转。于是，自1895年至1931年间，一方面帝制王权走向衰落、各社会阶层走上历史政治舞台，一方面西方不同的意识形态同时充塞国人文化视域，具体而言，即欧美18、19世纪资产阶级政治学说大量通过日译中的方式从日本引入中国[2]。显然，这一时期东西文化交流相较20世纪中期偏重社科、史地，而应用科学、自然科学则有所减少。也正因如此，这一时期的文化交流可谓“在语言经验的所有层面上都根本改变了汉语，使古代汉语几乎成为过时之物”[3]。

根据刘禾的研究梳理，这一时期新词语大量涌入，这其中既包括“现代”“民族”“国民性”“所有权”乃至“建筑”、“空间”等“来自现代日语的外来词”[4]——它由“汉字”词语组成，是日语在使用汉字翻译欧洲词语（特别是英语词语）时创造出来的；也包括“传统”、“文明”、“国民”、“社会”、“规则”、“政治”以至于“广场”、“时间”等这些“回归的书写形式借贷词”，即上文所说的曾经作为古汉语复合词，因被日语借用进而附带上了新含义的现代汉语词汇[5]。这些词语的涌入是极具颠覆性的，它不仅仅是对汉语词库数量的扩充，更带来了与古代汉语截然不同的意识形态，带来了对旧的帝制王权官僚体系的反省以及对新的社会形态的展望。这一情形就像刘禾所引述的巴赫金（Bakhtin，Mikhal）针对欧洲16世纪白话文翻译盛况时的评论：“两种语言直率地、热烈地凝视着对方的面孔，每一种语言都通过另一种语言

[1] 李孝悌. 清末的下层社会启蒙运动：1901—1911［M］. 石家庄：河北教育出版社，2001. 4.

[2] 根据张海林的整理，除了汇编成册的文章，如伯盖司［美］的《政治学》、孟德斯鸠［法］的《万法精理》、卢梭［法］的《民约论》、斯宾塞［英］的《政法哲学》等等，还包括大量的单行本书籍，如英国斯宾塞著的《政治进化论》、《社会平权论》、《教育论》、《社会学新义》，卢梭的《教育论》，德国科培尔著的《哲学要领》（蔡元培译）等等。

[3]［美］刘禾. 跨语际实践：文学，民族文化与被译介的现代性（中国，1900—1937）（修订译本）［M］. 宋伟杰等译. 北京：生活·读书·新知三联书店，2008. 26.

[4] 英文对照依次是：modern, nation, national, character, ownership, architecture, space，详见：［美］刘禾. 跨语际实践：文学，民族文化与被译介的现代性（中国，1900—1937）（修订译本）［M］. 宋伟杰等译. 北京：生活·读书·新知三联书店，2008. 附录B.

[5] 英文对照依次是：tradition, civilization, citizen, society, rule, politics, square/plaza, time，详见：［美］刘禾. 跨语际实践：文学，民族文化与被译介的现代性（中国，1900—1937）（修订译本）［M］. 宋伟杰等译. 北京：生活·读书·新知三联书店，2008. 附录D.

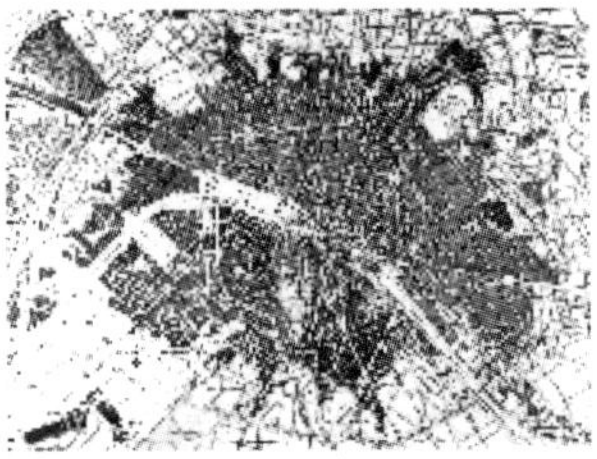

图5-32　所谓的"现代"之奥斯曼巴黎改建规划

图片来源：徐苏宁. 城市设计美学[M]. 北京：中国建筑工业出版社，2006. 84

图5-33　所谓的"现代"之朗方设计的华盛顿

图片来源：程大锦. 建筑：形式、空间和秩序[M]. 天津：天津大学出版社，2005. 261

对自身有了更为清晰的意识，意识到他自己的可能性与局限性。"[1]（原文引自：Rabelais and his world）于是，所谓"新旧之争"便在19世纪末20世纪初借由外来新词汇的视野，逐渐演变为对"现代"与"传统"的思考。然而遗憾的是，这一时期的思考虽然较之"新旧"时期更加深入，但却因当时国内外政治局势过于复杂、"现代"思潮的精英化倾向及其与中国实际社会问题相脱节而最终流于其表。以至于最后，一旦谈及"传统"似乎就必然要涉及一个笼统的"现代"（今天亦是如此，如图5-32—图5-36所示），似乎唯有使此二者成为绝对的对立面，方能显示出变革的决心。

这种对峙状况之于城市生活，也因为德占青岛、俄日占大连的兴建而变得更加直观[2]。被王韬所心向往之的"现代"城市生活在中国的土地上出现了：坡度在10%左右的高标准城市道路、环式上下水管网、电力供应、城市绿化，背靠观海山、面对大海、放射出数条城市道路的中心广场，高低错落的黄墙红瓦构成了青岛城市意象；"市议会"、"警察署"、银行、邮电局、剧院、交易所等大型公共建筑出现了，林荫道、街心花园、圆形广场装点着大连的城市空间……虽然被占领是耻辱的，但这种所谓现代与传统的并置几乎为中国的城市发展提供了一个可以直接用来效仿的模板。

然而，真正的来自国人的效仿却发生在近三十年后。就像斯皮罗·科斯托夫所说的那样："一般来说，在壮丽风格设计的背后都有一个强大的、集权式的政府，它广泛的资源和不容置疑的权力使得笔直的大道、巨大的规整广场，以及与之相辅相成的纪念性公共建筑组成的铺张的城市意象得以实现。"[3]对于上述城市青岛、大连，当然还有1931年以后的新京（长春）、奉天（沈阳）、鞍山、抚顺……而言，这个强大的、集权式的占领者是——德国、俄国以及日本。而只有在三十年后

[1]［美］刘禾. 跨语际实践：文学，民族文化与被译介的现代性（中国，1900—1937）（修订译本）[M]. 宋伟杰等译. 北京：生活·读书·新知三联书店，2008. 26.

[2] 这里不探讨租界案例。

[3]［美］斯皮罗·科斯托夫. 城市的形成，历史进程中的城市模式和城市意义[M]. 单皓译. 北京：中国建筑工业出版社，2005. 101—102.

图5-34　所谓的"现代"之堪培拉1912年规划

图片来源：[美]斯皮罗·科斯托夫. 城市的形成，历史进程中的城市模式和城市意义[M]. 单皓译. 北京：中国建筑工业出版社，2005. 193

图5-35　所谓的"现代"之奥斯曼改造后的里沃利街

图片来源：[美]大卫·哈维. 巴黎城记：现代性之都的诞生[M]. 黄煜文译. 桂林：广西师范大学出版社，2010. 281

图5-36　所谓的"现代"之奥斯曼巴黎改建后城市下水道参观活动

图片来源：[美]大卫·哈维. 巴黎城记：现代性之都的诞生[M]. 黄煜文译. 桂林：广西师范大学出版社，2010. 253

的1929年，当国民政府真正全面握有中华民国的政治及经济权力后，对所谓"现代"的效仿才得以开展下去。在《大上海都市计划》以及南京《首都计划》中，国民政府的规划师们终于可以亲手在新与旧、传统与现代之间划上一条看似清晰的、直观的界限了[1]，即便这所谓的"现代"城市依然沾染着一丝所谓的"传统"的习气。譬如上文提及的中国传统的中轴对称手法以及建筑单体的"民族形式"，乃至依据风水堪舆学说所进行的行政中心区选址[2]……至于"广场"它本身是什么、为什么会是这个样子，街道它本身是什么、为什么会是这个样子，甚至城市本身是什么、为什么会是这个样子……都已经不重要了。重要的是——这一切跟过去多少是不同了。

[1] 虽然哈维极具反讽地说过："否认现在与过去的关系可以达到两个目的。一方面可以创造出建国神话（对任何新政权来说都是必要的），另一方面有助于让人相信施行仁政的独裁帝国仍是唯一的选择"，详见：[美]大卫·哈维. 巴黎城记：现代性之都的诞生[M]. 黄煜文译. 桂林：广西师范大学出版社，2010. 11.

[2] 详见本章5.1.1.2.

图5-37　获得所谓"现代"的途径——奥斯曼时期的大拆大建

图片来源：［美］大卫·哈维. 巴黎城记：现代性之都的诞生［M］. 黄煜文译. 桂林：广西师范大学出版社，2010. 277

大卫·哈维把这种想法喻为妄图"与过去一刀两断"的"现代性的神话"[1]（图5-37）。事实上，无数学者在论述法国大革命抑或是中国辛亥革命时，都指出这种抽象的对峙抑或是理想化的切割是不可能的——如托克维尔，他早在1856年就指出法国大革命不过是旧王朝一连串改革的最高峰，而鲁迅则指出，"中国传统社会的特质并未因革命而断绝，在1911年之后还是绵延不断地继续呈现"[2]——即便两者对于革命的观点并不一致。那么到底何为传统呢？台港学者谭志强在反思五四时期的反传统经验时，明确提出了"传统"的六个特质：时间性、非普遍性、非统一性、非一成不变、与"现代"非线性非矛盾性、从传统到现代也非必然性[3]。

显然，在谭志强看来，传统与现代往往糅杂在一起，传统是"由'过去'的历史经验所形成的文化实体的部分，而'现代'则是此文化实体剔除了'传统'之后的'剩余范畴'"[4]。而如果从"传统"到"现代"不是循序渐进的演变，而是在外力的主导作用下突如其来的巨变的话，那么也就意味着作为"那一民族生活的样法"的文化，多少总会出现形神分离的状况，即，表象的生活方式有可能是所谓的"现代"的，但精神内核却是"传统"的[5]。事实上，即便是循序渐进式的发展有时都可能使

[1]［美］大卫·哈维. 巴黎城记：现代性之都的诞生［M］. 黄煜文译. 桂林：广西师范大学出版社，2010. 1.

[2] 李孝悌. 清末的下层社会启蒙运动：1901—1911［M］. 石家庄：河北教育出版社，2001. 5.

[3] 谭志强. 传统与现代——对五四以来反传统经验和折衷论的反省［M］. 见：启蒙的价值与局限——台、港学者论五四. 萧延中，朱艺编. 太原：山西人民出版社，1989. 87—88.

[4] 同上.

[5] 对此，胡适曾经有过非常具体的描述："一切都在迅速变化。我是在灯油下看言情小说的，我看见标准石油公司的产品进入我的故乡，煤气灯进入上海的店铺。……我乘坐过轿子、独轮车和人力摇橹的小船。1904年，我在上海公共租界的街上，见到晚上艳妆歌女都是坐着抬轿匆忙赴台的。以后，在最现代的都市上海，马车成为时尚了。1909年，我在上海见到有轨电车初次运营。……我在两岁时便第一次乘上轮船了，但直到1910年到了美国后，才生平第一次坐上汽车，直到1928年才初次乘飞机旅行。我和我的国民们一起，走过了从油灯到电灯、从手推车到福特汽车的路程，虽然还谈不上飞机。这一切，是在不到四十年的时间里走完的！"详见：［美］维拉·施瓦友. 中国的启蒙运动——知识分子与五四运动. 李国英等译. 太原：陕西人民出版社，1989. 362.

"剔除" 成为超现实，更何况巨变？因此，新儒家的代表人物余英时便明确指出五四时期反传统先锋骨子里皆是传统文化的影子，而这些人中既包括康有为、梁启超，也包括胡适、鲁迅等人。余英时说："在他们反传统，反礼教之际首先便有意或无意地回到传统中非正统或反正统的源头去寻找根据。因为这些正是他们比较最熟悉的东西，**至于外来的新思想，由于他们接触不久，了解不深，只有附会于传统中的某些已有的观念上，才能发生真实的意义**。所以言平等则附会于墨子兼爱，言自由则附会于庄生逍遥……**有时尽管他们笔下写的全是外国新名词，若细加分析则仍无法完全摆脱传统的旧格局**。"[1]（黑体为笔者所加）显然，因为跨语际语言实践的文化局限性，中国文人所难以跨越的意识形态局限性，甚至中译日的特殊性[2]，使得文化误读几乎成了无法回避的历史必然。

基于此，我们就不难理解为什么自近代至今，大多数国内研究者依然习惯用古汉语中的复合词"广场"来阐释Square以及Plaza；我们也就不难理解，在《大上海都市计划》以及南京《首都计划》中，民国时期的规划师们为何会采用"西学为体，中学为用"作为主要的设计思路，即借助东方传统文化中所耳熟能详的空间语言要素来重新阐释源自西方的城市空间格局；我们亦不难理解中国城市外部空间语言结构演变过程中表达的相异与内容的相近这看似矛盾的发展轨迹。事实上，这一时期，无论是大行其道的欧美功能主义规划理论抑或是影响面颇广的巴洛克审美模式，更多扮演的是"当时最时髦的"外国新名词的角色。所谓"现代"的功能布局以及城市空间的轴线关系，既无法代表当时中国的实际社会经济发展水平——众所周知，20世纪二三十年代，无论是汽车保有量抑或是工业发展水平中国远远落后于欧美工业国家；同时也无法有力地说服绝大多数职权部门的官僚——鉴于社会的开放程度，除了少数在欧美曾接受过相关领域培训的专业人士，更多的人根本无法深刻理解这些"外国新名词"的含义及其形成背景。因此，正如哈贝马斯所说："现代一旦成为现实，它就必须从被征用的过去的镜像中为自己创制规范。"[3]于是，中国传统的中轴对称手法就被用来附会巴洛克的空间轴线关系、建筑单体的"民族形式"就会被用来附会欧洲的建筑形式……以期在被更多国人理解的前提下，"创造出建国神话"。

---

[1] 余英时. 五四运动与中国传统. 见：启蒙的价值与局限——台、港学者论五四［M］. 萧延中，朱艺编. 太原：山西人民出版社，1989. 81.

[2] 张之洞在《劝学篇》中提倡留学日本的五条理由中，第三至五条皆反映出中译日的特殊性："东文近中文，易通晓"、"西书甚繁，凡西学不切要者，东人已删节而酌改之"、"中东情势风俗相近，易仿行"。康有为也说："日本与我同文也，其变法至今三十年，凡欧美政治文学武备新识之佳书，咸译矣，……译日本之书，为我文字者十之八，其成事至少，其费日无多也。"详见：张海林编著. 近代中外文化交流史［M］. 南京：南京大学出版社，2003. 330/332.

[3]［德］哈贝马斯. 现代性的哲学话语［M］. 曹卫东等译. 南京：译林出版社，2004. 13.

5.2.4 误读的根源——仓促的中国式“启蒙”

面对“传统”与“现代”在中国近代的尴尬境况，无论是“中学为体、西学为用”的教条情结，抑或是全盘西化的极端倾向……似乎都只能证明20世纪前叶仓促的中国式“启蒙”运动并未起到应有的理性主义促进作用，反而因误读将对“现代”的文化认知推向了囫囵吞枣且愈加被动的境地。

原武汉大学哲学学院邓晓芒教授从汉字的语义来解释“启蒙”或“发蒙”的中国思想内核。他指出：“‘启’或‘发’来自孔子的教育思想：‘不愤不启，不悱不发’（《论语·述尔》），意思是：‘教导学生，不到他想求明白而不得的时候，不去开导他；不到他想说出来却说不出的时候，不去启发他。’至于‘蒙’，原为《易经》中的一卦，《易经》云：‘蒙，亨，匪我求童蒙，童蒙求我。’朱熹注‘童蒙’曰：‘纯一未发，以听于人。’童蒙未开，‘纯一未发’，所以有待于他人来启发”[1]。而台湾学者李孝悌也明确指出，中国传统文化中“开启蒙昧”的基本意思“并不在教人识字，而是要灌输一套道德、价值观念，或是介绍某些具体、专门的知识”[2]，这种观念至20世纪初依然没有改变，只是由于甲午战争前后内忧外患的政治局势，使“开蒙”、“训蒙”更显得紧迫罢了。正如康有为在《上清帝第二书》中所谈及的那样，西方富强的原因究其实质是因为“‘各国读书识字者，百人中率有七十人’，民智因之大开”。[3]而严复则基于斯宾塞“社会有机体”（social organism）的理论，明确指出：“要彻底解决中国的问题，不仅要在‘收大权，练军实’等治标的策略上用力，还要讲求治本之道；而所谓治本之道，就是要在民智、民力和民德三方面加以考究。”[4]除此之外著名的启蒙思想家还包括章太炎、梁启超、孙中山等。在主流阶层的影响下，“开民智”便演变为清末中国知识阶层对所谓下层社会所进行的一场运动[5]。

事实证明，无论是清末下层社会的启蒙运动抑或是五四时期如火如荼的聚焦于“德先生”、“赛先生”的新文化运动，都对中国近现代社会政治、经济发展产生了巨大的推动作用。但是，今天重新回溯这场日后被冠名为“中国式文艺复兴”的文化运动时，却不能否认“启蒙”背后“开蒙”、“训蒙”的“传统的旧格局”——即，将普通民众当作未开化的“无知愚民”来对待，将“启蒙”思想家当作“民众的监护

---

[1] 邓晓芒. 20世纪中国启蒙的缺陷——再读康德《回答这个问题：什么是启蒙》. 见：启蒙与世俗化：东西方现代化历程. 赵林，邓守成主编［M］. 武汉：武汉大学出版社，2008. 65.

[2] 李孝悌. 清末的下层社会启蒙运动：1901—1911［M］. 石家庄：河北教育出版社，2001. 11.

[3] 同上，14.

[4] 同上.

[5] 其中既包括开办白话报刊、创立阅报社、宣讲所、演说会、发起戏曲改良运动以及推广识字运动、普及教育……

人”奉为神明——令辛亥革命后的“新中国只不过是薄薄的一层”[1]。显然，仅凭识字、喊口号是不足以撼动延续千年的旧格局的。也正因如此，邓晓芒等学者才会明确指出：“汉语将‘启’和‘蒙’两字联用，来翻译西方的Aufklärung（德文，意为‘澄明’）或Enlightment（英文，意为‘光照’），其实并不恰当。”[2]这就如同日语用“广场”这个古汉语复合词来翻译Square、Plaza一样并不准确。前者隐藏了Aufklärung或Enlightment中最重要的价值核心——自觉，而后者则隐藏了——社会。

那么，何谓自觉？

康德（Kant, Immanuel）在他那篇著名的写于1784年的《回答这个问题：什么是启蒙？》（*An Answer to the Question: What is Enlightenment?*）中开宗明义地写道：“启蒙运动就是人类脱离自己所加之于自己的不成熟状态。不成熟状态就是不经别人的引导，就对运用自己的理智无能为力。当其原因不在于缺乏理智，而在于不经别人的引导就缺乏勇气与决心去加以运用时，那么这种不成熟状态就是自己所加之于自己的了。Sapereaude！要有勇气运用你自己的理智！这就是启蒙运动的口号。”[3]显然，在康德看来启蒙对于个人而言，就是要自己解放自己，把自己从懒惰与怯懦中、从没有勇气独立思考的状况下解脱出来，让自己而不是任何其他人成为自己问题的思考者、评判者与处置者，唯有这样才能不但实现身体的成熟，同时也能够实现真正意义的精神的成熟，而这也正是自我意识之觉醒的集中体现。以之为基础，启蒙运动便注定“不是一套固定的信条，而是一种思维方式，一种设想的为建设性思想和行动开辟道路的批判态度”[4]，也正因如此，德国哲学家卡西尔才会将18世纪这个被法国人称为siècle du Lumières（光之世纪）、英国人称为an age of enlightenment（启蒙时代）的时代直接称为The Age of Criticism——批判的时代。

---

[1] 费正清1943年2月在成都旅行时写道：“简直无法相信，这片土地上竟有那么多的老百姓，而统治他们的阶层竟是那么少的一小撮。农民和乡绅都是旧中国的产物，新中国只不过是薄薄的一层，有极少数维持着现代社会运转的人组成。”详见：许知远．醒来——110年的中国变革［M］．武汉：湖北人民出版社，2009. 43.

[2] 邓晓芒．20世纪中国启蒙的缺陷——再读康德《回答这个问题：什么是启蒙》［M］．见：启蒙与世俗化：东西方现代化历程．赵林，邓守成主编．武汉：武汉大学出版社，2008. 65.

[3] 该段落的德文原文是：Aufklärung ist der Ausgang des Menschen aus seiner selbst verschuldeten Unmündigkeit. Unmündigkeit ist das Unvermögen, sich seines Verstandes ohne Leitung eines anderen zu bedienen. Selbstverschuldet ist diese Unmündigkeit, wenn die Ursache derselben nicht am Mangel des Verstandes, sondern der Entschließung und des Muthes liegt, sich seiner ohne Leitung eines andern zu bedienen. sapere aude! habe Muth dich deines eigenen Verstandes zu bedienen! Ist also der Wahlspruch der Aufklärung. 英译德版本为：Enlightenment is man’s release from his self-incurred tutelage. Tutelage is man’s inability to make use of his understanding without direction from another. Self-incurred is this tutelage when its cause lies not in lack of reason but in lack of resolution and courage to use it without direction from another. Sapere aude! “Have courage to use your own reason!” - that is the motto of enlightenment. Sapere aude 意为“要敢于认识”。详见：［德］康德．历史理性批判文集［M］．何兆武译．北京：商务印书馆，1996. 22.

[4] ［美］托马斯·L·汉金斯．科学与启蒙运动［M］．任定成，张爱珍译．上海：复旦大学出版社，2000. 3.

基于此，当我们再次回溯20世纪初的中国式启蒙之时不难发现，那种基于自我意识觉醒的全社会范围内的批判的思维方式并没有真正出现，普通民众依然被精英阶层看作为被监护和教化的对象，而民众们对此也并不自知，甚至就连精英中的大部分人也都没来得及“经过真正彻底的启蒙”，因为相较欧洲18世纪的启蒙运动，中国并没有自文艺复兴始两百多年科学思想和商业发展的积淀，那些怀疑论者——如魏晋时期的阮籍、嵇康等也并没能影响儒家周礼的统治地位，再加上17世纪闭关锁国、近两个世纪连年战乱纷扰，更使得中国的知识分子没有西方启蒙学者优越的先天条件去“运用自己的知性去得出这些价值原则，或至少用自己的知性去检验他们所接受的这些价值观念，从逻辑上和学理上探讨这些观念的来龙去脉，而只是出于现实政治和社会变革的迫切需要，来引进一种现成的思想符号或工具”[1]。显然，是这种错综复杂的历史发展背景决定了近代中国社会要么孕育不出真正的批判精神，要么使批判精神胎死腹中。

于是，当“现成的”欧美功能主义规划理论抑或是影响面颇广的巴洛克审美模式开始扮演时髦的外国新名词的角色，当“广场”被标榜为所谓的“现代”城市组成部分之时，几乎没有人以批判的眼光“从逻辑上和学理上探讨这些观念的来龙去脉”，他们只是像芮玛丽在《同治中兴》中谈到的那样：“吸收那些似乎相近的外来因素，排斥那些似乎相异的因素，并继续沿着其自身长期确立的利益所规定的路线发展。”[2] 自然，“创造出建国神话”的那些主要手法对于国人来说并不陌生，只需要让轴线有一个交汇点，并于其上留出一块尺度巨大的空地——将之命名为“广场”，再围绕“广场”设置各新式府衙，并将最重要的市府置于轴线尽端就可以了。因为救国家于危亡的形势太紧迫了，太需要这些似乎已经被证明为进步的理念了，太需要通过所谓“现代”城市重塑民族自信心了。

毋庸置疑，19世纪末20世纪初的这场东、西文化碰撞，从形式上结束了一个延续千年的中华帝国。但是在传统与现代炽烈的对峙过程中，迫切的救国家于危亡的主流信念却抑制了整个民族对人类普遍本质客观、辩证的思考能力，正如邓晓芒所言：“国人通常只注意到西方启蒙运动所提出的那些响亮的口号和原则，如自由、平等、博爱、民主、公正、个性解放等，却忽视了这些口号和原则背后更深刻的基础，即对这些原则属于人类普遍本质的人道主义信念，它不是可以随着例如‘救亡’或其他什么紧急的政治任务而被捡起或放下的工具，也不是某些特定个人的特殊自

[1] 邓晓芒．20世纪中国启蒙的缺陷——再读康德《回答这个问题：什么是启蒙》．见：启蒙与世俗化：东西方现代化历程［M］．赵林，邓守成主编．武汉：武汉大学出版社，2008. 66.

[2] ［美］芮玛丽．同治中兴：中国保守主义的最后抵抗（1862—1874）［M］．房德邻等译．北京：中国社会科学出版社，2002. 10.

然禀赋。”[1] 于是，在面对西方文明既自尊又自卑的复杂心理下，在对“现代”懵懂的认知中，在盲目的自信与深切的顾虑中，中华民族摇摆了近一个世纪，却始终没能在持续走高的GDP数字面前，冷静地摆脱浮于其表的实用主义窠臼。也正因如此，中国当代城市才会出现大批与“广场”的社会本质无关却徒有其表的偌大的城市孤岛空间。

5.3 本章结语

安东尼・吉登斯指出，对城市的观察可以更加直观地帮助我们清晰地识别出现代社会从传统社会秩序中分离出来的断裂[2]。事实上，不仅有断裂，我们还能够借助对城市的观察发现源于传统一直延续至今的那条“脐带”，只是这条“脐带”在绝大多数时候是隐形的、不易被人们察觉的。

如今，我们所看到的当代中国城市广场空间语言逻辑关系的断裂、中国城市空间历史文化体系的断裂，都仅仅是我们为了与“过去”、与“腐朽”的传统、与“落后”的生产方式……忙不迭地划清界限过程中果断、直白却又颇为简陋的“切割”手段。我们大踏步地奔向用西方标签标识的“现代”、“后现代”、“后现代之后”的生活，却很少有人“从逻辑上和学理上”思考脚下的这片土地究竟是“现代”的、“后现代”的、还是“后现代之后”的？又或许它从来都没有摆脱过与所谓过去的纠缠？于是，从这个意义上来看，当代中国城市广场作为一类空间实体语言的转译成果，是“现代”及其相关问题在中国语境下跨语际误读的现实呈现。

认识到这一点很残酷。但我仍然愿意用旅美的政治学者邹谠教授在其所著的《二十世纪中国政治——从宏观历史与微观行动的角度看》一书中的一段话来结束本章，并为未来鼓劲儿。他在文中写道：“20世纪以来，中国的确遇到许多挫折；不过从长远的历史眼光来看，这些挫折不是不能理解的。中国20世纪所要解决的问题，至少相当于西方从文艺复兴以来几百年所要解决的问题，并且是在世界政治、经济发生最大变化的时期进行的。所以，中国20世纪所经历的挫折和困境，虽然不能说完全避免，起码也是很可以理解的。对于中国现在所面临的问题，我们一定要有这样一个远大的历史眼光，不然就会过分估计了失败，对前途产生不必要的悲观情绪。”[3]

---

[1] 邓晓芒. 20世纪中国启蒙的缺陷——再读康德《回答这个问题：什么是启蒙》. 见：启蒙与世俗化：东西方现代化历程［M］. 赵林，邓守成主编. 武汉：武汉大学出版社，2008. 62.
[2]［英］吉登斯. 现代性的后果［M］. 田禾译. 南京：译林出版社，2000. 6.
[3]［美］邹谠. 二十世纪中国政治——从宏观历史与微观行动的角度看［M］. 牛津大学出版社，1994. 46.

第6章 结论

6.1 中国当代城市广场的逻辑谬误

欧文·M·柯匹(Copi, Irving M)与卡尔·科恩(Cohen, Carl)在《逻辑学导论》中将"一种看似正确但经过检验可证其为错误的论证类型"定义为谬误[1]。对于中国当代城市广场的建设现实以及一波又一波不同类型的广场建设热潮来说,这条潜在的、看似正确且被某些职能部门积极采纳的命题是:拥有广场的城市是现代化的。如果不对现代汉语中的"广场"以及"现代"进行词语溯源,甚至跨语际溯源,人们很难发现这个命题所包含的一个隐蔽的预设,即广场是一个孤立的城市空间物质要素,它与社会没有必然的逻辑关系。显然,对这一预设的默认既意味着"广场"的可复制性,同时也预示着"现代"的可复制性,并进而泯灭了现实世界里必然存在的社会、历史、文化、经济、区位乃至世界观的差异。因此,正如上文所逐步铺陈、论述的那样,19世纪末20世纪初东西文化碰撞过程中对"广场"、"现代"的误读,最终成为当代中国城市广场所面临的一切现实困境的历史症结。

6.1.1 现状证伪

通过本书第3章对当代中国城市广场空间语言结构的梳理,我们发现当代中国城市广场的规划、设计总体呈现出内在逻辑关系断裂这一显著特征,其主要表现是三大要素——基面、边围、家具之间的逻辑关系断裂或弱化,具体体现在三大范畴内子要素之间未能达到应有的平衡,而究其实质则是因为基面尺寸、基面肌理两个子要素影响效果过大所致。其中,前者受到看似理性却有待商榷的"规划标准"的影响模糊了广场与开放空间的差异;而后者则受到自上而下形式主义"主题"的影响

[1] [美]柯匹,科恩.逻辑学导论:第11版[M].张建军等译.北京:中国人民大学出版社,2007. 161.

混淆了广场与公园/主题公园之间的差别。

对这两个子要素在当代中国城市广场规划设计过程中析取原则的总结[1]，足可见大多数中国当代城市广场的设计与体现技术理性、工具理性的功能主义规划理念完全无关，换句话，即，大多数中国当代城市广场的设计与“现代”无关，它只能用“新建”的“新”、甚至不能用“新旧”的“新”来加以概括。

于是，我们便能发现，一旦人们用“现代”来描述拥有广场的城市所呈现给人们的意向，其本质含义等同于对这座“新建”的城市所发出的源自感性的概叹。如此这般，“拥有广场的城市是现代化的”这一命题便顺理成章——只要新建广场，城市自然会让大家觉得现代。但，事实显然绝非如此肤浅。

6.1.2 比较证伪

对基面尺寸以及基面肌理片面的关注，或者确切地说，对大尺度、图案化的非理性喜好，以及围绕广场建设所形成的虚妄的“现代”感受，体现出国人对城市广场这一空间物质实体的有限认知。

本书第4章将当代中国城市广场置于时间与空间的参照系内，尝试借助对中国城市外部空间语言结构演变的纵向梳理以及跨文化背景的中、西广场空间横向比较，将广场在中国语境下的发展历程及其特殊的文化地位予以还原。于是，通过空间语言结构关系的横、纵向比对，我们发现“广场”不但在物质实体层面总体上异质于中国传统城市空间[2]，它在非物质层面或曰社会层面也异质于中国传统文化价值取向[3]。因此，在与旧有的传统对立过程中，“广场”成为“新”的代名词。而这种基于“新旧”对比的感性认识显然严重妨碍了国人对“广场”的跨语际理性认知，即便它的出现见证了近百年间中国城市空间格局的改变，并直观地呈现着近代中国城市社会结构的裂变。

6.1.3 预设证伪

第4章对当代中国城市广场的历时与共时研究，将近代东、西文化间的第一次激烈碰撞凸显出来，也促使我们将“广场”以及“现代”上溯到一百年前进行跨语际考证。在这个过程中围绕中国城市广场所做的跨越物质领域、非物质领域的系统论述，使我们清晰地认识到：“现代”首先不应该简单地被看作是一个时间范畴，它本质上代表着一种与西方中世纪及古代截然不同的抽象的世界观，具体表现在观念取

---

[1] 详见本书第3章第2节3.2.5.1、3.2.5.3.

[2] 详见本书第4章第2节4.2.4.1.

[3] 详见本书第4章第2节4.2.4.2.

向的理性化以及在科学、艺术与社会伦理之间所建构起来的均衡关系上，它的核心是理性规则[1]；而“广场”则不同，它虽然首先是一个超越时间界限的社会学概念，但其与具体的社会伦理及艺术的关联性之紧密，致使其既不能简单地被当作放之四海而皆准的规则进行全球化推广，更不能被当作是科学技术理性程度的标准对具体的城市化进程进行评估[2]。

由此，我们意识到：被近百年中国式“现代”进程所消隐掉的是“广场”、“社会”、个体之间所必然存在的内在逻辑关系，以及基于此“广场”所与生俱来的深刻的社会学价值——它的开放程度决定其存在是否以社会公平为基础，而它的公共尺度则反映出它在城市社会生活中所担当的角色。而这些无不意味着：“广场”非但不是一个孤立的城市空间物质要素，不能够被形而上地随意规划设计，它甚至与技术理性、与权威皆无关，而仅与在空间中真实存在、真实生活的各色人等有关。而它与“社会”之间所存在着的这种超越时间界限的人类学关系，足以将“拥有广场的城市是现代化的”这一肤浅命题推翻，而这也就意味着相当一部分打着“现代”旗号的当代中国城市广场将面临质疑。

6.2 启示与局限

6.2.1 启示

本书对当代中国城市广场的研究思路得益于两位学者的真知灼见，其一为历史学家黄仁宇，其二为德国法兰克福学派学者尤根·哈贝马斯。黄仁宇的大历史观使笔者意识到将中国当代社会生活中所出现的一些不可思议的事件，放在一个广阔的历史语境中才能发现其症结所在；而哈贝马斯的以实践为导向的批判思路则为这种历史观的落实提供了方法论的指导。他所提出的经由经验分析、历史解释到批判的认知方式，令当前一切以工具理性为先验条件的命题借助社会与人文学科回到了认知的起点，并因此获得了摆脱“现实”束缚的可能。与此同时，洪堡、叶尔姆斯列夫以及中国当代旅美学者刘禾跨越两百余年的语言学的研究，也使笔者拥有了跨越学科界限的视野，并因此获得了深入解析研究对象的具体方法。

基于此，笔者认为这篇围绕当代中国城市广场建设现状所进行的基于语言学视角的跨语际研究，对未来的中国“城市广场”理论及实践最为本质的启示在于：

并没有与欧美的广场截然不同的中国的广场，问题的核心还是要回归社会。

---

[1] 详见本书第5章第2节5.2.1.
[2] 详见本书第4章第2节4.2.1.

而本书在分析论述过程中所建构的“广场空间语言逻辑分析研究方法”，为客观评估和优化当代中国城市广场的建设现状提供了详尽的技术路线。借助这个分析方法可以将含混、空洞的表述具体化，从而能够为问题案例找寻切实可行、因地制宜的解决方案提供一定的技术支撑。

6.2.2 局限

本书鉴于多方面因素，在研究及写作过程中不可避免地出现了下述局限：

首先，笔者多年来对哲学、社会学、历史等人文学科的浓厚兴趣，以及将近十年在相关领域的粗浅阅读经验是本研究得以成行的感性基础。毋庸置疑，这部分知识储备开拓了笔者的研究视野，并赋予笔者思考具体问题的深度。然而学海无涯，笔者深知即便如此，所学仍不足以帮助自己构架出一套真正意义上的完整、严谨的学术框架。这一方面源于哲学等领域的研究仅凭一己兴趣虽有条理却终究与专业人士相比显得不成体系；另一方面则源于很多人文领域著作皆为译著，笔者虽在德国师从城市社会学教授学习一年，并浸淫相关中译本多年，但始终对自己是否真正跨越横亘在思想与文化领域中的语言障碍持保留态度。所幸，笔者的硕士、博士阶段导师在欧洲学习工作十余载，他于笔者的言传身教无疑为本书的跨语际研究提供了很多启示。

其次，在对当代中国城市广场空间语言结构进行系统梳理的过程中，由于尽人皆知的原因，相关的数据、信息还存在不精确的地方。而这期间所出现的同一案例基础数据不尽相同的现象，也令笔者深切意识到国内城市公共空间系统调研以及相关基础数据整理与适时公布的缺失。所幸，本书并非聚焦于具体的指标及数据的确定，而是尝试在各个相关空间语言要素之间梳理出其内在逻辑关系。然而，即便如此，在这个过程中因英译中所导致的术语晦涩以及现实层面上空间语言逻辑关系的复杂，却取代了具体指标、数据可能的不确定性，从而造成在没有相关阅读背景的前提下可能会出现的语义交流的障碍。

第三，基于对中国城市广场历时与共时的研究，笔者将当前一切问题的症结上溯至19世纪末20世纪初这段东、西文化剧烈碰撞的历史时期。这种大历史观的研究方式令笔者必须投入对所谓“故纸堆”的拉网式排查中，以期找寻一个多世纪前中国文人、士大夫语境下“广场”的蛛丝马迹。鉴于手头资料有限，笔者深切以为这部分以“广场”作为对象的近代研究亟待系统和深入地展开，它在思想及文化领域的后续效应不但横跨中西、中日甚至纵跨近当代。显然，本书所做的研究远远不够，才仅仅是一个开始。

最后，鉴于本书的最终目的是试图回答当代中国城市广场建设现状的历史根源，因此在本书并未给现状中的一些具体问题提出解决办法。但笔者深切以为：相较治标，治本才是真正的要务。而哈贝马斯基于现代问题的交往理论，似乎能给我们未来的研究带来一些启发。

参考文献

1. 空间理论及历史相关文献

(1)[美]C·亚历山大.建筑的永恒之道[M].赵冰译.北京:知识产权出版社,2002.

(2)[美]C·亚历山大,H·奈斯,A·安尼诺,等.城市设计新理论[M].陈治业,童丽萍译.北京:知识产权出版社,2002.

(3)[美]C·亚历山大,S·伊希卡娃,M·西尔佛斯坦,等.建筑模式语言——城镇·建筑·构造[M].王听度,周序鸿译.北京:知识产权出版社,2002.

(4)白素月,刘慧民.哈尔滨市五处广场景观评析[J].现代园林,2008(11).

(5)[美]埃蒙德·N·培根.城市设计[M].黄富厢,朱琪译.北京:中国建筑工业出版社,2003.

(6)[意]L·贝纳沃罗.世界城市史[M].薛钟灵,等译.北京:科学出版社,2000.

(7)Andrew Boyd.中国古建筑与都市[M].谢敏聪,宋肃懿编译.台北:南天书局,1987.

(8)[英]G·勃罗德彭特.符号·象征与建筑[G].乐民成译.北京:中国建筑工业出版社,1991.

(9)蔡永洁.城市广场——历史脉络·发展动力·空间品质[M].南京:东南大学出版社,2005.

(10)蔡永洁.欧陆风格的社会根源[J].建筑师,2000(97).

(11)蔡永洁.遵循艺术原则的城市设计:卡米洛·西特对城市设计的影响[J].世界建筑,2002(3).

(12)蔡永洁.从两种不同的空间形态看欧洲传统城市广场的社会学含义[J].时代建筑,2002(4).

(13)蔡永洁,黄林琳.当代中国城市广场的发展动力与角色危机——基于社会学视角的观察[J].时代建筑,2009(10).

(14)蔡永洁,黄林琳.现代化、国际化、商业化背景下的地域特色——当代上海城市公共空间的非自觉选择[J].时代建筑,2009(6).

（15）陈从周，章明主编．上海近现代建筑史稿［M］．上海：三联书店上海分店，1988.
（16）陈建华．珠江三角洲地区文化广场环境质量综合评价［D］．广州：华南理工大学，2003.
（17）程大锦．建筑：形式、空间和秩序［M］．天津：天津大学出版社，2005.
（18）［法］勒·柯布西耶．走向新建筑［M］．陈志华译．西安：陕西师范大学出版社，2004.
（19）［英］彼得·柯林斯（Peter Collins）．现代建筑设计思想的演变［M］．英若聪译．北京：中国建筑工业出版社，2003.
（20）［德］库德斯．城市形态结构设计［M］．杨枫译．北京：中国建筑工业出版社，2008.
（21）［德］库德斯．城市结构与城市造型设计［M］．秦洛峰，蔡永洁，魏薇译．北京：中国建筑工业出版社，2007.
（22）丁沃沃．南京夫子庙东西市场的规划和设计［J］．建筑学报，1987（5）.
（23）董鉴泓．中国城市建设史［M］．北京：中国建筑工业出版社，2009.
（24）段进．城市空间发展论［M］．南京：江苏科学技术出版社，1999.
（25）段进．应重视城市广场建设的定位定性与定量［J］．城市规划，2002（1）.
（26）［美］彼得·埃森曼．彼得·埃森曼：图解日记［M］．陈欣欣，何捷译．北京：中国建筑工业出版社，2005.
（27）［韩］C3设计．彼得·埃森曼［G］．杨晓峰译．郑州：河南科学技术出版社，2003.
（28）房庆方，等．营造开放空间提高城市品质——广东省《城市广场规划设计指引》绪论［J］．城市规划，1998（6）.
（29）傅崇兰，等．中国城市发展史［M］．北京：社会科学文献出版社，2009.
（30）［美］肯尼斯·弗兰姆普敦．现代建筑—— 一部批判的历史［M］．张钦楠，等译．北京：三联书店，2004.
（31）高蒙，等．浅谈城市广场规划设计 ——以包头城市广场的建设为例［J］．内蒙古科技与经济，2007（9）.
（32）［丹麦］杨·盖尔，拉尔斯·吉姆松．公共空间·公共生活［M］．汤羽扬，王兵，戚军译．北京：中国建筑工业出版社，2003.
（33）［丹麦］杨·盖尔．交往与空间［M］．4版．何人可译．北京：中国建筑工业出版社，2002.
（34）［丹麦］杨·盖尔，拉尔斯·吉姆松．新城市空间［M］．2版．何人可，张卫，邱灿红译．北京：中国建筑工业出版社，2003.
（35）郭恩章．对城市广场设计中几个问题的思考［J］．城市规划，2002（2）.
（36）［英］霍尔（Hall.P）．明日之城：一部关于 20世纪城市规划与设计的思想史［M］．童明译．上海：同济大学出版社，2009.
（37）［美］大卫·哈维．巴黎城记：现代性之都的诞生［M］．黄煜文译．桂林：广西师范大学出版社，2010.
（38）洪亮平．城市设计历程［M］．北京：中国建筑工业出版社，2002.

(39) 候幼彬,李婉贞编.中国古代建筑历史图说[G].北京:中国建筑工业出版社,2004.
(40) [英]埃比尼泽·霍华德.明日的田园城市[M].金经元译.北京:商务印书馆,2000.
(41) 华揽洪.重建中国——城市规划三十年(1949—1979)[M].李颖译.华崇民编校.北京:生活·读书·新知三联书店,2006.
(42) 黄鹭新,谢鹏飞,荆锋,等.中国城市规划三十年(1978—2008)纵览[J].国际城市规划,2009(1).
(43) [加]简·雅格布斯.美国大城市的死与生[M].金衡山译.南京:译林出版社,2005.
(44) [美]查尔斯·詹克斯.后现代建筑语言[M].李大夏摘译.北京:中国建筑工业出版社,1986.
(45) [美]查尔斯·詹克斯,卡尔·克罗普夫.当代建筑的理论与宣言[M].周玉鹏,雄一,张鹏译.北京:中国建筑工业出版社,2005.
(46) [美]詹金斯.广场尺度[M].李哲,武赟,赵庆译.天津:天津大学出版社,2009.
(47) [美]斯皮罗·科斯托夫.城市的形成,历史进程中的城市模式和城市意义[M].单皓译.北京:中国建筑工业出版社,2005.
(48) 赖德霖.梁思成“建筑可译论”之前的建筑实践[J].建筑师.2009(2).
(49) [澳]乔恩·兰.城市设计:过程和产品的分类体系[M].黄阿宁译.沈阳:辽宁科学技术出版社,2008.
(50) [英]布莱恩·劳森.空间的语言[M].杨青娟,韩效,卢芳,等译.北京:中国建筑工业出版社,2003.
(51) 李百浩.1945年前日本近代城市规划发展过程与特点[J].城市规划汇刊,1994(5).
(52) 李百浩,郭建.近代中国日本侵占地城市规划范型的历史研究[J].城市规划汇刊,2003(4).
(53) 李东泉,周一星.青岛的历史地位及其城市规划史研究的意义[J].城市规划,2006(4).
(54) 李世芬,张婧.建筑群与外部空间有机构成的方法解析——以大连市中山广场为例[J].时代建筑,2008(6).
(55) 李允鉌.华夏意匠:中国古典建筑设计原理分析[M].天津:天津大学出版社,2005.
(56) [美]凯文·林奇.城市形态[M].林庆怡,陈朝晖,邓华译.北京:华夏出版社,2001.
(57) [美]凯文·林奇.城市意象[M].方益萍,何晓军译.北京:华夏出版社,2001.
(58) [美]凯文·林奇,加里海克.总体设计[M].黄富厢,朱琪,吴小亚译.北京:中国建筑工业出版社,1999.
(59) [美]琳达·格鲁特,大卫·王编著.建筑学研究方法[M].王晓梅译.北京:机械工业出版社,2004.
(60) 刘敦桢主编.中国古代建筑史[M].北京:中国建筑工业出版社,1980.
(61) 刘念雄.我国古代里坊制城市商业建筑初探[J].建筑师,1986(6).

（62）刘元琦.泉城特色的再塑——谈济南泉城广场[J].建筑学报,2001(5).
（63）卢济威.城市设计机制与创作实践[M].南京：东南大学出版社,2005.
（64）卢济威,张缨,张力.生态·文化·商业——上海静安寺地区城市设计[J].建筑学报,1996(10).
（65）[日]芦原义信.外部空间设计[M].尹培桐译.北京：中国建筑工业出版社,1985.
（66）[日]芦原义信.街道的美学[M].尹培桐译.天津：百花文艺出版社,2006.
（67）罗卿平,马进军.人·自然·城市——杭州吴山广场设计的理念与方法[J].城市规划,2001(1).
（68）罗卿平,沈米钢,邱枫.设计·碰撞·启示——以台州市市民广场设计为例[J].华中建筑,2002(5).
（69）罗小未,蔡琬英.外国建筑历史图说[G].上海：同济大学出版社,1986.
（70）罗小未.上海新天地广场——旧城改造的一种模式[J].时代建筑,2001(4).
（71）马清运,卜冰.都市巨构——宁波中心商业广场[J].时代建筑,2002(5).
（72）[美]刘易斯·芒福德.城市发展史——起源、演变和前景[M].宋俊岭,倪文彦译.北京：中国建筑工业出版社,2004.
（73）[英]芒福汀.街道与广场[M].张永刚,陆卫东译.北京：中国建筑工业出版社,2004.
（74）[英]芒福汀,等.美化与装饰[M].韩东青,李东,屠苏南译.北京：中国建筑工业出版社,2004.
（75）[美]克莱尔·库珀·马库斯,卡罗琳·弗朗西斯编著.人性场所——城市开放空间设计导则[M].2版.俞孔坚,孙鹏,王志芳,等译.北京：中国建筑工业出版社,2001.
（76）牛凤瑞,潘家华,刘治彦主编.中国城市发展30年（1978～2008）[G].北京：社会科学文献出版社,2009.
（77）莫天伟,岑伟.新天地地段——淮海中路东段城市旧式里弄再开发与生活形态重建[J].城市规划汇刊,2001(4).
（78）乔晓红.历史地段建筑环境的再生与创新——记上海太平桥地区新天地广场旧城改建项目[J].建筑学报,2001(3).
（79）[美]阿摩斯·拉普卜特.文化特性与建筑设计[M].常青,张昕,张鹏译.北京：中国建筑工业出版社,2004.
（80）[美]柯林·罗,弗瑞德·科特.拼贴城市[M].童明译.北京：中国建筑工业出版社,2003.
（81）[意]布鲁诺·赛维.建筑空间论——如何品评建筑[M].张以赞译.北京：中国建筑工业出版社,1985.
（82）[意]布鲁诺·赛维.现代建筑语言[M].席云平,王虹译.北京：中国建筑工业出版社,1986.

(83)［德］康拉德·沙尔霍恩，汉斯·施马沙伊特．城市设计基本原理：空间—建筑—城市［M］．陈丽江译．上海：上海人民美术出版社，2004.
(84)［德］阿尔弗雷德·申茨．幻方——中国古代的城市［M］．梅青译．北京：中国建筑工业出版社，2009.
(85)［奥］卡米诺·西特．城市建设艺术——遵循艺术原则进行城市建设［M］．仲德崑译．南京：东南大学出版社，1990.
(86)［美］肯尼·斯科尔森．大规划——城市设计的魅惑和荒诞［M］．游宏滔，饶传坤，王士兰译．北京：中国建筑工业出版社，1986.
(87)［挪］Christian Norberg-Schulz．场所精神——迈向建筑现象学．施植明译．台北：田园城市文化事业有限公司，1995.
(88)［挪］克里斯蒂安·诺伯格—舒尔茨．西方建筑的意义［M］．李路珂，欧阳恬之译．北京：中国建筑工业出版社，2005.
(89)［英］迪耶·萨迪奇．权力与建筑［M］．王晓刚，张秀芳译．重庆：重庆出版社，2007.
(90)［英］萨莫森(John Summerson)．建筑的古典语言［M］．张欣玮译［M］．杭州：中国美术学院出版社，1994.
(91) 孙凤岐．我国城市中心广场的改建与在开发研究［J］．建筑学报，1999(8).
(92) 孙施文．城市中心与城市公共空间——上海浦东陆家嘴地区建设的规划评论［J］．城市规划，2006(8).
(93) 孙施文．公共空间的嵌入与空间模式的翻转——上海“新天地”的规划评论［J］．城市规划，2007(8).
(94) 谭祎，蔡如，张嘉莉．基于市民行为的城市广场建设初探——以广州三大广场为例［J］．科技信息，2008(24).
(95) 陶晓辉．广州城市广场建设随谈［J］．广东园林，2006(2).
(96)［美］罗伯特·文丘里．建筑的复杂性与矛盾性［M］．周卜颐译．北京：中国水利水电出版社，知识产权出版社，2008.
(97)［美］罗伯特·文丘里，丹妮丝·斯科特·布朗，史蒂文·艾泽努尔．向拉斯维加斯学习(原修订版)［M］．徐怡芳，王健译．北京：中国水利水电出版社，知识产权出版社，2008.
(98) 汪德华．中国城市设计文化思想［M］．南京：东南大学出版社，2008.
(99) 王建国．现代城市设计理论和方法［M］．南京：东南大学出版社，2003.
(100) 王建国．城市设计［M］．2版．南京：东南大学出版社，2004.
(101) 王建国，高源．谈当前我国城市广场设计的几个误区［J］．城市规划，2002(1).
(102) 王军．城记［M］．北京：生活读书新知三联书店，2002.
(103) 王昀．关于空间维度转换和投射问题的几点思考［J］．建筑师，2005(5).
(104) 王珂，夏健，杨新海．城市广场设计［M］．南京：东南大学出版社，1999.

(105) 王席．城市广场规划设计与实践——以山东省为例[D]．南京：南京林业大学，2004.
(106) 王征，熊娟．重庆三峡广场解析[J]．规划师，2004(11).
(107) 尉迟坚松编译．日本近代城市规划的演变[J]．国外城市规划，1983(2).
(108) 徐宁，王建国．基于日常生活维度的城市公共空间研究[J]．建筑学报，2008(8).
(109) 徐苏宁．城市设计美学[M]．北京：中国建筑工业出版社，2006.
(110) 闫整，张军民，崔东旭．城市广场用地构成与用地控制[J]．城市规划汇刊，2001(4).
(111) 杨宇振．权力，资本与空间：中国城市化 1908—2008年——写在《城镇乡地方自治章程》颁布百年[J]．城市规划学刊，2009(1).
(112) 姚萍，王源．广场设计与城市意象营造[J]．城市问题，2005(1).
(113) 叶红．城市方舟——上海外滩广场与人民广场评述[J]．规划师，1999(4).
(114) 俞孔坚，石颖，郭选昌．设计源于解读地域、历史和生活——都江堰广场[J]．建筑学报，2003(3).
(115) 张京祥．西方城市规划思想史纲[M]．南京：东南大学出版社，2005.
(116) 张京祥，罗震东，何建颐．体制转型与中国城市空间重构[M]．南京：东南大学出版社，2007.
(117) 张军民，崔东旭，闫整．城市广场控制规划指标[J]．城市问题，2003(5).
(118) 张庆澜，罗玉平译注．鲁班经[G]．重庆：重庆出版社，2007.
(119) 郑时龄．上海近代建筑风格[M]．上海：上海教育出版社，1999.
(120) 郑时龄．建筑批评学[M]．北京：中国建筑工业出版社，2001.
(121) 钟纪刚．巴黎城市建设史[M]．北京：中国建筑工业出版社，2002.
(122) 庄林德，张京祥．中国城市发展与建设史[M]．南京：东南大学出版社，2002.
(123) 上海市城市规划设计研究院主编．城市设计(下)[G]//中国城市规划设计研究院，建设部城乡规划司．城市规划资料集：第五分册．北京：中国建筑工业出版社，2004.
(124) 铁路旅客车站建筑设计规范 GB 50226—95[S].
(125) 汽车客运站建筑设计规范 JGJ 60—99[S].
(126) Yoshinobu Ashihara. Exterior Design in Architecture. New York/London 1970.
(127) Yoshinobu Ashihara. The aesthetic Townscape. Cambridge/Massachusetts 1983.
(128) Geoffrey H. Baker. Design Strategies in Architecture: an Approach to the Analysis of Form [M]. E & FN SPON. London.
(129) Charles C. Bohl, Gary Cusumano. Place Making: Developing Town Centers, Main Street, and Urban Village[M]. ULI(Urban Land Institute), 2002.
(130) Adrian Forty. Words and Buildings: a Vocabulary of Modern Architecture[M]. Thames & Hudson, 2004.
(131) Jan Gehl. Life between buildings: using public space[M]. Arkitektens Forlag,1996.

（132）Peter Hall. Cities of Tomorrow: an Intellectual History of Urban Planning and Design in Twenty Century[M]. Wiley-Blackwell. 3 edition, 2002.
（133）Frederick Hartt. Art: A History of Painting Sculpture Aarchitecture[M]. Third Edition. New York: Harry N. Abrams, Inc, 1989.
（134）Akinori Kato. Plazas of Southern Europe[M]. Murotani Bunji, 1990.
（135）Spiro Kostof, Greg Castillo. Die Anatomie der Stadt Geschichte Städtischer Strukturen[M]. Campus Verlag GmbH, 1993.
（136）Rob Krier. Urban space[M]. Academy edition, London, 1991.
（137）Rob Krier. Rob Krier: architecture and urban design[M]. Academy edition, London, 1993.
（138）Frank Maier-Solgk, Andreas Greuter. Europäische Stadtplätze: Mittelpunkte Urbanen Lebens[M]. Deutsche Verlag-Anstalt Gmbh, Munich, 2004.
（139）Hans Mausbach. Stadtbilder[M]. Werner Verlag Gmbh, 1992.
（140）Lewis Mumford. The Culture of Cities. New York/London, 1938.
（141）Aldo Rossi. The architecture of the city[M]. New York: the MIT press, 2002.
（142）Paul Zucker. Town and Square: from the Agora to the Village green[M]. New York: Columbia University Press, 1959.

2. 语言学、哲学相关文献

（1）[法]罗兰·巴尔特. 符号学原理[M]. 李幼蒸译. 北京：生活读书新知三联书店，1988.
（2）[英]以赛亚·伯林编著.启蒙的时代：十八世纪哲学家[M]. 孙尚扬，杨深译. 南京：凤凰出版传媒—译林出版社，2000.
（3）[英]齐格蒙特·鲍曼.现代性与矛盾性[M]. 邵迎生译. 北京：商务印书馆，2003.
（4）[德]瓦尔特·本雅明.汉娜·阿伦特编. 启迪：本雅明文选[G]. 张旭东，王斑译. 北京：生活·读书·新知三联书店，2008.
（5）[德]恩斯特·卡西尔. 语言与神话[M]. 于晓，等译. 北京：生活·读书·新知三联书店，1988.
（6）[德]恩斯特·卡西尔. 人论[M]. 甘阳译. 上海：上海译文出版社，2004.
（7）[德]恩斯特·卡西尔. 人文科学的逻辑[M]. 关子尹译. 上海：上海译文出版社，2004.
（8）陈永国编. 翻译与后现代性[G]. 北京：中国人民大学出版社，2005.
（9）刁晏斌. 现代汉语史[M]. 福州：福建人民出版社，2006.
（10）[法]弗朗索瓦·多斯. 从结构到解构：法国20世纪思想主潮（下）[M]. 季广茂译. 北京：中央编译出版社，2004.
（11）[意]乌蒙勃托·艾柯. 符号学理论[M]. 卢德平译. 北京：中国人民大学出版社，1990.
（12）[意]艾柯等著. 柯里尼编.诠释与过度诠释[M]. 王宇根译. 北京：生活·读书·新知

三联书店,1997.
(13) 冯友兰. 中国哲学简史[M]. 北京: 新世界出版社,2004.
(14) [德] H-G·伽达默尔. 伽达默尔集[G]. 严平选编. 上海: 上海远东出版社,2003.
(15) [德]H-G·伽达默尔. 真理与方法(下卷)[M]. 洪汉鼎译. 上海: 上海译文出版社,2004.
(16) [英] 安东尼·吉登斯. 现代性的后果[M]. 田禾译. 南京: 译林出版社,2000.
(17) [英] 吉登斯,皮尔森. 现代性: 吉登斯访谈录[C]. 尹宏毅译. 北京: 新华出版社,2000.
(18) [法] 格雷马斯. 结构语义学[M]. 蒋梓骅译. 天津: 百花文艺出版社,2001.
(19) [美] 加里·古廷. 20世纪法国哲学[M]. 辛岩译. 南京: 江苏人民出版社,2005.
(20) [英] 特伦斯·霍克斯. 结构主义和符号学[M]. 瞿铁鹏译. 上海: 上海译文出版社,1987.
(21) [德] 哈贝马斯. 现代性的地平线: 哈贝马斯访谈录[C]. 李安东,段怀清译. 上海: 上海人民出版社,1997.
(22) [德] 哈贝马斯. 公共领域的结构转型[M]. 曹卫东,等译. 上海: 学林出版社,1999.
(23) [德] 哈贝马斯. 现代性的哲学话语[M]. 曹卫东,等译. 南京: 译林出版社,2004.
(24) 胡适. 中国哲学史大纲[M]. 北京: 东方出版社,1996.
(25) [法] 安娜·埃诺. 符号学简史[M]. 怀宇译. 天津: 百花文艺出版社,2005.
(26) [德] W·V·洪堡,姚小平编. 洪堡特语言哲学文集[G]. 姚小平译. 长沙: 湖南教育出版社,2001.
(27) [德] W·V·洪堡. 论人类语言结构的差异及其对人类精神发展的影响[M]. 姚小平译. 北京: 商务印书馆,2002.
(28) [德] 康德. 历史理性批判文集[G]. 何兆武译. 北京: 商务印书馆,1996.
(29) 佘碧平. 现代性的意义与局限[M]. 上海: 上海三联书店,2000.
(30) [瑞士] 费尔迪南·德·索绪尔. 普通语言学教程[M]. 高名凯译. 北京: 商务印书馆,1999.
(31) 牟博编. 留美哲学博士文选: 中西哲学比较研究卷[G]. 北京: 商务印书馆,2002.
(32) [英] 埃德蒙·利奇. 文化与交流[M]. 卢德平译. 北京: 华夏出版社,1991.
(33) 李河. 巴别塔的重建与解构: 解释学视野中的翻译问题[M]. 昆明: 云南大学出版社,2005.
(34) 李幼蒸. 理论符号学导论[M]. 3版. 北京: 中国人民大学出版社,2007.
(35) [美] 刘禾. 跨语际实践: 文学,民族文化与被译介的现代性(中国,1900—1937)[M](修订译本). 宋伟杰,等译. 北京: 生活·读书·新知三联书店,2008.
(36) [美] 刘禾. 语际书写——现代思想史写作批判纲要[M]. 上海: 三联书店,1999.
(37) 刘宓庆. 翻译与语言哲学[M]. 北京: 中国对外翻译出版公司,2001.

（38）陆俭明，沈阳．汉语和汉语研究十五讲［M］．北京：北京大学出版社，2003.
（39）［古希腊］柏拉图．理想国［M］．郭斌和，张竹明译．北京：商务印书馆，1986.
（40）单继刚．翻译的哲学方面［M］．北京：中国社会科学出版社，2007.
（41）邵敬敏主编．现代汉语通论［M］．上海：上海教育出版社，2002.
（42）［英］罗素．西方哲学史（上卷）［M］．何兆武，李约瑟译．北京：商务印书馆，2005.
（43）［美］爱德华·萨丕尔．语言论：言语研究导论［M］．陆卓元译．北京：商务印书馆，1985.
（44）［日］太田辰夫．汉语史通考［M］．江蓝生，白维国译．重庆：重庆出版社，1991.
（45）［奥］维特根斯坦．哲学研究［M］．李步楼译．北京：商务印书馆，1996.
（46）许宝强，袁伟选编．语言与翻译的政治［G］．北京：中央编译出版社，2001.
（47）姚小平．洪堡特：人文研究和语言研究［M］．北京：外语教学与研究出版社，1995.
（48）张凤阳．现代性的谱系［M］．南京：南京大学出版社，2004.
（49）Nick Lund. Language and Thought. New York: the Routledge Press, 2003.
（50）Quine W V O. Word and Object. New York: the MIT Press, 1960.

3. 社会学及历史相关文献

（1）［美］艾恺．最后的儒家：梁漱溟与中国现代化的两难［M］．王宗昱，冀建中译．南京：江苏人民出版社，1996.
（2）［德］瓦尔特·本雅明．巴黎：19世纪的首都［M］．刘北成译．上海：上海人民出版社，2006.
（3）［美］戴维·波普诺．社会学（第十版）［M］．李强等译．北京：中国人民大学出版社，1999.
（4）［法］让·卡泽纳弗．社会学十大概念［M］．杨捷译．上海：上海人民出版社，2003.
（5）陈卫平．第一页与胚胎：明清之际的中西文化比较．上海：上海人民出版社，1992.
（6）崔世广．近代启蒙思想与近代化［M］．北京：北京航天航空大学出版社，1989.
（7）［日］岛田虔次．中国近代思维的挫折［M］．南京：江苏人民出版社，2008.
（8）费孝通．乡土中国［M］．上海：上海人民出版社，2008.
（9）顾朝林．城市社会学［M］．南京：东南大学出版社，2002.
（10）［美］托马斯·L·汉金斯．科学与启蒙运动［M］．任定成，张爱珍译．上海：复旦大学出版社，2000.
（11）［德］迪特·哈森普鲁格编．走向开放的中国城市空间［G］．上海：同济大学出版社，2005.
（12）侯外庐．中国近代启蒙思想史［M］．北京：人民出版社，1993.
（13）［美］黄仁宇．中国大历史［M］．北京：生活·读书·新知三联书店，1997.

(14)［美］黄仁宇.放宽历史的视界［M］.北京：生活・读书・新知三联书店,2001.
(15)［美］黄仁宇.大历史不会萎缩［M］.桂林：广西师范大学出版社,2004.
(16)［美］柯文.在传统与现代性之间：王韬与晚清改革［M］.南京：江苏人民出版社,1998.
(17)［美］格尔哈特・伦斯基.权力与特权、社会分层的理论［M］.关信平,陈宗显,谢晋宇译.杭州：浙江人民出版社,1988.
(18) 李孝悌.清末的下层社会启蒙运动：1901—1911［M］.石家庄：河北教育出版社,2001.
(19) 李孝悌.恋恋红尘：中国的城市、欲望和生活［M］.上海：上海人民出版社,2007.
(20) 李泽厚.美的历程［M］.天津：天津社会科学院出版社,2001.
(21) 梁漱溟.东西文化及其哲学［M］.北京：商务印书馆,1999.
(22)［美］林达・约翰逊主编.帝国晚期的江南城市［G］.成一农译.上海：人民出版社,2005.
(23) 林语堂.中国人［M］.2版.郝志东,沈益洪译.上海：学林出版社,2000.
(24) 刘小枫.现代性社会理论绪论——现代性与现代中国［M］.上海：上海三联书店,1998.
(25)［德］曼海姆.意识形态与乌托邦［M］.黎鸣译.北京：商务印书馆,2000.
(26)［意］帕累托(Pareto.V.).精英的兴衰［M］.刘北城译.上海：上海人民出版社,2003.
(27)［美］T・帕森斯.现代社会的结构与过程［M］.梁向阳译.北京：光明日报出版社,1988.
(28)［比利时］亨利・皮雷纳.中世纪的城市［M］.陈国樑译.北京：商务印书馆,2006.
(29)［日］青井和夫.社会学原理［M］.刘振英译.北京：华夏出版社,2002.
(30)［美］芮玛丽.同治中兴：中国保守主义的最后抵抗(1862—1874)［M］.房德邻等译.北京：中国社会科学出版社,2002.
(31)［美］理查德・桑内特.公共人的衰落［M］.李继宏译.上海：上海译文出版社,2008.
(32)［美］理查德・桑内特.肉体与石头——西方文明中的身体与城市［M］.黄煜文译.上海：上海译文出版社,2006.
(33)［美］维拉・施瓦友.中国的启蒙运动 ——知识分子与五四运动［M］.李国英等译.太原：陕西人民出版社,1989.
(34)［日］松本三之介.国权与民权的变奏：日本明治精神结构［M］.李东君译.北京：东方出版社,2004.
(35)［法］韦尔南(Verman,J.p.).希腊思想的起源［M］.秦海鹰译.北京：生活・读书・新知三联书店,1996.
(36) 王鉴平,杨国荣.胡适与中西文化［M］.成都：四川人民出版社,1990.
(37)［清］王韬.漫游随录［G］.见：走向世界丛书.钟叔河主编.长沙：岳麓书社出版,1985.
(38)［德］韦伯.中国的宗教；宗教与世界［M］.康乐,简惠美译.桂林：广西师范大学出版社,2004.

(39) [德] 韦伯.新教伦理与资本主义精神[M].康乐，简惠美译.桂林：广西师范大学出版社，2004.

(40) 夏铸九，王志弘编.空间的文化形式与社会理论读本[M].台北：明文书局，1988.

(41) 萧延中，朱艺编.启蒙的价值与局限——台、港学者论五四[M].太原：山西人民出版社，1989.

(42) 许知远.醒来——110年的中国变革[M].武汉：湖北人民出版社，2009.

(43) [日] 依田憙家.中日近代化比较研究[M].孙志民，翟新编译.上海：生活・读书・新知三联书店，1988.

(44) 张海林编著.近代中外文化交流史[G].南京：南京大学出版社，2003.

(45) 赵军.文化与时空——中西文化差异比较的一次求解[M].北京：中国人民大学出版社，1989.

(46) 赵林，邓守成主编.启蒙与世俗化：东西方现代化历程[G].武汉：武汉大学出版社，2008.

(47) [美] 周策纵.五四运动史[M].岳麓书社出版社，1999.

(48) [美] 邹谠.二十世纪中国政治——从宏观历史与微观行动的角度看[M].牛津大学出版社，1994.

(49) 科学与哲学(研究资料).北京：中国科学院自然辩证法通讯杂志社，1982(1).

(50) Mark Gottdiener, Ray Hutchison. The New Urban Sociology[M]. Fourth edition. Westview Press, 2010.

表 1　深圳罗湖火车站广场空间语言要素逻辑关系简表

表达项			基面													边围								家具								
			尺寸		形				相对高程			肌理				尺寸		形		肌理				尺寸		形				位置		
												素材		拼合						素材		拼合					组合					
			宏大	适宜	圆形	四边形	三角形	异形	▁	▬	■	硬质	软质	几何	自然	宏大	适宜	基面交接	天际交接	硬质	软质	细节	整体	宏大	宜人	独立	向心	条形	双维	⊙	‖	δ
基面	尺寸	宏大																														
		适宜																														
	形	圆形																														
		四边形		◇																												
		三角形																														
		异形																														
	相对高程	▁																														
		▬																														
		■		◀		◇																										
	肌理	素材 硬质		◀		◀					◀																					
		素材 软质		◀		◀					◀																					
		拼合 几何		◀		★					◇	◀	◀																			
		拼合 自然																														
边围	尺寸	宏大																														
		适宜		★		◇					◀	◀	◀	◇											★			◇	◇		◇	
	形	基面交接		★		◀					★	★	★	◇			◀								◇			◇	◇		★	
		天际交接																														
	肌理	素材 硬质		◀		◇					◇	★	★	◇			◀	★							◇			◇	◇		◇	
		素材 软质		◀		◇					◇	★	★	◇			◀	★							◇			◇	◇		◇	
		拼合 细节		◀		◀					★	◀	◀	★			★	★		◀	◀				★			◀	◀		◀	
		拼合 整体		◀		◀					★	◀	◀	★			★	★		◀	◀				★			◀	◀		◀	
家具	尺寸	宏大																														
		宜人		◀		◇					◇	◇	◇	◀			★	◇		◇	◇	★	★									
	形	独立																														
		组合 向心																														
		组合 条形		◀		★					◇	◇	◇	★			◇	◇		◇	◇	◀	◀		◀							
		组合 双维		◀		★					◇	◇	◇	★			◇	◇		◇	◇	◀	◀		◀							
	位置	⊙																														
		‖		◀		★					◇	◇	◇	★			◇	★		◇	◇	◀	◀		◇			★	★			
		δ																														

图例注释：★连带关系，◀选择关系，◇结合关系；δ自由式，‖中轴两侧，⊙几何中心

表解析注释

如上表所示，深圳罗湖火车站广场是建于城市中心区传统型的典型案例，作为主导性要素的边围，经由聚合系的析取与其他要素共同形成的连带关系组合数高达23组。这其中，影响作用最为显著的子要素是“边围与基面轮廓垂直相交区域的空间几何关系”，简称“边围基面交接形”，该要素与“基面相对高程”、“基面肌理”、“边围肌理”及“家具位置”之间的连带型关系（达9 组），“基面肌理拼合”与“基面形”、“边围肌理拼合”、“家具组合方式”及“家具位置”之间的连带型关系（达6组）既直接影响了广场交通流线的顺畅通达，同时也是该广场最终形成安全、舒适、宜人的外部交往空间的“互依型”条件。可以说，正是环环相套的“连带型关系”使得深圳罗湖火车站广场空间语言结构紧凑、完整，无论是功能性抑或是社会性均实现了空间价值的最大化。

表2 武汉新火车站广场空间语言要素逻辑关系简表

表达项			基面													边围								家具								
			尺寸		形				相对高程			肌理				尺寸		形		肌理				尺寸		形				位置		
												素材		拼合						素材		拼合					组合					
			宏大	适宜	圆形	四边形	三角形	异形	—	▬	■	硬质	软质	几何	自然	宏大	适宜	基面交接	天际交接	硬质	软质	细节	整体	宏大	宜人	独立	向心	条形	双维	⊙	‖	δ
基面	尺寸	宏大																														
		适宜																														
	形	圆形																														
		四边形	◇																													
		三角形																														
		异形																														
	相对高程	—	◇			◇																										
		▬																														
		■																														
	肌理	素材 硬质	◇			◇			◀																							
		素材 软质	◇			◇			◀																							
		拼合 几何	◇			◇			◀			◀	◀																			
		拼合 自然	◇			◇			◀			◀	◀																			
边围	尺寸	宏大	★			◀			◇			◇	◇	◇	◇									◇	◇	◇	◇	◇	◇	◇	◇	◇
		适宜																														
	形	基面交接	◇			◀			◀			◀	◀	◇	◇	◀								◇	◇	◇	◇	◇	◇	◀	◀	◀
		天际交接	◀			◀			◇			◇	◇	◇	◇	◀								◇	◇	◇	◇	◇	◇	◇	◇	◇
	肌理	素材 硬质	◇			◇			◀			◀	◇	◇	◇	◀		★	◀					◇	◇	◇	◇	◇	◇	◇	◇	◇
		素材 软质	◇			◇			◀			◀	◇	◇	◇	◀		★	◀					◇	◇	◇	◇	◇	◇	◇	◇	◇
		拼合 细节	◇			◇			◀			◇	◇	◀	◀	◀		★	◀	★	★			◇	◇	◇	◇	◇	◇	◀	◀	◀
		拼合 整体	◇			◇			◀			◇	◇	◀	◀	◀		★	◀	★	★			◇	◇	◇	◇	◇	◇	◀	◀	◀
家具	尺寸	宏大	◀			◇			◇			◇	◇	◇	◇	◇		◇	◇	◇	◇	◇	◇									
		宜人	◀			◇			◇			◇	◇	◇	◇	◇		◇	◇	◇	◇	◇	◇									
	形	独立	◇			◇			◇			◇	◇	◀	◀	◇		◇	◇	◇	◇	◇	◇	◀	◀							
		组合 向心	◇			◇			◇			◇	◇	◀	◀	◇		◇	◇	◇	◇	◇	◇	◀	◀							
		组合 条形	◇			◇			◇			◇	◇	◀	◀	◇		◇	◇	◇	◇	◇	◇	◀	◀							
		组合 双维	◇			◇			◇			◇	◇	◀	◀	◇		◇	◇	◇	◇	◇	◇	◀	◀							
	位置	⊙	◇			◇			◇			◇	◇	◀	◀	◇		◀	◇	◇	◇	◀	◀	◇	◇	◇	◇	◇	◇			
		‖	◇			◇			◇			◇	◇	◀	◀	◇		◀	◇	◇	◇	◀	◀	◇	◇	◇	◇	◇	◇			
		δ	◇			◇			◇			◇	◇	◀	◀	◇		◀	◇	◇	◇	◀	◀	◇	◇	◇	◇	◇	◇			

图例注释：★连带关系，◀选择关系，◇结合关系；δ自由式，‖中轴两侧，⊙几何中心

表解析注释

武汉新火车站广场是建于城市中心区边缘新类型的典型案例(该项目虽尚在规划设计中，但通过几轮方案的发展，其规划理念及未来发展雏形已初显端倪)，该广场边围的主导性大大减弱，虽然经由聚合系的析取与其他要素形成的连带关系组合依然有9组，其子要素——“边围基面交接形”与“边围肌理拼合”的共同作用也直接影响了广场部分交通流线的顺畅通达。但由于其同“基面相对高程”、“基面肌理”之间，“基面肌理拼合”与“边围肌理拼合”、“家具组合方式”及“家具位置”之间的逻辑关系仅仅为灵活有余、严谨不足的“选择型关系”，甚至“基面肌理拼合”与“基面形”之间是完全不存在任何逻辑关系的“结合型关系”，致使该广场即便实现了远途交通流线的顺畅通达，却无法形成适合人流集散的安全、舒适、宜人的外部交往空间。因此，其空间语言结构是松散的，无论是功能性抑或是社会性空间价值都没有获得有效地发掘。

表3 南京中山门广场空间语言要素逻辑关系简表

表达项			基面													边围									家具								
			尺寸		形				相对高程			肌理				尺寸		形		肌理				尺寸		形				位置		
												素材		拼合						素材		拼合					组合					
			宏大	适宜	圆形	四边形	三角形	异形	▁	▬	■	硬质	软质	几何	自然	宏大	适宜	基面交接	天际交接	硬质	软质	细节	整体	宏大	宜人	独立	向心	条形	双维	⊙	‖	δ
基面	尺寸	宏大																														
		适宜																														
	形	圆形																														
		四边形																														
		三角形																														
		异形		◇																												
	相对高程	▁																														
		▬		◇				◇																								
		■																														
	肌理	素材 硬质		◇				◇		◀																						
		素材 软质		◇				◇		◀																						
		拼合 几何		◇				◀		◇		◀	◀																			
		拼合 自然		◇				◀		◇		◀	◀																			
边围	尺寸	宏大																														
		适宜		◇				◇		◇		◇	◇	◇	◇									◇	◇	◇		◇		◇	◇	
	形	基面交接		◇				◀		◇		◇	★	★	◀		◀							◇	◇	◇		◇		◇	◇	
		天际交接		◇				◀		◇		◇	★	★	◀		◀							◇	◇	◇		◇		◇	◇	
	肌理	素材 硬质																														
		素材 软质		◇				◇		◇		◀	★	◇	◇		◀	★	★					◇	◇	◇		◇		◇	◇	
		拼合 细节		◇				◇		◇		◇	◇	★	◀		◇	★	★		★			◇	◇	◇		◇		◇	◇	
		拼合 整体		◇				◇		◇		◇	◇	★	◀		◇	★	★		★			◇	◇	◇		◇		◇	◇	
家具	尺寸	宏大		◇				◇		◀		◇	◇	◇	◇		◇	◇	◇		◇	◇	◇									
		宜人		◇				◇		◇		◇	◇	◇	◇		◇	◇	◇		◇	◇	◇									
	形	独立		◇				◇		◀		◇	◇	◀	◀		◇	◇	◇		◇	◇	◇	★								
		组合 向心																														
		组合 条形		◇				◇		◇		◇	◇	◀	◀		◇	◇	◇		◇	◇	◇		◀							
		组合 双维																														
	位置	⊙		◇				◀		◀		◇	◇	★	◀		◇	◇	◇		◇	◇	◇	★		★						
		‖		◇				◀		◇		◇	◇	★	◀		◇	◇	◇		◇	◇	◇		◀			◀				
		δ																														

图例注释：★连带关系，◀选择关系，◇结合关系；δ自由式，‖中轴两侧，⊙几何中心

表解析注释

南京中山门广场是交通节点广场的典型案例。正如空间语言要素逻辑关系简表所示，该广场的主导要素是基面，虽然其经由聚合系的析取与其他要素共同形成的连带关系组合数量并没有边围多，仅为9组（后者为15组），但其同"边围基面交接形"之间所形成的"连带型关系"是具有决定性意义的，这个关系不但进一步通过"边围形"、"边围肌理"的内部"连带"有效隔绝高速干道空间，同时还通过"基面肌理"与"家具位置"之间的关系在广场空间内形成了以雕塑为视觉中心的集中向心型封闭空间。然而，该广场却因基面完全由高速干道限定以至可达性较差，而软质边围也无法为广场空间形成有力的行为支撑，致使其仅仅只能作为一个观赏性的景观节点，无论是功能性抑或是社会性空间价值都不高。

表4 重庆三峡广场空间语言要素逻辑关系简表

表达项			基面													边围								家具								
			尺寸		形				相对高程			肌理				尺寸		形		肌理				尺寸		形				位置		
												素材		拼合						素材		拼合					组合					
			宏大	适宜	圆形	四边形	三角形	异形	—	▬	■	硬质	软质	几何	自然	宏大	适宜	基面交接	天际交接	硬质	软质	细节	整体	宏大	宜人	独立	向心	条形	双维	⊙	‖	δ
基面	尺寸	宏大																														
		适宜																														
	形	圆形																														
		四边形																														
		三角形																														
		异形		★																												
	相对高程	—																														
		▬		★				★																								
		■		★				★																								
	肌理	素材 硬质		◀				★		◀	◀																					
		素材 软质		◀				★		◀	◀																					
		拼合 几何		◀				★		◀	◀	★	★																			
		拼合 自然		◀				★		◀	◀	★	★																			
边围	尺寸	宏大		◇				◇		◇	◇	◇	◇	◇	◇									◇	◇	◇	◇	◇	◇	◇	◇	◇
		适宜		◇				◇		◇	◇	◇	◇	◇	◇									◇	◇	◇	◇	◇	◇	◇	◇	◇
	形	基面交接		◀				★		★	★	★	★			◀	◀							◇	◇	★	◀	◀	◀	★	★	★
		天际交接		◇				◇		◇	◇	◇	◇	◇	◇	◀	◀							◇	◇	◇	◇	◇	◇	◇	◇	◇
	肌理	素材 硬质		◇				◀		◀	◀	◀	◀	◀	◀	◀	◀	★	◀					◇	◇	◇	◇	◇	◇	◇	◇	◇
		素材 软质		◇				◀		◀	◀	◀	◀	◀	◀	◀	◀	★	◀					◇	◇	◇	◇	◇	◇	◇	◇	◇
		拼合 细节		◇				◀		◀	◀	◀	◀	◀	◀	◀	◀	★	◀	◀	◀			◇	◇	◀	◀	◀	◀	◀	◀	◀
		拼合 整体		◇				◀		◀	◀	◀	◀	◀	◀	◀	◀	★	◀	◀	◀			◇	◇	◀	◀	◀	◀	◀	◀	◀
家具	尺寸	宏大		◀				◇		◀	◀	◇	◇	◇	◇	◇	◇	◇	◇	◇	◇	◇	◇									
		宜人		◀				◇		◀	◀	◇	◇	◇	◇	◇	◇	◇	◇	◇	◇	◇	◇									
	形	独立		◇				◇		◀	◀	◇	◇	◀	◀	◇	◇	★	◇	◇	◇	◀	◀	★								
		组合 向心		◇				◇		◀	◀	◇	◇	◀	◀	◇	◇	◀	◇	◇	◇	◀	◀		◀							
		组合 条形		◇				◇		◀	◀	◇	◇	◀	◀	◇	◇	◀	◇	◇	◇	◀	◀		◀							
		组合 双维		◇				◇		◀	◀	◇	◇	◀	◀	◇	◇	◀	◇	◇	◇	◀	◀		◀							
	位置	⊙		◇				◀		◀	◀	◀	◀	◀	◀	◇	◇	★	◇	◇	◇	◀	◀	★	◇	★	◀	◀	◀			
		‖		◇				◀		◀	◀	◀	◀	◀	◀	◇	◇	★	◇	◇	◇	◀	◀		◇		◀	◀	◀			
		δ		◇				◀		◀	◀	◀	◀	◀	◀	◇	◇	★	◇	◇	◇	◀	◀	★	◇	★	◀	◀	◀			

图例注释：★连带关系，◀选择关系，◇结合关系；δ自由式，‖中轴两侧，⊙几何中心

表解析注释

如上表所示，重庆三峡广场是建于传统商业中心区的典型案例，该广场的主导要素是边围，虽然其经由聚合系的析取与其他要素共同形成的连带关系组合数量并没有基面多，仅为13组（后者为18组），但其子要素“边围基面交接形”因与其他要素所形成的连带关系组合达到13组，而成为对整个广场空间最具决定性意义的空间要素。该要素与“基面相对高程”、“基面肌理”、“边围肌理”及“家具位置”之间的连带型关系，以及另一个决定性要素——“基面形”与“基面相对高程”、“基面肌理”、“边围形”之间的连带型关系（达8组）既直接影响了商业型广场边围的开放性与连续性，同时也使该广场在形成安全、舒适、宜人的外部交往空间的同时，具备了独一无二的高辨识度。可以说，正是环环相套的“连带型关系”将基面独特的形、相对高程与基面肌理及边围形、边围肌理、家具等细化元素有机地结合在一起，从而使得重庆三峡广场空间语言结构紧凑、完整、充满地域特色，无论是功能性抑或是社会性均实现了空间价值的最大化。

表5 深圳金光华广场空间语言要素逻辑关系简表

表达项			基面													边围								家具								
			尺寸		形				相对高程			肌理				尺寸		形		肌理				尺寸		形				位置		
												素材		拼合						素材		拼合					组合					
			宏大	适宜	圆形	四边形	三角形	异形	—	▬	■	硬质	软质	几何	自然	宏大	适宜	基面交接	天际交接	硬质	软质	细节	整体	宏大	宜人	独立	向心	条形	双维	⊙	‖	δ
基面	尺寸	宏大																														
		适宜																														
	形	圆形																														
		四边形		◇																												
		三角形																														
		异形																														
	相对高程	—																														
		▬																														
		■		◇		◇																										
	肌理	素材 硬质		◀		◇					◀																					
		素材 软质																														
		拼合 几何		◀		★					★	◀																				
		拼合 自然																														
边围	尺寸	宏大																														
		适宜		◀		◇					◇	◇		◇											◀			◇	◇		◇	◇
	形	基面交接		◀		◀					◇	◀		◀			◀								★			◇	◇		◀	◀
		天际交接		◇		◀					◇	◇		◇			◀	◇							◇			◇	◇		◇	◇
	肌理	素材 硬质		◇		◇					◇	◀		◇			◇	◀	◇						◇			◇	◇		◇	◇
		素材 软质																														
		拼合 细节		◇		◇					◇	◇		◀			★	★	◇	★					★			◀	◀		◀	◀
		拼合 整体		◇		◇					◇	◇		◀			★	★	◇	★					★			◀	◀		◀	◀
家具	尺寸	宏大																														
		宜人		◀		◇					◀	◇		◇			◀	★	◇	◇		★	★									
	形	独立																														
		组合 向心																														
		组合 条形		◀		◇					◇	◇		◀			◇	◇	◇	◇		◀	◀		◀							
		组合 双维		◀		◇					◇	◇		◀			◇	◇	◇	◇		◀	◀		◀							
	位置	⊙																														
		‖		◀		◇					◇	◇		◀			◇	◀	◇	◇		◀	◀		◇			◀	◀			
		δ		◀		◇					◇	◇		◀			◇	◀	◇	◇		◀	◀		★			◀	★			

图例注释：★连带关系，◀选择关系，◇结合关系；δ自由式，‖中轴两侧，⊙几何中心

表解析注释

深圳金光华广场是建于传统商业中心区边缘的新型商业地产案例。正如空间语言要素逻辑关系简表所示，边围依然是该广场的主导性要素，虽然经由聚合系的析取与其他要素形成的连带关系组合仅有13组，但其通过与家具，尤其是与独立型家具所建立起来的连带型关系，使广场空间的边围获得了视觉上的“连续”，并进而使广场空间的围合性得到加强。而“基面肌理拼合”与“边围肌理拼合”、“家具组合方式”、“家具位置”之间的逻辑关系虽仅仅为灵活有余、严谨不足的“选择型关系”，但这种灵活的关系无疑为在广场内开展不同类型的露天活动创造了必要的物理条件，从而使该广场在充满浓厚的现代商业气息的同时，无论是功能性抑或是社会性空间价值都得到了充分的体现。

表6　东莞中心区广场空间语言要素逻辑关系简表

表达项				基面													边围								家具								
				尺寸		形				相对高程			肌理				尺寸		形		肌理				尺寸		形				位置		
													素材		拼合						素材		拼合					组合					
				宏大	适宜	圆形	四边形	三角形	异形	—	▬	■	硬质	软质	几何	自然	宏大	适宜	基面交接	天际交接	硬质	软质	细节	整体	宏大	宜人	独立	向心	条形	双维	⊙	‖	δ
基面	尺寸		宏大																														
			适宜																														
	形		圆形																														
			四边形	◇																													
			三角形																														
			异形																														
	相对高程		—	◇			◇																										
			▬	◇			◇																										
			■																														
	肌理	素材	硬质	◇			◇			◀	◀																						
			软质	◇			◇			◀	◀																						
		拼合	几何	◀			◇			◀	◀		★	★																			
			自然	◀			◇			◀	◀		★	★																			
边围	尺寸		宏大																														
			适宜	◇			◇			◇	◇		◇	◇	◇	◇									◀	◇	◀	◇	◇	◇	◇	◇	◇
	形		基面交接	◇			◇			◇	◇		◇	◇	◇	◇		◇							◇	◇	◀	◀	◀	◀	◀	◀	◀
			天际交接	◀			◇			◀	◀		◇	◇	◇	◇		★	◇						◀	◇	◀	◇	◇	◇	◇	◇	◇
	肌理	素材	硬质	◇			◇			◇	◇		◇	◇	◇	◇		◇	◀	◀					◇	◇	◇	◇	◇	◇	◇	◇	◇
			软质	◇			◇			◇	◇		◇	◇	◇	◇		◇	◀	◀					◇	◇	◇	◇	◇	◇	◇	◇	◇
		拼合	细节	◇			◇			◇	◇		◇	◇	◇	◇		◇	◀	◀	◀	◀			◇	◇	◇	◇	◇	◇	◀	◀	◀
			整体	◇			◇			◇	◇		◇	◇	◇	◇		◇	◀	◀	◀	◀			◇	◇	◇	◇	◇	◇	◀	◀	◀
家具	尺寸		宏大	◇			◇			◀	◀		◀	◀	★	★		◀	◇	◀	◇	◇	◇	◇									
			宜人	◇			◇			◀	◀		◀	◀	★	★		◇	◇	◇	◇	◇	◇	◇									
	形		独立	◇			◇			◀	◀		◇	◇	★	★		◀	◀	◀	◇	◇	◇	◇	★								
		组合	向心	◇			◇			◀	◀		◇	◇	◀	◀		◇	◀	◇	◇	◇	◇	◇		◀							
			条形	◇			◇			◀	◀		◇	◇	◀	◀		◇	◀	◇	◇	◇	◇	◇		◀							
			双维	◇			◇			◀	◀		◇	◇	◀	◀		◇	◀	◇	◇	◇	◇	◇		◀							
	位置		⊙	◇			◇			◀	◀		◇	◇	★	★		◇	◀	◇	◇	◇	◀	◀	★	◀		◀	◀	◀			
			‖	◇			◇			◀	◀		◇	◇	★	★		◇	◀	◇	◇	◇	◀	◀		◀		◀	◀	◀			
			δ	◇			◇			◀	◀		◇	◇	★	★		◇	◀	◇	◇	◇	◀	◀	★	◀		◀	◀	◀			

图例注释：★连带关系，◀选择关系，◇结合关系；δ自由式，‖中轴两侧，⊙几何中心

表解析注释

如上表所示，东莞中心区广场是主题“丰富型”的典型案例。该广场的主导要素是基面以及家具。基面经由聚合系的析取与其他要素共同形成的连带关系组合数量达到16组，均由其子要素“基面拼合肌理”与其他要素共同作用而成。“基面拼合肌理”通过与“基面肌理素材”、“家具尺寸”、“家具独立形”以及“家具位置”之间所建立起来的连带型关系，与“基面尺寸”、“基面相对高程”、“家具组合形”之间所形成的选择型关系（达20组），围绕蓝带（水景）、绿带（花草树木）以及光带（夜景）三大主题，实现了对占地30公顷、形式方正的基地的空间组织，从而成为对整个广场空间性格起到决定性作用的空间子要素。另一个主导要素——家具，经由聚合系的析取与其他要素共同形成的连带关系组合数量虽达到17组，但其中12组是同“基面拼合肌理”所共同形成的连带关系，另外5组则为家具内部连带。这其中，对广场空间性格影响较大的子要素是“家具尺寸”以及“家具形”，这两个要素通过与“基面肌理”、“家具位置”之间所形成的连带型关系，以及与“基面相对高程”、“基面肌理”、“边围形”、“家具位置”之间所形成的选择型关系（达33组）既有效烘托了广场的三大主题，同时也在尝试通过围合创造更多的市民露天活动场所，为广场空间提升社会效益，即便这些尝试在宏大的尺寸面前多少仍显得力不从心。至于在功能型广场空间语言结构中承担主导作用的边围，尤其是作为边围重音的政治性建筑，其具体的空间位置、边围形依然受制于图案化的基面肌理。因此，在整个仪式型广场空间语言结构架构中，富含意味的图案化基面肌理以绝对排他的控制力逾越了城市基本功能需求、社会日常生活诉求，仅仅完成了特定价值取向的物化。

表7 潍坊中心(人民)广场空间语言要素逻辑关系简表

表达项			基面													边围								家具								
			尺寸		形				相对高程			肌理				尺寸		形		肌理				尺寸		形				位置		
												素材		拼合						素材		拼合					组合					
			宏大	适宜	圆形	四边形	三角形	异形	▁	▬	■	硬质	软质	几何	自然	宏大	适宜	基面交接	天际交接	硬质	软质	细节	整体	宏大	宜人	独立	向心	条形	双维	⊙	‖	δ
基面	尺寸	宏大																														
		适宜																														
	形	圆形																														
		四边形	◇																													
		三角形																														
		异形																														
	相对高程	▁	◇			◇																										
		▬																														
		■																														
	肌理	素材 硬质	◇			◇			◀																							
		素材 软质	◇			◇			◀																							
		拼合 几何	◀			◇			◀			◀	◀																			
		拼合 自然																														
边围	尺寸	宏大																														
		适宜	◇			◇			◇			◇	◇	◇											◇			◇	◇		◇	
	形	基面交接	◇			◇			◀			◀	◀	◀			◀								◇			◇	◇		◀	
		天际交接	◀			◇			◇			◇	◇	◇			◀	◇							◇			◇	◇		◀	
	肌理	素材 硬质	◇			◇			◇			◇	◇	◇			◇	◀	◇						◇			◇	◇		◇	
		素材 软质	◇			◇			◇			◇	◇	◇			◇	◀	◇	◇					◇			◀	◀		◀	
		拼合 细节	◇			◇			◇			◇	◇	◇			◇	◀	◇	◀	◇				◇			◇	◇		◇	
		拼合 整体	◇			◇			◇			◇	◇	◇			◇	◀	◇	◀	◇				◇			◇	◇		◇	
家具	尺寸	宏大																														
		宜人	◇			◇			◇			◇	◇	◇			◇	◇	◇	◇	◇	◇	◇									
	形	独立																														
		组合 向心																														
		组合 条形	◇			◇			◇			◇	◇	◀			◇	◇	◇	◇	◀	◇	◇		◀							
		组合 双维	◇			◇			◇			◇	◇	◀			◇	◇	◇	◇	◀	◇	◇		◀							
	位置	⊙																														
		‖	◇			◇			◇			◇	◇	◀			◇	◀	◀	◇	◀	◇	◇		◇			◀	◀			
		δ																														

图例注释：★连带关系，◀选择关系，◇结合关系；δ自由式，‖中轴两侧，⊙几何中心

表解析注释

潍坊中心(人民)广场是主题"单一型"的典型案例。虽然该广场空间语言要素的逻辑关系仅仅包括42组选择型(基面13组、边围17组、家具12组)以及117组对空间结构影响作用最小的结合型，但边围，尤其是作为边围重音的政治性建筑却是该广场的绝对控制性要素(而非主导性要素)，即便这种控制的表现形式是略微松动的"选择型关系"。但值得注意的是，选择型逻辑关系显然并不具备对广场空间语言主体结构进行总体架构的能力，它使得边围无法通过与"基面肌理"、"家具形"及"家具位置"这些细化元素所形成的关系，将理念或者某些特定的价值取向清晰、准确地贯彻到底。而在这个过程中能够主导庞大尺寸广场空间的要素——基面，却因其内部各子要素——基面相对高程与基面肌理、基面肌理素材与基面肌理拼合——之间未能形成特色鲜明、概念清晰的逻辑关系，其与边围，尤其是与家具之间未能形成稳定、清晰、排他的连带型关系，致使广场空间结构松散不紧凑、意图含混不清晰。最终，令该广场无论是功能性抑或是社会性空间价值都不高。

表8　上海南京路世纪广场空间语言要素逻辑关系简表

表达项			基面													边围								家具								
			尺寸		形				相对高程			肌理				尺寸		形		肌理				尺寸			形			位置		
												素材		拼合						素材		拼合					组合					
			宏大	适宜	圆形	四边形	三角形	异形	—	▬	■	硬质	软质	几何	自然	宏大	适宜	基面交接	天际交接	硬质	软质	细节	整体	宏大	宜人	独立	向心	条形	双维	⊙	‖	δ
基面	尺寸	宏大																														
		适宜																														
	形	圆形																														
		四边形																														
		三角形																														
		异形		◄																												
	相对高程	—		◇				◄																								
		▬																														
		■																														
	肌理	素材 硬质		◇				◄	◇																							
		素材 软质		◇				◄	◇																							
		拼合 几何		◄				◄	★			◄	◄																			
		拼合 自然																														
边围	尺寸	宏大																														
		适宜		◄				◇	◇			◇	◇	◇										◄	◇	◄	◇	◇	◇	◇	◇	◇
	形	基面交接		◄				★	◇			◄	◄	◇			◇							◇	◇	◄	◄	◄	◄	◄	◄	◄
		天际交接		◇				◇	◇			◇	◇	◇			◄							★	◄	★	◇	◇	◇	◇	◇	◇
	肌理	素材 硬质		◇				◇	◇			◇	◇	◇			◇	◄	◇					◇	◇	◇	◇	◇	◇	◇	◇	◇
		素材 软质		◇				◇	◇			◇	◇	◇			◇	◄	◇					◇	◇	◇	◇	◇	◇	◇	◇	◇
		拼合 细节		◇				◇	◇			◇	◇	◇			◇	◄	◇	◄	◄			◇	◇	◇	◇	◇	◇	◄	◄	◄
		拼合 整体		◇				◇	◇			◇	◇	◇			◇	◄	◇	◄	◄			◇	◇	◇	◇	◇	◇	◄	◄	◄
家具	尺寸	宏大		◄				◇	★			◇	◇	★			◄	◇	★	◇	◇	◇	◇									
		宜人		◄				◇	◇			◇	◇	★			◇	◇	◄	◇	◇	◇	◇									
		独立		◇				◇	★			◇	◇	★			◄	◄	★	◇	◇	◇	◇	★								
	形	组合 向心		◇				◇	◇			◇	◇	◄			◇	◄	◇	◇	◇	◇	◇		◄							
		组合 条形		◇				◇	◇			◇	◇	◄			◇	◄	◇	◇	◇	◇	◇		◄							
		组合 双维		◇				◇	◇			◇	◇	◄			◇	◄	◇	◇	◇	◇	◇		◄							
	位置	⊙		◇				★	★			◇	◇	★			◇	◄	◇	◇	◇	◄	◄	★	◄	★	◄	◄	◄			
		‖		◇				★	◇			◇	◇	★			◇	◄	◇	◇	◇	◄	◄		◄		◄	◄	◄			
		δ		◇				★	◇			◇	◇	★			◇	◄	◇	◇	◇	◄	◄	★	◄	★	◄	◄	◄			

例注释：★连带关系，◄选择关系，◇结合关系；δ自由式，‖中轴两侧，⊙几何中心

表解析注释

如上表所示，上海南京路世纪广场是建于传统商业中心区附近的休闲型广场案例。正如空间语言要素逻辑关系简表所示，同人们休闲行为习惯密切相关的家具以及图案化的基面是该广场的主导性要素。其中家具经由聚合系的析取与其他要素形成的连带关系组合高达19组，基面则有14组。对子要素而言，对空间语言结构影响较大的则分别是“基面肌理拼合”（7组）以及尺度宏大（6组）的“独立形家具”（6组）。前者通过与“基面相对高程”、“家具尺寸”以及“家具位置”相互作用建立起来的连带型关系，以及与“边围基面交接形”共同形成的选择型关系，使广场空间的实质边围获得了视觉上的“连续”，并进而使广场空间的围合性得到加强。后者则通过与“基面相对高程”、“基面肌理拼合”、“边围天际交接形”以及“家具位置”之间所形成的连带型关系，令广场空间性格鲜明、特色突出、辨识度高。尤其是位于广场基面椭圆形图案中心的旱地喷泉亦静亦动，为广场平添了不少悠闲的假日气息。而位于广场南侧的舞台以及两个LED屏幕则不但有效地对广场空间进行了界定，同时还为广场露天文化活动的开展创造了必然的物质条件。只是由于舞台体量、观众区域面积过大，致使其“在没有演出（并非市民自发）时……无人停留，与拥挤的南京路形成鲜明对比……破坏了广场空间的整体性”[1]。显然，该广场的空间结构既因体量宏大的家具而特色鲜明，又因其控制力过强而令广场空间的活动类型趋于单一，从而直接影响其空间利用率。

---

[1] 蔡永洁.城市广场——历史脉络·发展动力·空间品质[M].南京：东南大学出版社，2006.191

表9 深圳华侨城生态广场空间语言要素逻辑关系简表

表达项			基面													边围								家具								
			尺寸		形				相对高程			肌理				尺寸		形		肌理				尺寸		形				位置		
												素材		拼合						素材		拼合					组合					
			宏大	适宜	圆形	四边形	三角形	异形	▁	▬	■	硬质	软质	几何	自然	宏大	适宜	基面交接	天际交接	硬质	软质	细节	整体	宏大	宜人	独立	向心	条形	双维	⊙	‖	δ
基面	尺寸	宏大																														
基面	尺寸	适宜																														
基面	形	圆形																														
基面	形	四边形																														
基面	形	三角形																														
基面	形	异形	◀																													
基面	相对高程	▁	◇					★																								
基面	相对高程	▬	◇					★																								
基面	相对高程	■	◇					★																								
基面	肌理 素材	硬质	◇					◀	◀	◀	◀																					
基面	肌理 素材	软质	◇					◀	◀	◀	◀																					
基面	肌理 拼合	几何	◇					◀	★	★	★	◀	◀																			
基面	肌理 拼合	自然	◇					◀	★	★	★	◀	◀																			
边围	尺寸	宏大	◇					◇	◇	◇	◇	◇	◇	◇	◇									◀	◀	◇	◇	◇	◇	◀	◀	◀
边围	尺寸	适宜	◇					◇	◇	◇	◇	◇	◇	◇	◇									◀	◀	◇	◇	◇	◇	◀	◀	◀
边围	形	基面交接	◇					◇	◀	◀	◀	★	★	★	★	◀	◀							◇	◀	◇	◇	◇	◇	◀	◀	◀
边围	形	天际交接	◇					◇	◇	◇	◇	◇	◇	◇	◇	◇	◇	◇						◇	◇	◇	◇	◇	◇	◇	◇	◇
边围	肌理 素材	硬质	◇					◇	◀	◀	◀	◀	◀	◀	◀	◇	◇	◀	◇					◇	◇	◇	◇	◇	◇	◇	◇	◇
边围	肌理 素材	软质	◇					◇	◀	◀	◀	◀	◀	◀	◀	◇	◇	◀	◇					◇	◇	◇	◇	◇	◇	◇	◇	◇
边围	肌理 拼合	细节	◇					◇	◀	◀	◀	◀	◀	◀	◀	◇	◇	◀	◇	◀	◀			◇	◀	◀	◀	◀	◀	◀	◀	◀
边围	肌理 拼合	整体	◇					◇	◀	◀	◀	◀	◀	◀	◀	◇	◇	◀	◇	◀	◀			◇	◀	◀	◀	◀	◀	◀	◀	◀
家具	尺寸	宏大	◀					◇	◇	◇	◇	◇	◇	★	★	◀	◀	◇	◇	◇	◇	◇	◇									
家具	尺寸	宜人	◀					◇	◇	◇	◇	◇	◇	◀	◀	◀	◀	◇	◇	◇	◇	◀	◀									
家具	形	独立	◇					◇	◇	◇	◇	◇	◇	★	★	◇	◇	◇	◇	◇	◇	◀	◀	★								
家具	形 组合	向心	◇					◇	◇	◇	◇	◇	◇	◀	◀	◇	◇	◇	◇	◇	◇	◀	◀		◀							
家具	形 组合	条形	◇					◇	◇	◇	◇	◇	◇	◀	◀	◇	◇	◇	◇	◇	◇	◀	◀		◀							
家具	形 组合	双维	◇					◇	◇	◇	◇	◇	◇	◀	◀	◇	◇	◇	◇	◇	◇	◀	◀		◀							
家具	位置	⊙	◇					◀	◀	◀	◀	◀	◀	★	★	◀	◀	◀	◇	◇	◇	◀	◀	★	◀	★	◀	◀	◀			
家具	位置	‖	◇					◀	◀	◀	◀	◀	◀	★	★	◀	◀	◀	◇	◇	◇	◀	◀		◀		◀	◀	◀			
家具	位置	δ	◇					◀	◀	◀	◀	◀	◀	★	★	◀	◀	◀	◇	◇	◇	◀	◀	★	◀	★	◀	◀	◀			

图例注释：★连带关系，◀选择关系，◇结合关系；δ自由式，‖中轴两侧，⊙几何中心

表解析注释

深圳华侨城生态广场是建于开放式大型社区内的休闲型广场案例。受到基地原始地形地貌的影响，该广场的主导要素是基面，其经由聚合系的析取与其他要素共同形成的连带关系组合数量高达23组，其子要素“基面肌理拼合”通过与“基面相对高程”、“边围天际交接形”、“家具尺寸”、“家具形”以及“家具位置”之间相互作用建立起来的连带型关系（达18组），成为对整个广场空间最具决定性意义的空间要素。尤其是“基面肌理拼合”与“基面相对高程”之间的连带型关系，不但将广场空间性格明确划分为人工、自然两大区域，同时还结合具体的空间细节要素，将每个区域再细分为三个小分区，进而实现广场空间空间主题的多样化、空间形态的多样化以及空间活动类型的多样化。而家具作为另一个主导要素，则通过与“基面肌理拼合”多达10组的连带型关系，令广场在保证安全、舒适、宜人的同时，能够充分凸显其独一无二的特色并有效地提高了它的场所感及空间辨识度。可以说，正是环环相套的“连带型关系”将基面独特的形、相对高程与基面肌理及家具等细化元素有机地结合在一起，从而使得深圳华侨城生态广场空间语言结构紧凑、完整、充满特色，无论是功能性抑或是社会性均实现了空间价值的最大化。

表10 上海静安寺广场空间语言要素逻辑关系简表

表达项			基面													边围								家具								
			尺寸		形				相对高程			肌理				尺寸		形		肌理				尺寸		形				位置		
			宏大	适宜	圆形	四边形	三角形	异形	—	▬	■	素材 硬质	素材 软质	拼合 几何	拼合 自然	宏大	适宜	基面交接	天际交接	素材 硬质	素材 软质	拼合 细节	拼合 整体	宏大	宜人	独立	组合 向心	组合 条形	组合 双维	⊙	∥	δ
基面	尺寸	宏大																														
		适宜																														
	形	圆形																														
		四边形																														
		三角形																														
		异形		◄																												
	相对高程	—		★				★																								
		▬		★				★																								
		■		★				★																								
	肌理	素材 硬质		◇				★	◄	◄	◄																					
		素材 软质																														
		拼合 几何		◄				★	★	★	★	◄																				
		拼合 自然																														
边围	尺寸	宏大																														
		适宜		◄				◇	◄	◄	◄	◇		◇										◄	◇	◄	◇	◇	◇	◇	◇	◇
	形	基面交接		◄				★	★	★	★	◄		★			◄							◇	◄	◄	◄	◄	◄	★	★	★
		天际交接		◇				◇	★	★	★	◇		★			◄							★	◇	★	◇	◇	◇	◇	◇	★
	肌理	素材 硬质		◇				◇	◄	◄	◄	◄		◇			◄	◄	◄					◇	◇	◇	◇	◇	◇	◇	◇	◇
		素材 软质																														
		拼合 细节		◇				◇	★	★	★	◇		★			◄	★	★	◄				★	◄	◇	◇	◇	◇	◄	◄	◄
		拼合 整体		◇				◇	★	★	★	◇		★			◄	★	★	◄				★	◄	◇	◇	◇	◇	◄	◄	◄
家具	尺寸	宏大		◄				◇	◇	◇	◇	◇		★			◄	◇	★	◇		★	★									
		宜人		◄				◇	◇	◇	◇	◇		◄			◇	◄	◇	◇		◄	◄									
	形	独立		◇				◇	◇	◇	◇	◇		★			◄	◄	★	◇		◇	◇	★								
		组合 向心		◇				◇	◇	◇	◇	◇		◄			◇	◄	◇	◇		◇	◇		◄							
		组合 条形		◇				◇	◇	◇	◇	◇		◄			◇	◄	◇	◇		◇	◇		◄							
		组合 双维		◇				◇	◇	◇	◇	◇		◄			◇	◄	◇	◇		◇	◇		◄							
	位置	⊙		◇				◄	◄	◄	◄	◇		★			◇	★	◇	◇		◄	◄		◄	★	◄	◄	◄			
		∥		◇				◄	◄	◄	◄	◇		★			◇	★	◇	◇		◄	◄		◄		◄	◄	◄			
		δ		◇				◄	◄	◄	◄	◇		★			◇	★	★	◇		◄	◄	★	◄	★	◄	◄	◄			

图例注释：★连带关系，◄选择关系，◇结合关系；δ自由式，∥中轴两侧，⊙几何中心

表解析注释

如上表所示，上海静安寺广场是建于传统商业中心区的复合型广场典型案例。正如空间语言要素逻辑关系简表所示（详见本章附表3.2.2.2A），该广场的主导要素是基面与边围。基面经由聚合系的析取与其他要素共同形成的连带关系组合数量达到33组，其子要素“基面相对高程”通过与“基面尺寸”、“基面形”、“基面肌理拼合”、“边围形”、“边围肌理拼合”之间相互作用建立起来的21组连带型关系，与“基面肌理素材”、“边围尺寸”、“边围肌理素材”以及“家具位置”之间所形成的选择型关系（达18组），不但通过“地上地下一体化”实现了功能、流线的最大程度复合，同时亦使广场空间结构紧凑、形态完整、特色鲜明，从而成为对整个广场空间性格具决定意义的空间子要素。另一个主导要素——边围，其子要素“边围形”、“边围肌理拼合”则通过互相作用于彼此的4组连带关系，以及与“基面相对高程”、“基面肌理拼合”、“家具尺寸”及“家具位置”之间构成的25组连带关系，使广场在形成安全、舒适、宜人的外部交往空间的同时，具备了独一无二的辨识度。可以说，正是环环相套的“连带型关系”将地块内各个复杂的限制性元素整合入结构严谨、高低错落的基面系统中，并通过与基面肌理及边围形、边围肌理、家具等细化元素有机地相互作用，令静安寺广场无论是功能性抑或是社会性均实现了空间价值的最大化。

附录II 本书选取之当代中国城市广场案例基础数据汇编

图例及缩写

形：○圆形；□方形；△三角形；∂异形；以及各种模式的组合形。

边围：建I 单边建筑；建‖ 双边建筑；建Π 三边建筑；建□ 建筑围合；以及与树或构筑物的组合。

家具：W 水景；S 雕塑；P 小型构筑物；L 灯饰；F 旗帜；B 座椅等休憩家具；以及各种模式的组合。

家具组合方式：⊙ 位于几何中心及向心布局；‖ 线性布局；↔ 组团布局；以及各种模式的组合。

附录II 表格1（广场平面图为作者根据卫星图绘制，非等比例）
国内80年代至今部分兴建、改建交通型广场一览表

1	广场名称：上海铁路南站广场		2	广场名称：深圳罗湖火车站广场[1]（改造）	
	平面示意	基础数据		平面示意	基础数据
	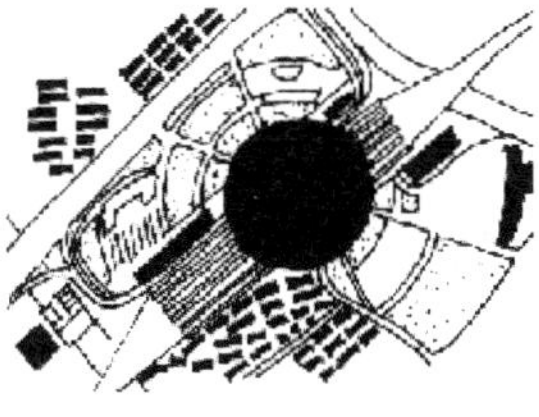	建成时间：2006 占地面积：23公顷 基面形：○ 基面边围：建I 家具及组合方式：B/⊙		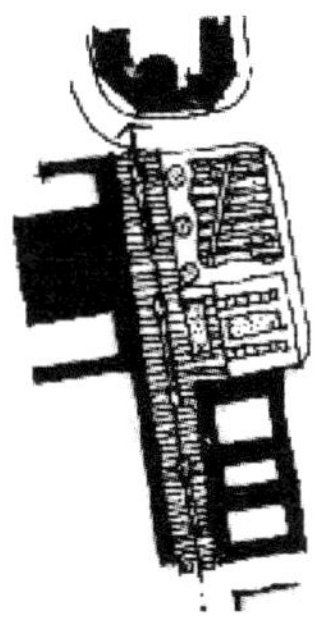	建成时间：2004 占地面积：10.2公顷 基面形：□ 基面边围：建□ 家具及组合方式：PL/‖

[1] 数据来自网络：http://photo.zhulong.com/proj/detail33851.htm.

续 表

3	广场名称：广州东站广场		4	广场名称：南京火车站广场	
	平面示意	基础数据		平面示意	基础数据
	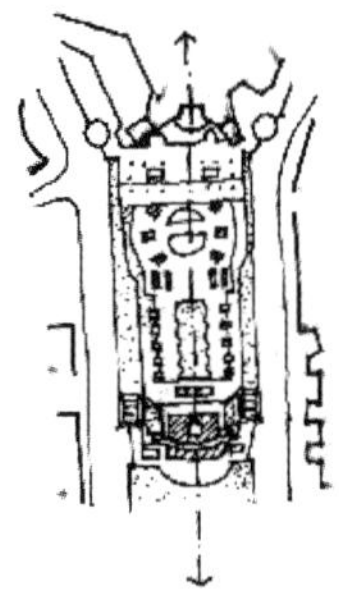	建成时间：1999 占地面积：8.1公顷 绿化率：32 基面形：□ 基面边围：建‖ 家具及组合方式：WB/⊙‖		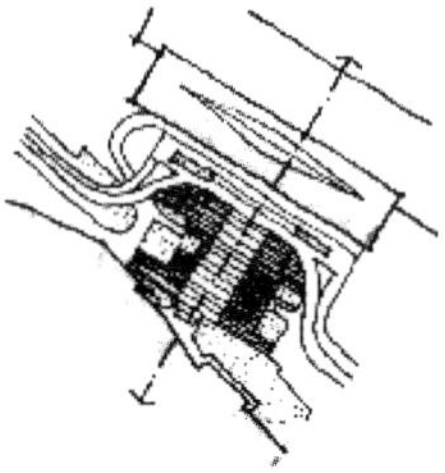	建成时间：2005 占地面积：4公顷 基面形：□ 基面边围：建I 家具及组合方式：WB/‖
5	广场名称：大连胜利广场		6	广场名称：山东潍坊火车新站广场	
	平面示意	基础数据		平面示意	基础数据
	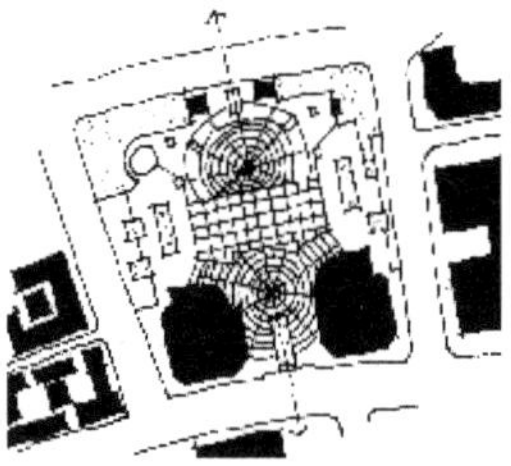	建成时间：1998 占地面积：2.7公顷 基面形：□○ 基面边围：建□ 家具及组合方式：SL/⊙		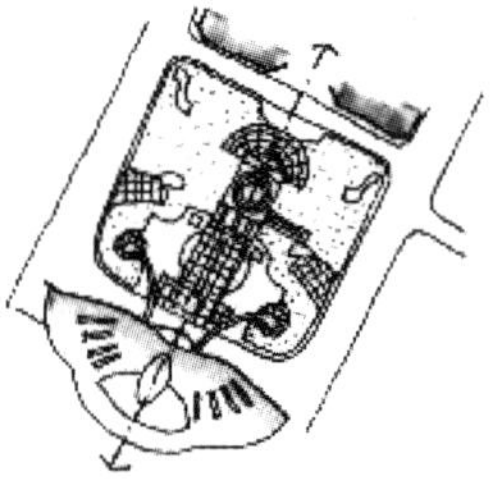	建成时间：2007 占地面积：3.17公顷[1] 基面形：□ 基面边围：建□ 家具及组合方式：PSL/⊙↔‖
7	广场名称：山东烟台火车新站广场		8	广场名称：武汉新火车站前广场	
	平面示意	基础数据		平面示意	基础数据
	无	建成时间：2009 占地面积：13.2公顷 基面形：□ 基面边围：建I 家具及组合方式：L/‖		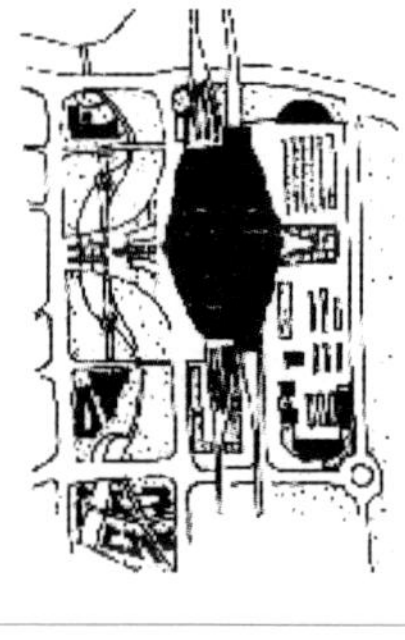	建成时间：2009 占地面积：52公顷[2] 绿地率：西60 基面形：□ 基面边围：建‖ 家具及组合方式：WL/↔‖

[1] 数据来自网络：http://wfshuma.blog.163.com/blog/static/17980118200752135424403/.
[2] 数据来自网络：http://www.lvhua.com/chinese/info/A00000029350-1.html.

续　表

序号	广场名称	平面示意	基础数据
9	大连金湾轨交广场	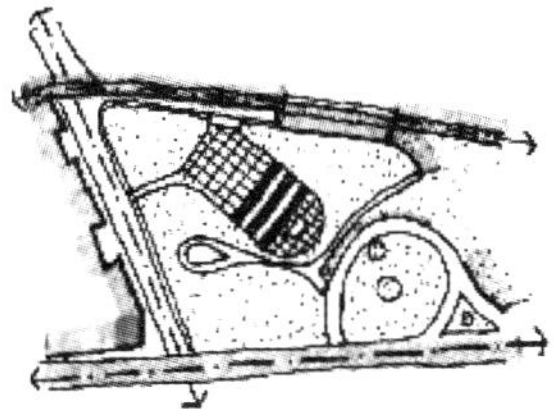	建成时间：2003 占地面积：3.8公顷 绿地率：88 基面形：∂ 基面边围：建Ⅰ 家具及组合方式：PWL/↔‖
10	大连中山广场(改造)	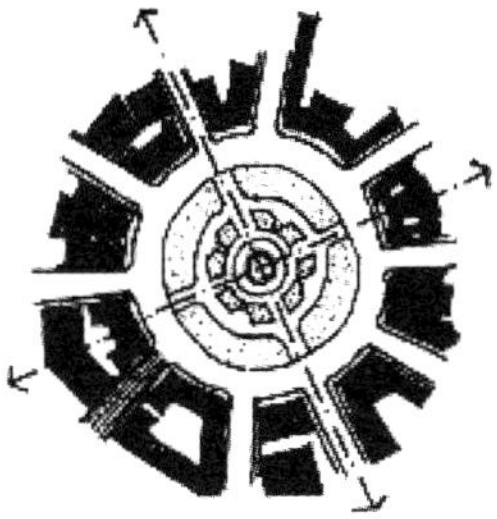	建成时间：1995 占地面积：2.26公顷 绿地率：66 基面形：○ 基面边围：建□ 家具及组合方式：L/⊙
11	大连希望广场		建成时间：1995 占地面积：1.56公顷 绿地率：>80 基面形：△ 基面边围：建□ 家具及组合方式：SL/‖
12	哈尔滨太古绿化广场		建成时间： 占地面积：0.3公顷 绿地率：>70 基面形：△ 基面边围：建Ⅰ 家具及组合方式：L/‖
13	大连王家桥广场	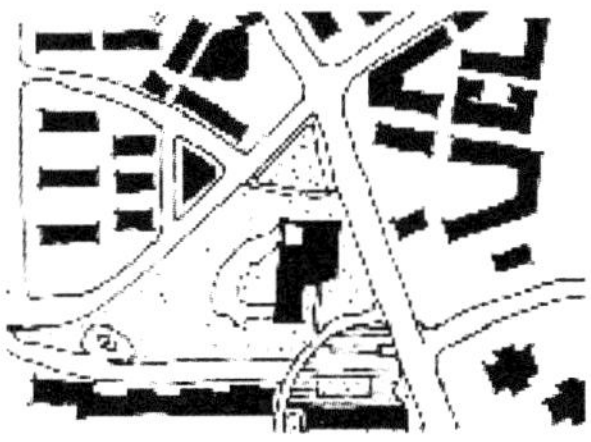	建成时间：2003 占地面积：0.12公顷 绿地率：100 基面形：△ 基面边围：建□ 家具及组合方式：L/‖
14	南京中山门广场	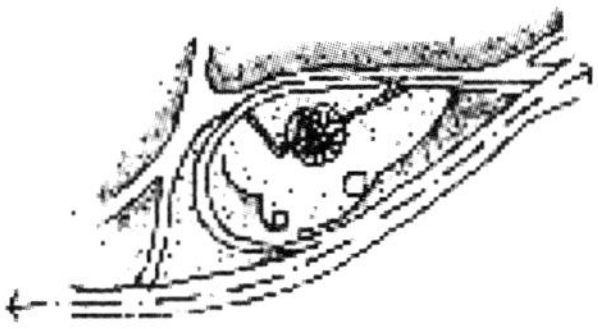	建成时间：1996 占地面积：3公顷 绿地率：>90 基面形：∂ 基面边围：树、构筑物 家具及组合方式：S/⊙

附录 II 表格 2（广场平面图为作者根据卫星图绘制，非等比例）
2000 年来部分兴建商业型广场一览表

1	广场名称：重庆三峡广场		2	广场名称：宁波天一广场	
	平面示意	基础数据		平面示意	基础数据
	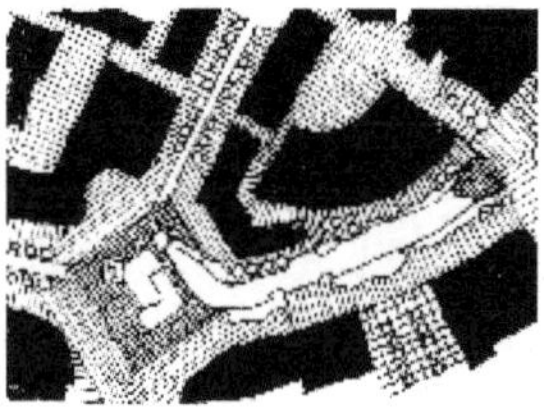	建成时间：2004 占地面积：8公顷 基面形：∂ 基面边围：建□ 家具及组合方式：SWL/ ↔ ‖ ⊙			建成时间：2004 占地面积：3.5公顷 基面形：□○ 基面边围：建□ 家具及组合方式：SWB / ‖ ↔
3	广场名称：上海大拇指广场		4	广场名称：上海大宁国际广场	
	平面示意	基础数据		平面示意	基础数据
		建成时间：2005 占地面积：0.57公顷 绿化率：32 基面形：∂ 基面边围：建□ 家具及组合方式：SWB / ‖		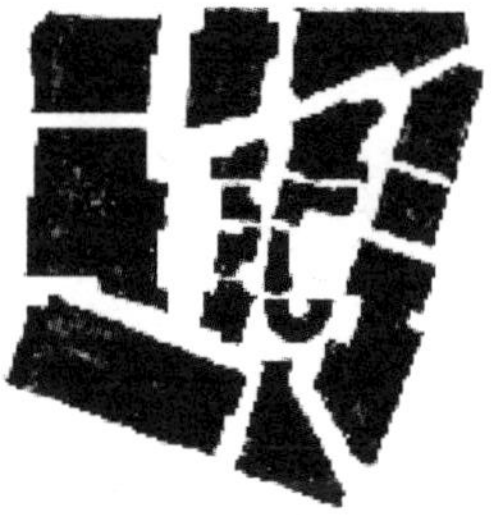	建成时间：2006 基面形：∂ 基面边围：建□ 家具及组合方式：SWB / ‖
5	广场名称：上海新天地广场		6	广场名称：上海创智天地广场	
	平面示意	基础数据		平面示意	基础数据
		建成时间：1997 基面形：□ 基面边围：建□ 家具及组合方式：SB L / ⊙ ‖		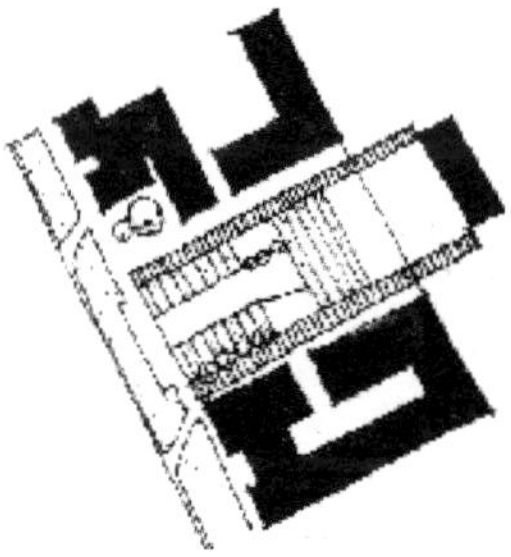	建成时间：2007 占地面积：3.17公顷[1] 基面形：□ 基面边围：建 ‖ 家具及组合方式：L / ‖

[1] 数据来自网络：http://wfshuma.blog.163.com/blog/static/17980118200752135424403/.

续 表

<table>
<tr><td rowspan="2">7</td><td colspan="2">广场名称：深圳中信广场</td><td rowspan="2">8</td><td colspan="2">广场名称：深圳华润万象下沉广场</td></tr>
<tr><td>平面示意</td><td>基础数据</td><td>平面示意</td><td>基础数据</td></tr>
<tr><td colspan="2">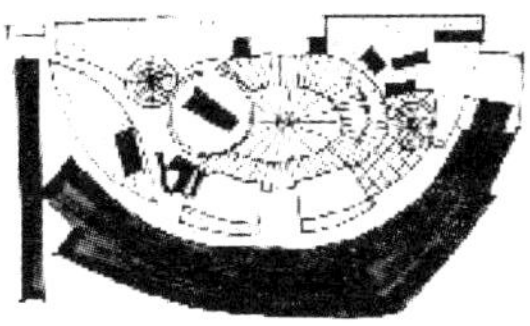</td><td>建成时间：2002
基面形：○
基面边围：建U
家具及组合方式：PLB/‖ ⊙↔</td><td colspan="2">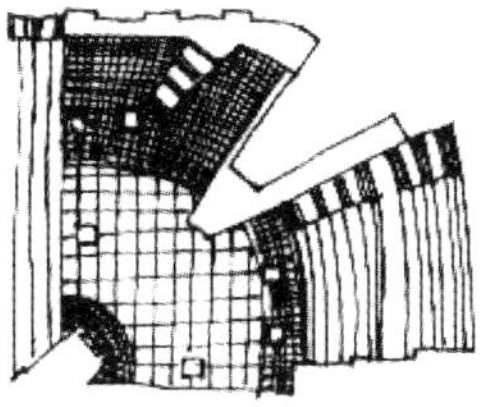</td><td>建成时间：2004
基面形：○
基面边围：建□
家具及组合方式：WLB /⊙</td></tr>
<tr><td rowspan="2">9</td><td colspan="2">广场名称：深圳金光华广场</td><td colspan="3" rowspan="3"></td></tr>
<tr><td>平面示意</td><td>基础数据</td></tr>
<tr><td colspan="2">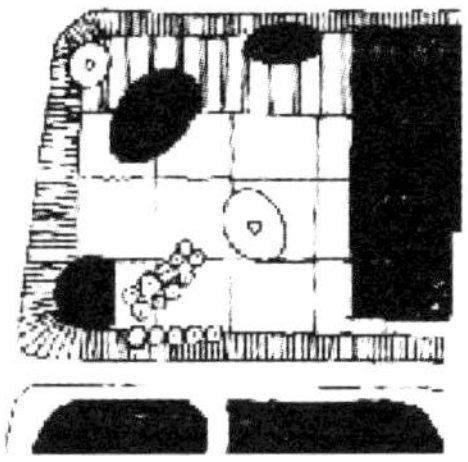</td><td>建成时间：
基面形：□
基面边围：建U
家具及组合方式：PLW / ‖</td></tr>
</table>

附录 II 表格 3（广场平面图为作者根据卫星图绘制，非等比例）
国内 80 年代至今部分兴建、改建仪式型广场一览表

<table>
<tr><td rowspan="2">1</td><td colspan="2">广场名称：上海人民广场</td><td rowspan="2">2</td><td colspan="2">广场名称：上海浦东新区世纪广场</td></tr>
<tr><td>平面示意</td><td>基础数据</td><td>平面示意</td><td>基础数据</td></tr>
<tr><td colspan="2"></td><td>建成时间：1954
占地面积：16.6 公顷[1]
基面形：○
基面边围：建□
家具及组合方式：WB/⊙</td><td colspan="2">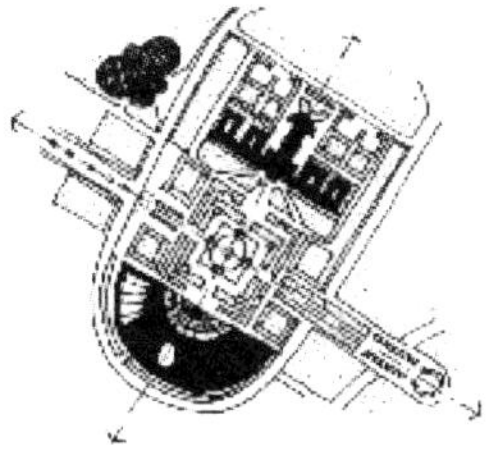</td><td>建成时间：
占地面积：7.23 公顷
绿地率：48
基面形：□○
基面边围：建II
家具及组合方式：SB/⊙ ‖↔</td></tr>
</table>

[1] 上海案例数据来自：蔡永洁. 城市广场——历史脉络 · 发展动力 · 空间品质［M］. 南京：东南大学出版社，2006.

续 表

3	广场名称：深圳市民中心广场		4	广场名称：东莞中心区广场	
	平面示意	基础数据		平面示意	基础数据
	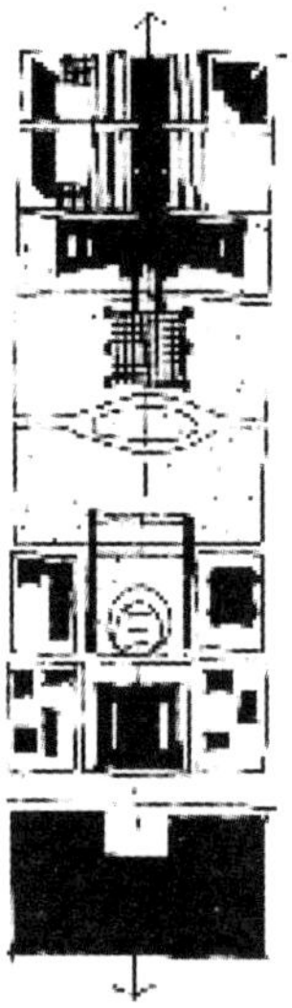	建成时间： 2003 招标占地面积：45.6公顷[1] 基面形：□ 基面边围： 建I 家具及组合方式： FB/‖↔		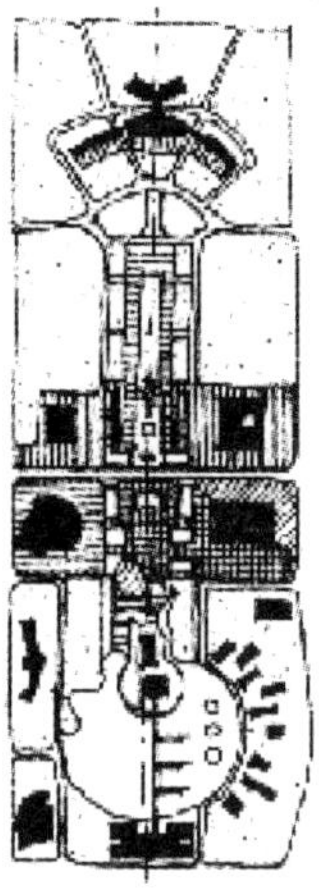	建成时间： 2004 占地面积： 30公顷[2] 基面形： □○ 基面边围： 建I、树 家具及组合方式： FSWB/‖↔
5	广场名称：深圳龙岗龙城广场		6	广场名称：顺德德胜新区中心广场	
	平面示意	基础数据		平面示意	基础数据
	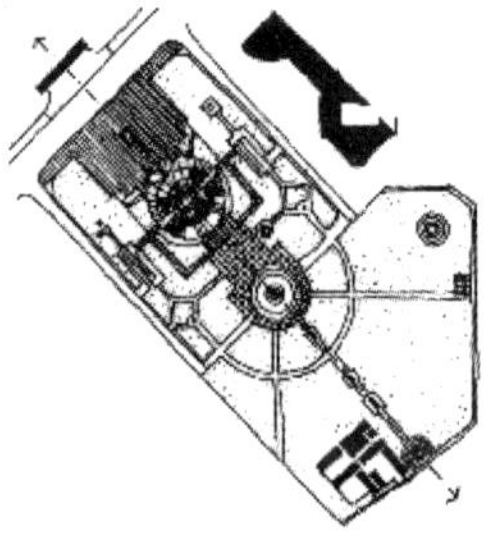	建成时间： 1997 占地面积： 15公顷 基面形： □○ 基面边围： 建I、树 家具及组合方式： FSB/‖		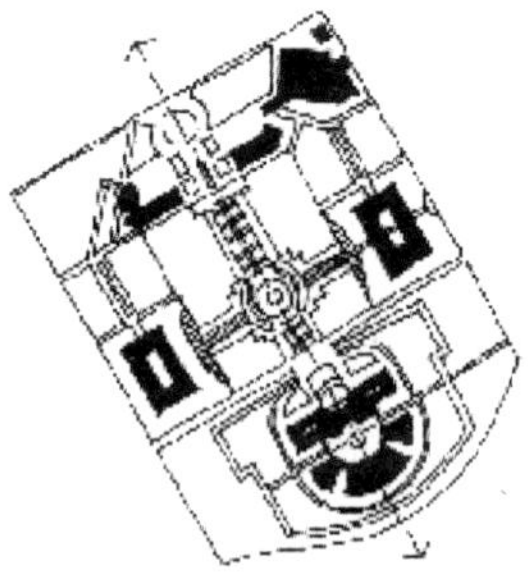	建成时间： 2000 占地面积： 9公顷[3] 绿地率：33.4 基面形： □○ 基面边围： 建□树 家具及组合方式： SWPB/‖↔

[1] 深圳案例数据来自：傅崇兰等.中国城市发展史［M］.北京：社会科学文献出版社，2009.
[2] 数据来自：杨芸.从市民生活的角度谈城市广场设计：以东莞市中心广场为例［J］.华中建筑，2008（5）：145.
[3] 数据来自：傅崇兰等.中国城市发展史［M］.北京：社会科学文献出版社，2009.

续 表

7	广场名称：大连星海广场		8	广场名称：大连人民广场	
	平面示意	基础数据		平面示意	基础数据
	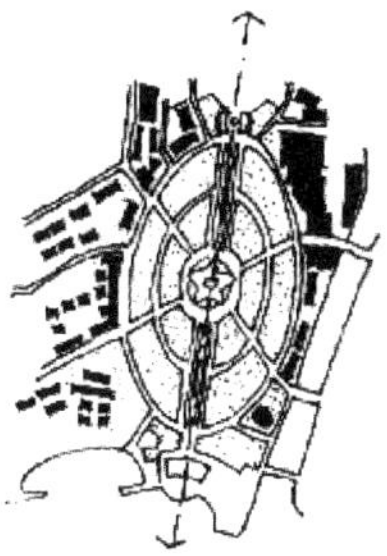	建成时间：1997 占地面积：80公顷[1] 基面形：○ 基面边围：建Ⅰ 家具及组合方式：SW/‖ ⊙		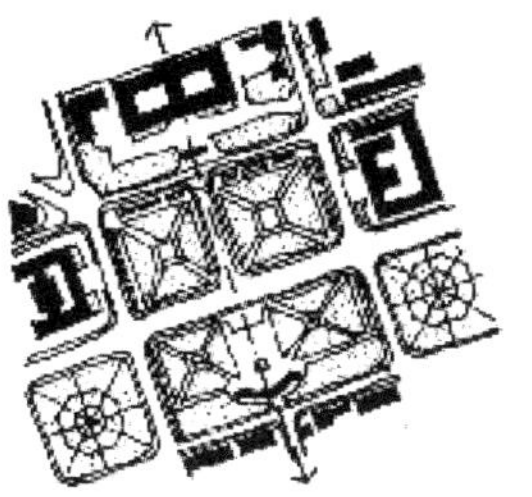	建成时间：1995 占地面积：9.288公顷 基面形：□○ 基面边围：建Ⅰ 家具及组合方式：F/‖ ⊙
9	广场名称：大连海军广场		10	广场名称：大连奥林匹克广场	
	平面示意	基础数据		平面示意	基础数据
	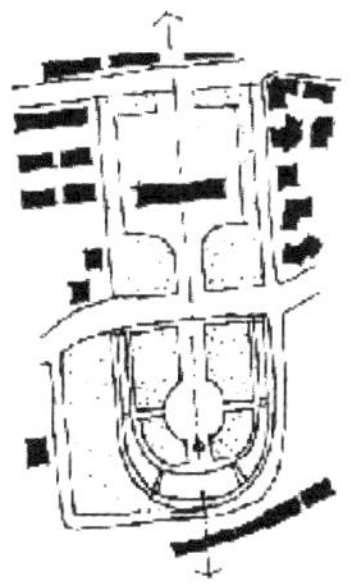	建成时间：2007 占地面积：6.9公顷 绿地率：43 基面形：□○ 基面边围：建Ⅰ 家具及组合方式：FW/‖ ⊙		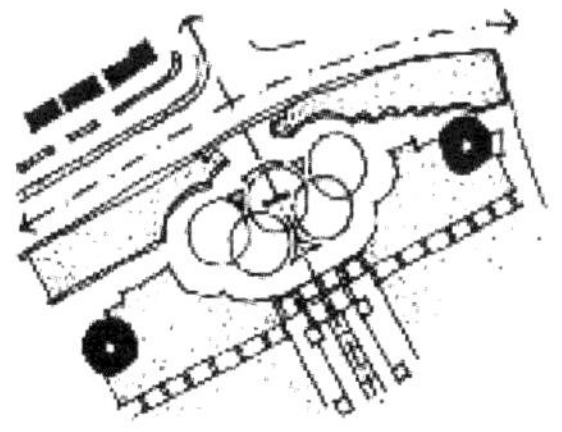	建成时间：1999 占地面积：4.2公顷 绿地率：63 基面形：□○ 基面边围：树 家具及组合方式：FS/‖ ⊙
11	广场名称：沈阳市府广场		12	广场名称：青岛五四广场	
	平面示意	基础数据		平面示意	基础数据
	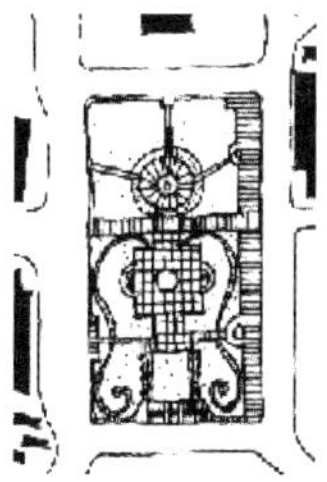	占地面积：6.3公顷[2] 绿地率：37 基面形：□○ 基面边围：建Ⅰ 家具及组合方式：S/‖		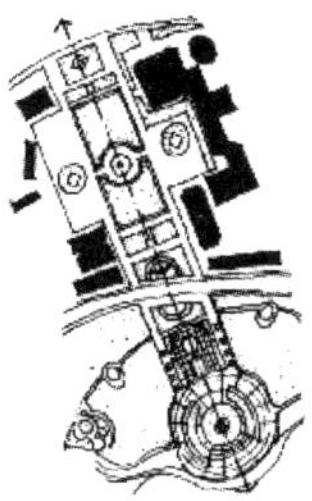	建成时间：1997 占地面积：10公顷[3] 基面形：□∂ 基面边围：建Ⅱ 家具及组合方式：SW/‖ ⊙

[1] 大连案例数据来自：大连市城市建设档案馆.大连的广场[M].大连：大连出版社，2007.

[2] 上海市城市规划设计研究院主编.城市设计（下）[G]//中国城市规划设计研究院，建设部城乡规划司.城市规划资料集：第五分册.北京：中国建筑工业出版社，2004：352.

[3] 青岛济南案例数据来自：王席.城市广场规划设计与实践——以山东省为例[D].南京林业大学，2004.

续　表

13	广场名称：青岛李沧区中心广场		14	广场名称：淄博中心广场	
	平面示意	基础数据		平面示意	基础数据
		占地面积：3.2公顷 绿地率：62.8 基面形：△ 基面边围：建、树 家具及组合方式：S/⊙		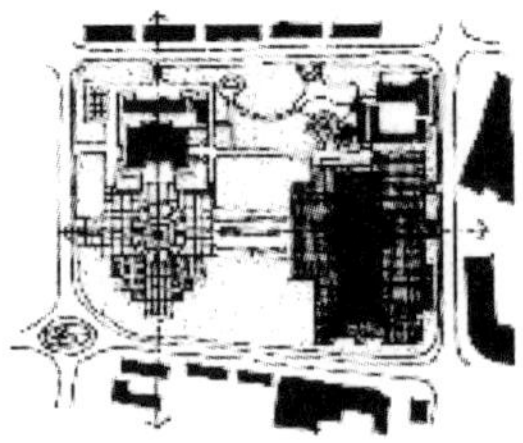	占地面积：7.8公顷[1] 基面形：□○ 基面边围：建II 家具及组合方式：W/‖⊙

15	广场名称：济南泉城广场	
	平面示意	基础数据
	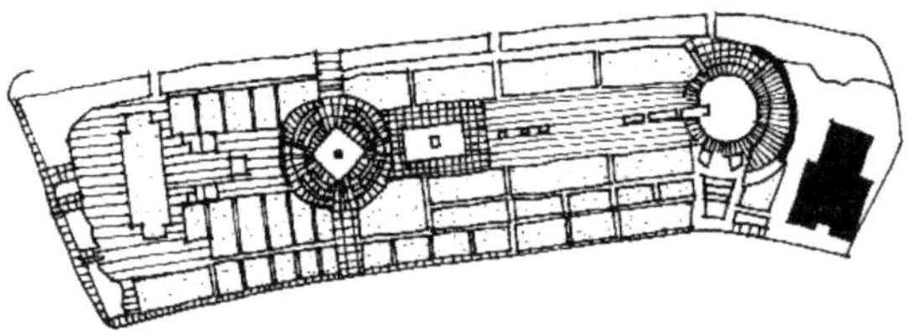	建成时间：1999 占地面积：12公顷 绿地率：56.2 基面形：□○ 基面边围：建I、树 家具及组合方式：SWB/‖⊙↔

16	广场名称：泰安泰山广场		17	广场名称：荣城中心广场	
	平面示意	基础数据		平面示意	基础数据
	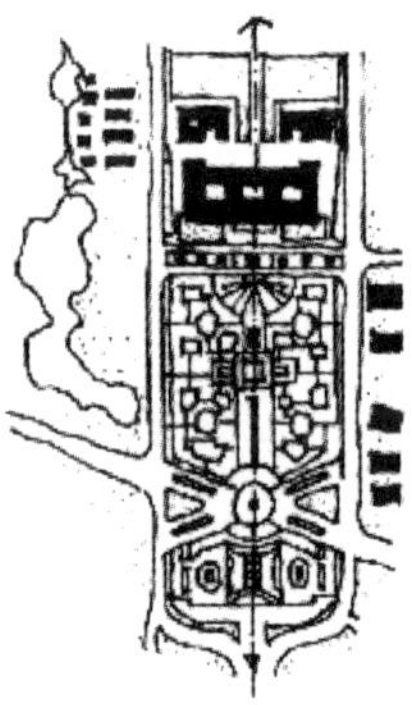	占地面积：13.12公顷[2] 基面形：□ 基面边围：建I 家具及组合方式：W/‖		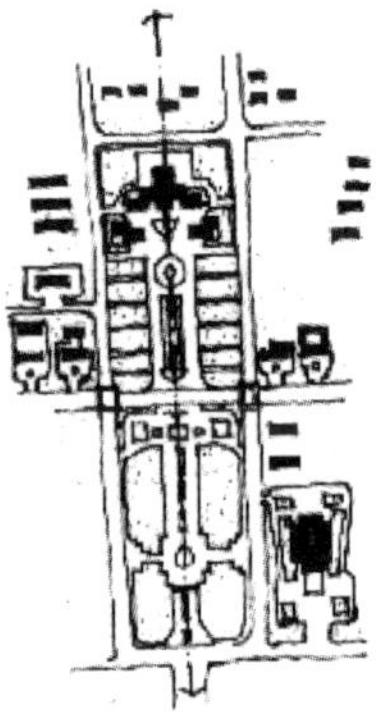	占地面积：15.2公顷[3] 绿地率：47 基面形：□ 基面边围：建I 家具及组合方式：F/‖

[1] 数据来自：王席.城市广场规划设计与实践——以山东省为例[D].南京林业大学，2004.
[2] 数据来自：傅崇兰等.中国城市发展史[M].北京：社会科学文献出版社，2009.
[3] 淄博、荣成、潍坊案例数据来自：上海市城市规划设计研究院主编.城市设计（下）[G]//中国城市规划设计研究院，建设部城乡规划司.城市规划资料集：第五分册.北京：中国建筑工业出版社，2004. 352.

续 表

18	广场名称：临沂中心广场		19	广场名称：潍坊中心广场	
	平面示意	基础数据		平面示意	基础数据
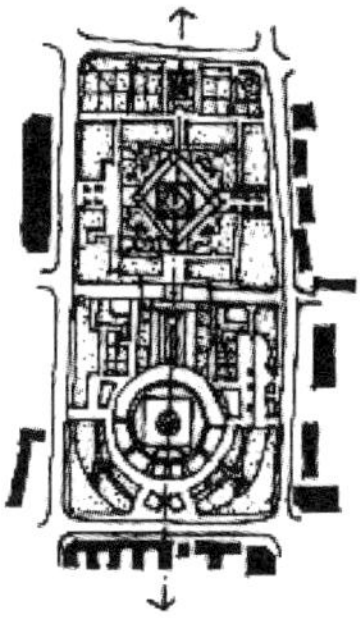		占地面积： 24公顷 绿地率：61.5 基面形：□ 基面边围： 建I、树 家具及组合 方式：SB/‖	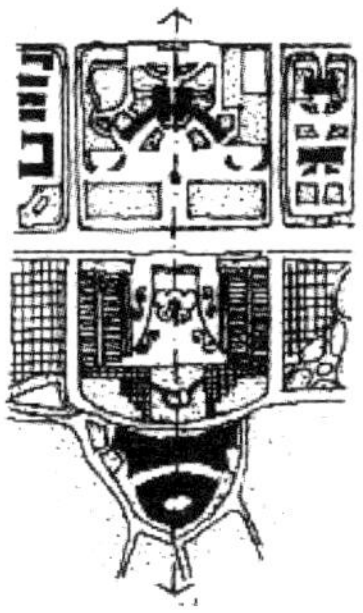		建成时间： 1997年开工 占地面积： 43公顷 基面形：□ 基面边围： 建I、树 家具及组 合方式： WL/‖↔
20	广场名称：无锡太湖广场		21	广场名称：杭州钱江新城城市广场	
	平面示意	基础数据		平面示意	基础数据
		占地面积： 25.3公顷[1] 绿地率：47.3 基面形：□ 基面边围： 树 家具及组合 方式：LB/⊙	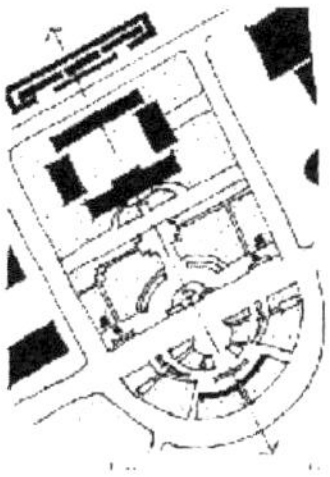		占地面积： 13.46公顷[2] 基面形：□ 基面边围： 建I、树 家具及组 合方式： F/‖⊙
22	广场名称：台州市民湖广场		23	广场名称：哈尔滨母亲广场	
	平面示意	基础数据		平面示意	基础数据
		建成时间： 2001 占地面积： 20公顷[3] 基面形：□○ 基面边围： 建I 家具及组合 方式： WB/‖⊙↔	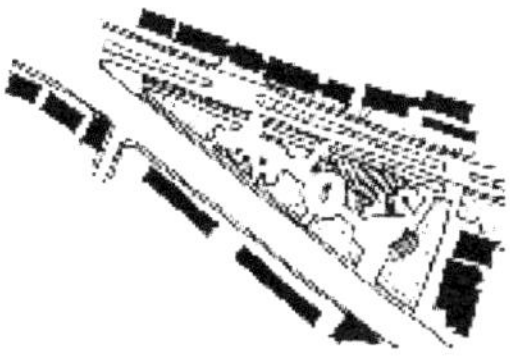		占地面积： 1.78公顷[4] 基面形：△ 基面边围： 建□树 家具及组合 方式：S/⊙

[1] 江苏无锡、徐州案例数据来自：傅崇兰等.中国城市发展史[M].北京：社会科学文献出版社，2009.
[2] 数据来自：徐卞融，吴晓.现代广场与城市交通的关联研究[J].华中建筑，2009(2)：182—185.
[3] 数据来自：傅崇兰等.中国城市发展史[M].北京：社会科学文献出版社，2009.
[4] 哈尔滨三个案例数据来自：白素月，刘慧民.哈尔滨市五处广场景观评析[J].现代园林，2008(11)：27—29.

续 表

序号	平面示意	基础数据	序号	平面示意	基础数据
24	广场名称：哈尔滨市政广场		25	广场名称：哈尔滨南岗区情公示广场	
	平面示意	基础数据		平面示意	基础数据
		占地面积： 22.2公顷 基面形：□○ 基面边围： 建I 家具及组合方式：F/⊙		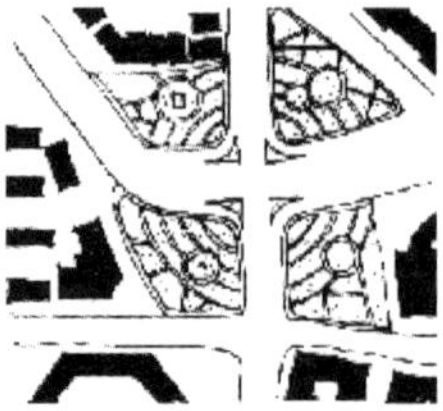	占地面积： 2公顷 基面形：○ 基面边围： 建II 家具及组合方式：B/⊙
26	广场名称：合肥政务文化新区市民广场		27	广场名称：常州市民广场	
	平面示意	基础数据		平面示意	基础数据
	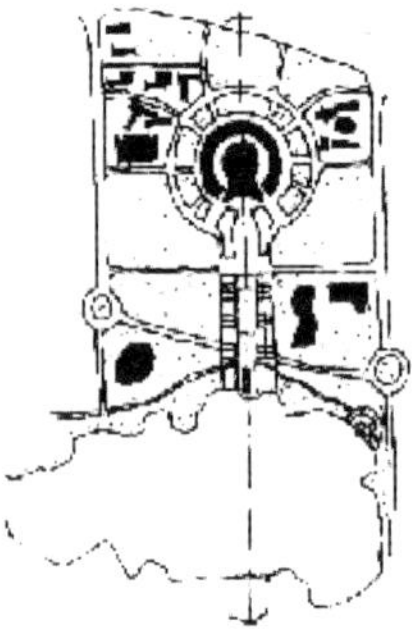	占地面积： 约23公顷[1] 基面形：□○ 基面边围： 建I 家具及组合方式： WSLB/‖⊙ ↔		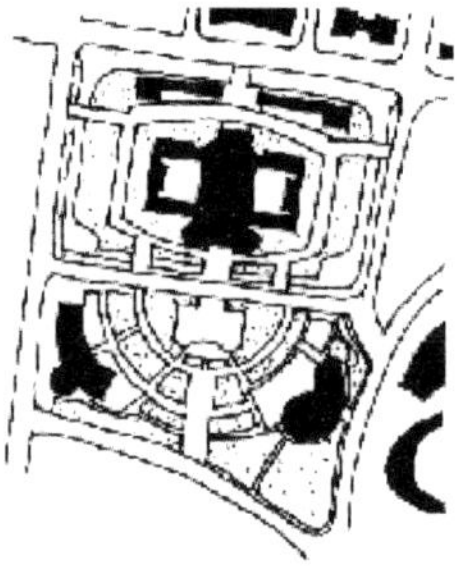	占地面积： 约37公顷[2] 基面形：○∂ 基面边围： 建筑I、树 家具及组合方式： WLB/‖⊙ ↔
28	广场名称：绍兴文化广场		29	广场名称：桐乡市政广场	
	平面示意	基础数据		平面示意	基础数据
		占地面积： 约9公顷[3] 基面形：□○ 基面边围： 山，建筑I 家具及组合方式： SL/‖⊙		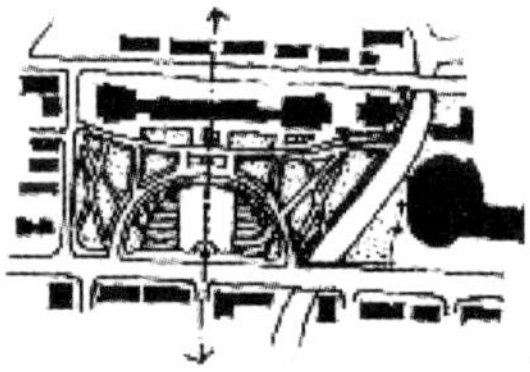	占地面积： 约6公顷[4] 基面形：□○ 基面边围： 建I 家具及组合方式： SLB/‖⊙

[1] 数据为笔者根据google图测量.
[2] 数据为笔者根据google图测量.
[3] 数据为笔者根据google图测量.
[4] 数据为笔者根据google图测量.

续　表

30	广场名称：重庆人民广场		31	广场名称：重庆朝天门广场	
	平面示意	基础数据		平面示意	基础数据
	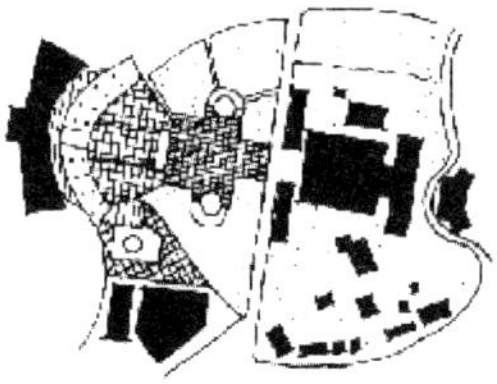	占地面积：约0.5公顷[1] 基面形：△□ 基面边围：建筑I、树 家具及组合方式：SWLB/ ‖ ⊙		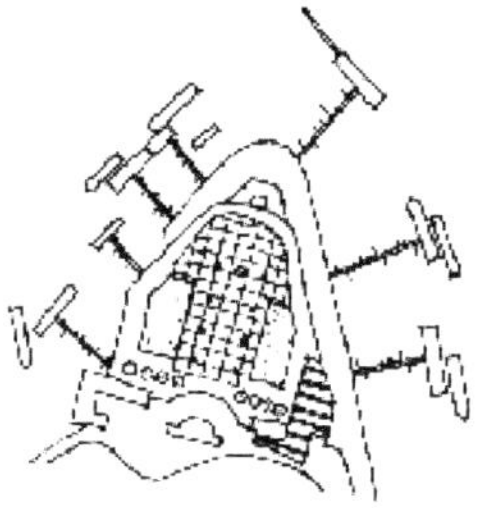	占地面积：约1公顷[2] 基面形：△ 基面边围：建I　水II 家具及组合方式：SL/ ‖
32	广场名称：湖南株洲炎帝广场		33	广场名称：昆山市民广场	
	平面示意	基础数据		平面示意	基础数据
	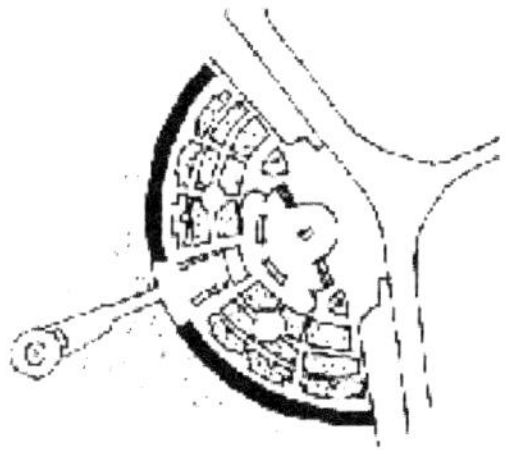	占地面积：约12公顷[3] 基面形：○ 基面边围：建I，树 家具及组合方式：SL/ ⊙			占地面积：12.6公顷 基面形：□ 基面边围：建II 家具及组合方式：WB/ ⊙ ‖
34	广场名称：淄博人民广场				
	平面示意	基础数据			
	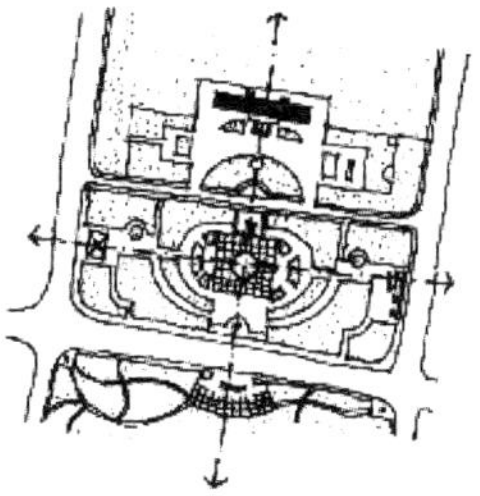	基面形：□ 基面边围：建I，树 家具及组合方式：SFL / ‖			

[1] 数据为笔者根据 google 图测量.
[2] 数据为笔者根据 google 图测量.
[3] 数据为笔者根据 google 图测量.

附录 II 表格 4（广场平面图为作者根据卫星图绘制，非等比例）
国内 80 年代至今部分兴建、改建休闲型广场一览表

1	广场名称：上海南京路世纪广场		2	广场名称：广州陈家祠广场	
	平面示意	基础数据		平面示意	基础数据
		建成时间：2004 占地面积：0.84公顷[1] 基面形：∂ 基面边围：建□ 家具及组合方式：W/⊙			占地面积：1.7公顷[2] 基面形：□ 基面边围：树，建 I 家具及组合方式：SB/⊙
3	广场名称：广州人民广场		4	广场名称：青岛海琴广场	
	平面示意	基础数据		平面示意	基础数据
	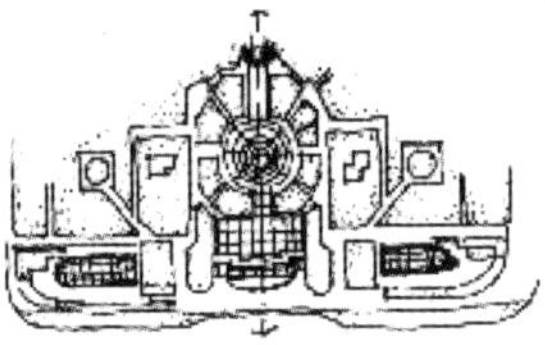	占地面积：4.8公顷 基面形：□ 基面边围：树 家具及组合方式：S/⊙			占地面积：2.8公顷[3] 绿化率：60.7 基面形：∂ 基面边围：建I 家具及组合方式：↔
5	广场名称：青岛湛山中心广场		6	广场名称：青岛海趣园广场	
	平面示意	基础数据		平面示意	基础数据
	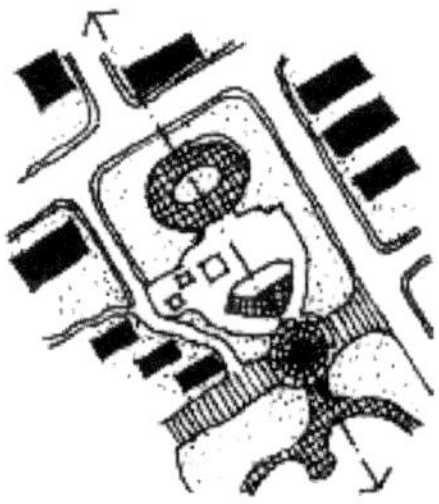	占地面积：1.9公顷 绿化率：72.3 基面形：□∂ 基面边围：树，建I 家具及组合方式：SB/⊙		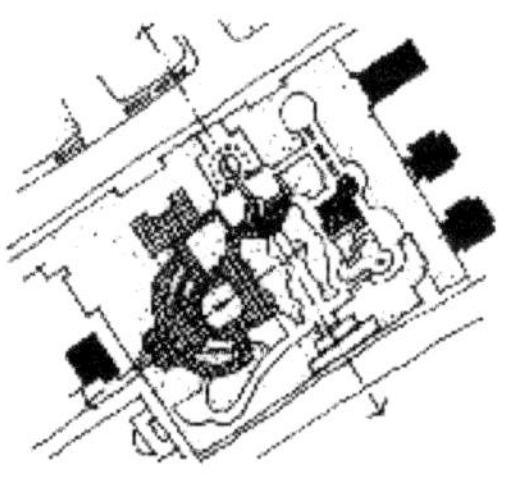	占地面积：1.44公顷 绿地率：48.6 基面形：□○ 基面边围：树，建 I 家具及组合方式：SB/⊙

[1] 数据来自：蔡永洁. 城市广场——历史脉络·发展动力·空间品质［M］.南京：东南大学出版社，2006.

[2] 广州案例数据来自：陈建华.珠江三角洲地区文化广场环境质量综合评价［D］.广州：华南理工大学，2003.

[3] 山东案例数据来自：王席.城市广场规划设计与实践——以山东省为例［D］.南京：南京林业大学，2004.

续　表

7	广场名称：青岛音乐广场		8	广场名称：青岛汇泉广场	
	平面示意	基础数据		平面示意	基础数据
	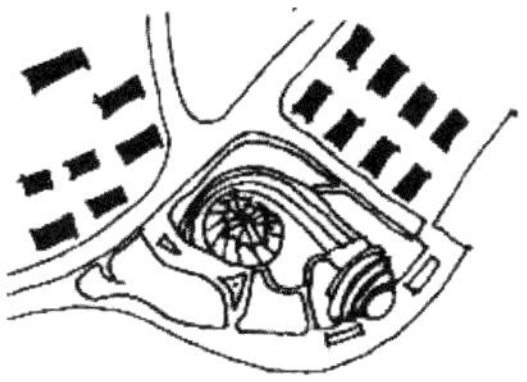	建成时间： 1999 占地面积： 约2公顷[1] 基面形：△○ 基面边围： 建I　水 家具及组合方式： PSLB/⊙↔		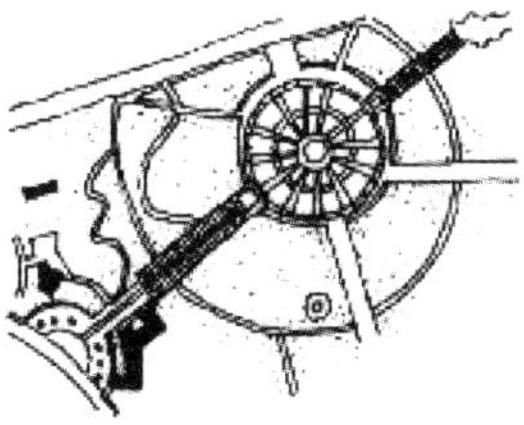	建成时间： 2004 占地面积： 约3.7公顷[2] 基面形：△○ 基面边围： 树 家具及组合方式： SWBL/‖⊙
9	广场名称：济南劳动广场		10	广场名称：济南市中广场	
	平面示意	基础数据		平面示意	基础数据
		建成时间： 2000 占地面积： 1.2公顷 绿化率：50 基面形：□ 基面边围： 建U 家具及组合方式：↔		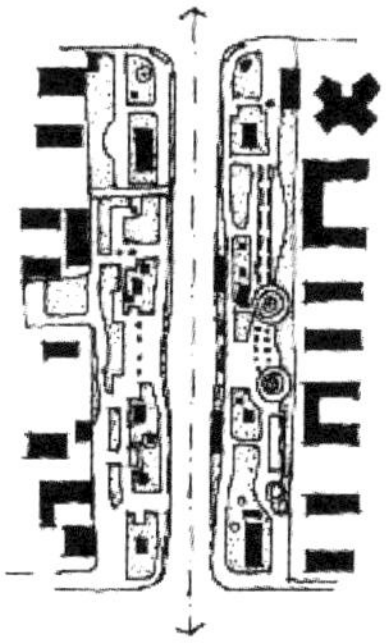	建成时间： 1997 占地面积： 5.3公顷 绿地率：84 基面形：□ 基面边围： 建II 家具及组合方式： SB/‖⊙
11	广场名称：济南七贤广场		12	广场名称：济南大众广场	
	平面示意	基础数据		平面示意	基础数据
	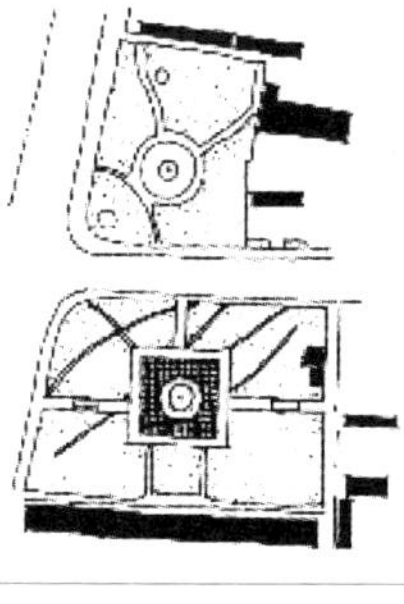	建成时间： 1998 占地面积： 3.5公顷 绿化率：39.4 基面形：□ 基面边围： 建L，树 家具及组合方式：SB/⊙		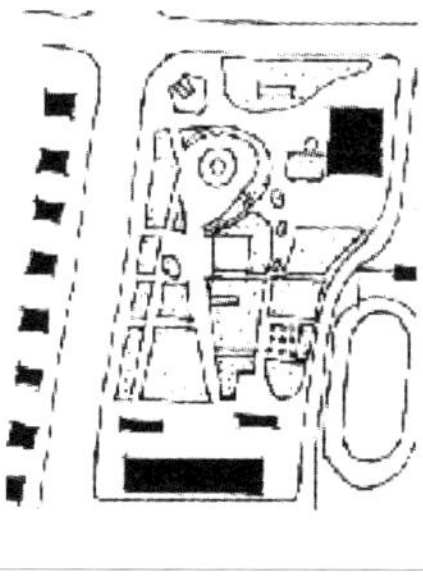	建成时间： 1999 占地面积： 7.1公顷 绿地率：46 基面形：○ 基面边围： 建I，树 家具及组合方式：SW/⊙

[1] 数据为笔者根据google图测量.
[2] 数据为笔者根据google图测量.

续 表

序号	广场名称	平面示意	基础数据
13	广场名称：淄博世纪广场	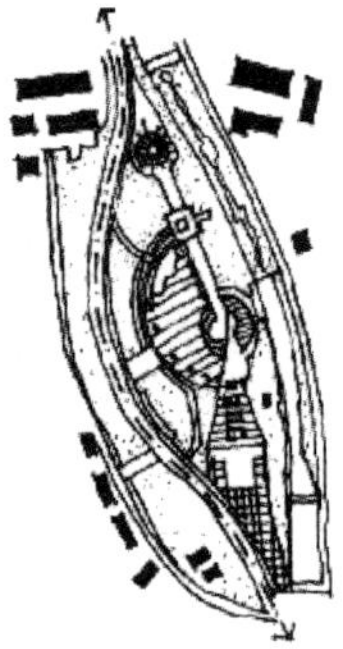	建成时间：1997 占地面积：7.73公顷 绿化率：53 基面形：○ 基面边围：树，建 I 家具及组合方式：SB/⊙↔
14	广场名称：章丘百脉泉广场	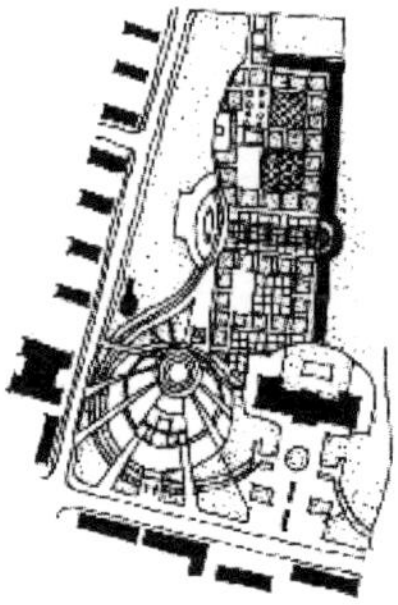	建成时间：2001 占地面积：7.3公顷 基面形：□○ 基面边围：树，建 I 家具及组合方式：S/⊙
15	广场名称：南京汉中门广场		建成时间：1997 占地面积：2.2公顷[1] 基面形：∂ 基面边围：树，建 I 家具及组合方式：B/‖⊙
16	广场名称：南京山西路广场		建成时间：2000 占地面积：6公顷 绿地率：25 基面形：∂ 基面边围：树，建 I 家具及组合方式：B/‖⊙
17	广场名称：南京鼓楼广场	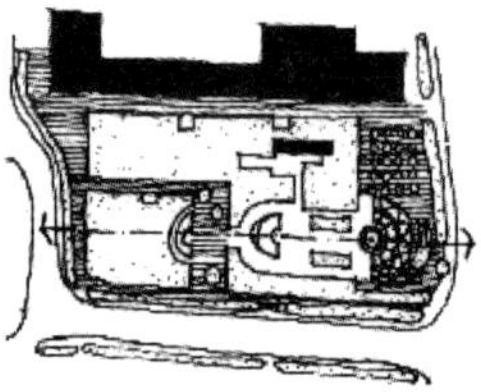	占地面积：5公顷 基面形：□ 基面边围：树，建 I 家具及组合方式：B/⊙
18	广场名称：杭州西湖文化广场	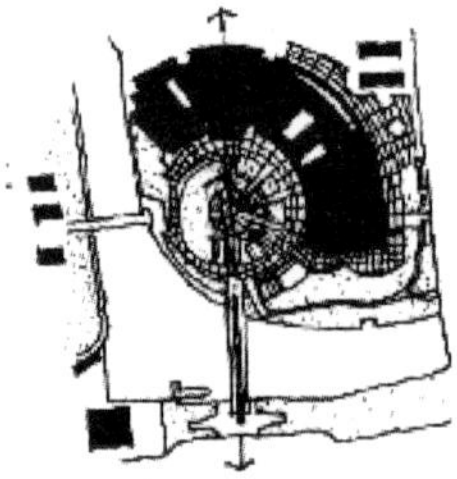	占地面积：2公顷[2] 绿地率：25 基面形：⊙ 基面边围：建U　水 家具及组合方式：L/⊙

[1] 南京案例数据来自：徐卞融，吴晓.现代广场与城市交通的关联研究[J].华中建筑，2009(2)：182—185.

[2] 数据来自：罗卿平，马进军.人·自然·城市：杭州市吴山广场设计的理念与方法[J].城市规划，2001(1)：77—80.

续　表

19	广场名称：东莞文化广场		20	广场名称：深圳华侨城生态广场	
	平面示意	基础数据		平面示意	基础数据
	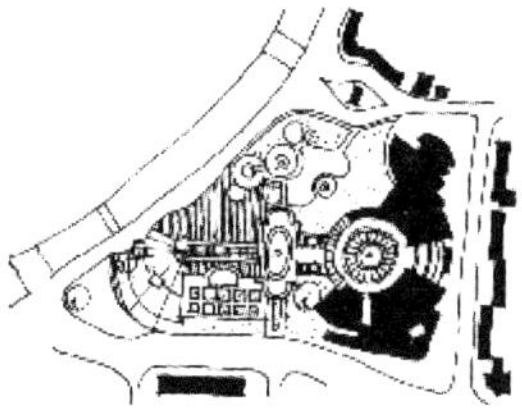	占地面积： 4公顷[1] 基面形：∂ 基面边围： 建U 家具及组合 方式： SW/⊙↔		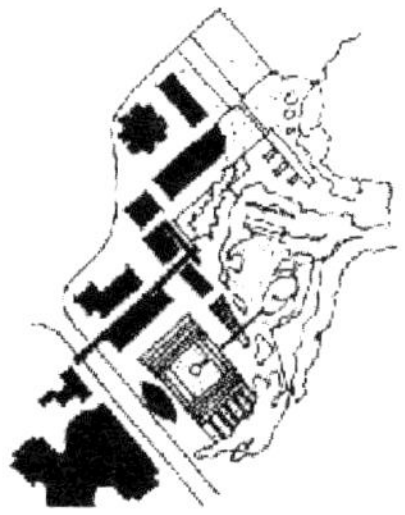	1999 占地面积： 4.6公顷[2] 基面形：∂ 基面边围： 树，建I 家具及组合 方式： PSWB/‖
21	广场名称：深圳滑板广场				
	平面示意	基础数据			
	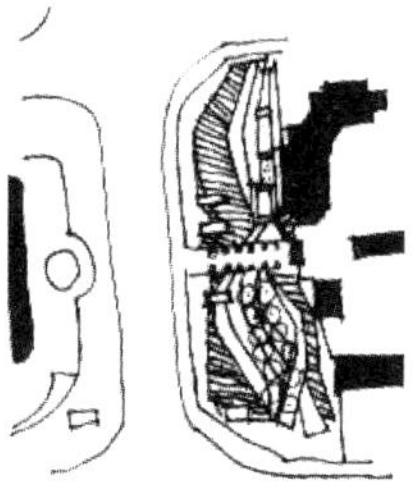	占地面积： 0.5 公顷[3] 基面形：□∂ 基面边围： 建II 家具及组 合 方式：SB/‖			

附录 II 表格 5（广场平面图为作者根据卫星图绘制，非等比例）
国内 80 年代至今部分典型复合型广场一览表

1	广场名称：上海静安寺广场		2	广场名称：北京西单文化广场	
	平面示意	基础数据		平面示意	基础数据
	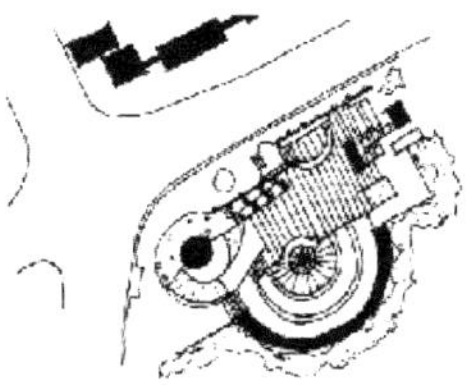	建成时间： 1999 占地面积： 0.82公顷 基面形：○□ 基面边围： 建□ 家具及组合 方式：WB/⊙		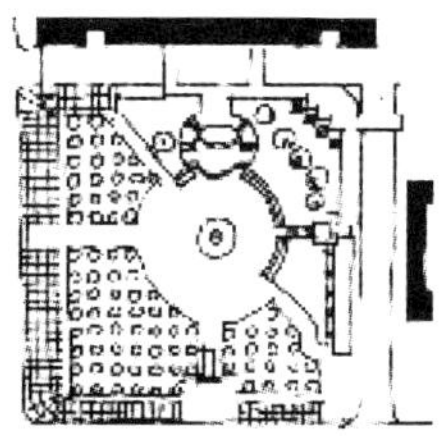	建成时间： 1997 占地面积： 2.2公顷 基面形：□○ 基面边围： 建□ 家具及组合 方式：SB/⊙

[1] 数据为笔者根据 google 图测量.
[2] 法国欧博建筑与城市规划设计公司.深圳市华侨城生态广场景观设计［J］.风景园林 2006(4).
[3] 数据为笔者根据 google 图测量.

后　记

城市公共空间一直以来都是一个极具趣味性及挑战性的研究领域，在转型期的中国尤其如此；而当代中国城市广场更因其典型性及独特的发展历程，成为研究中国城市社会文化近现代发展轨迹最直观的物质对象。因此，对中国当代城市广场的研究便不可避免地演变成对这一综合了美学、社会学、历史、政治、语言学的空间概念的跨越不同学科领域的文化思索，期间的艰辛、挣扎与纠结，兴奋、讶异与快乐恐怕唯有相似经历的人才有体会。所幸，即便面临种种困难，历时四年有余的博士论文研究工作最终如期完成。这既是个人努力的结果，更与老师、同学、朋友、家人的支持、帮助、关心密不可分。

在此，首先感谢我的导师蔡永洁教授。作为我硕士阶段及博士阶段学习研究工作的指导者，我的每一个进步都与他求实、严谨的治学作风息息相关。还记得攻硕期间每每将课程论文交给他指正，他总是在百忙之中对我那些几乎不值一提的小文章进行评阅，评语鞭辟入里。现在回想起来，这个过程与其说是导师在规范我的论文写作，还不如说是他在对我的学术思考以及建筑设计理念进行理性梳理。至此，在他的指导下，我逐步形成从总体、全局到局部、细节逐层解析研究对象的思维方式，逐步树立严谨、踏实的工作作风，逐步对建筑与城市的关系有了更加理性、客观、全面的认识，而这一切无疑都为我博士阶段研究工作的展开打下了坚实的思想及理论基础。也正因如此，在我而言，我的博士研究可谓是硕士阶段学习的拓展与深化。在导师的启发和鼓励下，我逐渐沉下心来，从基于城市设计视角的空间分析逐步深入到基于语言学、社会学视角的城市历史文化研究，最终完成对当代中国城市广场建设现实的文化历史溯源。期间每每遇到挫折、困难、瓶颈，正是导师的支持与信任、包容与鼓励、启发与督促，促使我坚定地走在跨学科研究的道路上，并从中切实品尝到了学术研究的酸甜苦辣、寂寞与激情。论文进入写作阶段后，他亦时刻关注进展，并细心审阅初稿，指导我不断进行修改完善。作为我学术道路的引路人，我在此向他表示衷心感谢。

其次，我还要感谢我留学德国期间的导师哈森·普鲁格教授（Prof. Dieter Hassenpflug）。留德期间，他不但悉心参与我论文选题、研究路线、论文架构的讨论，鼓励我参加包豪斯大学IPP项目的学术研讨，还为我提供了安静、舒适的工作、学习环境。他的西方社会学学者的视角、他在东西文化交流过程中的感受与思辨、他对学术研究严谨、审慎的作风都深刻地影响了我，使我切实地感受到了不同国家、民族间语言、文化的差异。一些与其说围绕我的论文，毋宁说针对中国城市建设现实的问题，直至今天都时常萦绕我的耳畔，他思考问题的深远令人钦佩。

在论文研究、写作过程中，同济大学卢济威教授、魏玛包豪斯大学（Bauhaus-University Weimar）克里斯特教授（Prof. Christ）、美国乔治亚理工大学（Georgia Institute of Technology）的杨佩儒（Perry P.J.Yang）助理教授都对论文的选题以及研究的展开提出了宝贵的建议，在这里向他们三位表示衷心的感谢。

再次，还要感谢诸多同窗在学习上、生活上、精神上的帮助与支持，包括留德期间的同学杨舢、龙江、刘银等，城市设计梯队的同学王腾、刘祖建、高山、韩晶、寇志荣等。周期性的学习小组活动可谓是博士闭关阶段最重要的社会交往，我们聚在一起讨论每个人的研究架构、解决思路和研究方法，还会为彼此学术观点的不同争执不休，气氛既严肃又活泼。这些都为原本寂寞、孤独的研究工作平添了乐趣，而研究过程中常常会相伴左右的挫败感、犹疑乃至盲目自信……都会在讨论会后逐渐平复，让研究工作逐步摆脱情绪的负面干扰日渐清晰。

除此之外，还要感谢张祎娴、邓雪湲、郑霭媚、刘琼、舒畅雪、Karan等好友从生活、精神上给予我的关心、支持和鼓励，以及在本研究过程中同我所进行的学术探讨。其中细节恕不一一列出。

最后，也是最重要的，我要感谢我的家人，是他们无私的爱和包容，是他们长久以来在生活和学习、物质以及精神上的支持与鼓励，使我得以顺利完成论文的研究与写作。而我的父亲与我的爱人作为我论文的最初读者也提出了很多宝贵的意见，我虽未完全采纳，但依然要在这里对他们的深切关爱表示由衷的感谢。

黄林琳